JN436940

간접접근 코드

- 리델하트와 36계에게 승리의 길을 묻다 -

간접접근 코드

- 리델하트와 36계에게 승리의 길을 묻다 -

오홍국 지음

도서출판 시간의물레

<프롤로그>

전쟁은 인류 역사와 더불어 시작됐고 인류가 존재하는 한 계속된다. 그런 의미에서 인류 역사는 '전쟁의 역사'로 일컫는다. 전쟁은 인류 문화 파괴와 발전의 원동력을 제공하기도 한다. 전쟁 승리는 국가와 민족의 생존과 번영을 좌우한다.

많은 군사사상가와 군사전략가들은 승리 비결을 여러 병서에 담아왔으나 독자들이 이러한 병서들의 행간에 숨은 뜻을 쉽게 이해하기는 어려웠다. 따라서 필자는 『챔프, 손자와 클라우제비츠에게 길을 묻다』에서 스포츠 사례를 곁들어 조금이나마 도움을 주었다.

『간접접근 코드』는 간접접근전략에 대한 내용으로 핵심은 迂直之計이다. 우(迂)는 돌아가는 길이며 직(直)은 지름길이다. 강한 적을 정면으로 부딪치면 많은 손실이 뒤따르게 마련이다 따라서 최소 희생으로 최대 성과를 거두는 전략과 전술이 필요하며 그 해답을 '리델하트와 36계에게 승리의 길을 묻다'에 담았다.

1편 '리델하트에게 묻다'는 바실 헨리 리델하트의 「전략론」을 동물을 통해 서술하였다. 전략론의 이해를 돕고자 비둘기나 돌고래 등을 조연(助演)으로 등장시켰다. 수많은 동물들이 전쟁에 직접 참전하거나 간접적으로 활용됐다.

최근 한국군은 벌떼 공격 원리를 응용한 드론봇 전투단을 창설했으며, 미군은 신형 방탄복에 인공 거미줄로 만든 직물을 소재로 삼았다. 거미줄로 총알 막는 스파이더맨은 곧 현실이 될 것이다.

2편 '36계에게 묻다'에서는 「36계」를 동서양 역사와 전투 사례를 통해 서술하였다. 기원전 4세기 위나라 오기는 36계를 응용해 진나라와 싸워 76전 64승을 거뒀다. 사람들은 36계 사자성어 138자가 손자병법 6,109자에 비하면 2% 남짓해 속임수나 잔꾀라는 느낌으로 가볍게 보는 경향이 짙다. 그러나 자세히 들여다보면 36계에는 전략과 전술, 인생의 지혜가 고스란히 담겨 있다. 다만 독자들이 4자로 구성된 내용만 보기에는 딱딱할 수 있어 한자 뜻풀이와 전쟁 사례들로 말동무 역할을 하게 했다.

리델하트와 36계를 통해 전략전술적 생각에 대한 이해를 넓히고 삶의 지혜로 활용할 수 있기를 바란다. 끝으로 이 책이 나오기까지 도움을 주신 국방일보와 시간의물레에 감사한다.

2018. 10.

오 홍 국

Contents

Part Ⅰ. 리델하트에게 묻다_9

Part Ⅰ. 리델하트에게 묻다

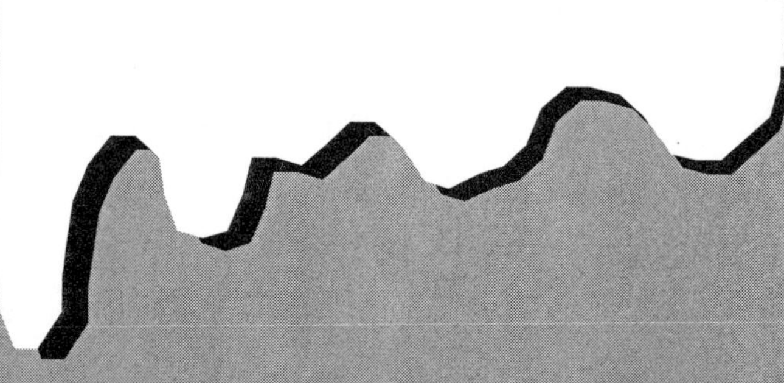

바실 헨리 리델하트의 『전략론』은 기원전 5세기 마라톤 전투부터 1914년까지의 주요 전투를 분석한 것으로 모두 4부로 구성되었다. 그는 역사상 일어났던 30개 전쟁 280여 개 전역을 살펴본 결과 단 6개 전역을 제외하고는 간접 접근이 승리의 요인이 됐다고 분석하였다. 이번 「리델하트에게 묻다」는 『전략론』 이해를 돕기 위하여 여러 동물들이 조연으로 등장한다.

전쟁은 사람들만의 싸움은 아니다. 동물이 전쟁사에 등장한 사례를 보면 전쟁이 사람들만의 것이 아님을 알 수 있다. 동물들의 활약 여부가 때로는 승패를 가르기도 했다. 통신 역할을 톡톡히 한 비둘기(전서구·傳書鳩), 군견, 코끼리, 박쥐, 돌고래 등 적지 않은 동물들이 전쟁사에 이름을 올리고 있다.

■ 수색탐지견 인헌무공훈장 수여받아

전쟁에 참전한 동물은 수없이 많다. 그중 비둘기는 1차 대전에 10만 마리, 2차 대전에 20만 마리가 참전하였다. 비둘기와 더불어 개는 군견으로 전장을 누비고, 부상자를 치료하는 반려견 역할을 하고 있다. 런던의 파크 레인 거리에는 영국을 구한 동물 전쟁영웅들을 기념하는 동상들이 있다. 앞발의 살가죽이 다 벗겨지면서 지뢰를 찾다가 얼굴 반쪽이 날아간 개, 성대가 제거된 고통으로 버마 정글에서 죽어간 노새가 있다.

빛을 내는 개똥벌레는 어둠 속에서 지도를 읽도록 도와줬고, 돌고래는 바닷속 지뢰를 찾거나 배를 보호해 왔다. 낙타는 아라비아 사막에서 활약했다. 코끼리는 한니발이 알프스를 넘을 때와 알렉산더 대왕의 동방원정에 참여하였으며, 베트남 전쟁 시에도 안남산맥을 넘나들었다. 데이지라는 개는 노르웨이 트롤선이 폭격 당했을 때 얼음물에 뛰어들어 여러 생명을 구하였다.

우리나라에서도 군견이 전공(戰功)을 세워 무공훈장을 받은 적이 있다. 1990년 양구 동북방 26㎞ 동부전선 비무장지대에서 제4땅굴이 발견되었다. 이때 수색탐지견 헌트는 수색팀의 선두에서 폭발물을 찾던 중 화약 냄새를 맡고 북한군이 설치한 목함 지뢰로 달려가 폭사하였다. 헌트는 1개 분대원의 생명을 구한 공로로 인헌무공훈장을 수여받고 소위로 추서되었다.

동물 전쟁 영웅 기념동상. 동상 위에 걸쳐진 영국의 '디킨 메달(Dickin Medal)'은 전쟁에서 활약한 '동물 히어로'에게 수여되며, 군인에게 주는 최고 영예의 무공훈장인 빅토리아 십자훈장과 동등한 수훈에 해당한다.

■ 동물의 지혜는 다양한 분야에 활용

동물의 지혜는 전쟁뿐만 아니라 정치·경제·사회 등 다양한 분야에도 동원된다. 국제외교에서 멸종위기 희귀 동물을 상대국에 외교특사로 파견하는 사례는 뉴스의 단골 소재이기도 하다. 한국의 조랑말, 중국의 판다, 러시아의 시베리아 호랑이와 북극곰 등이 대표적이다.

정치학에서는 상대의 양보를 주장하며 파국에 이를 때까지 서로 물러나지 않는 걸 일컫는 '치킨 게임'이란 용어가 등장하였다. 경제적으로는 소액투자자들을 '개미군단', 사회적으로는 자녀 유학비를 대느라 홀로 사는 가장을 '기러기 가족', 변화에 적응하지 못하는 삶은 '개구리 증후군'이라고 표현한다. 스포츠에서는 끈끈한 수비력으로 상대 공격을 막아낼 때 '거미줄 배구'라고 하며, 축구에서는 숫자를 늘려 공격하는 '벌떼와 개미군단' 전법이 있다.

군사적으로는 비둘기·돌고래가 통신 수단으로 쓰였고, 무인정찰기 부대 명칭에 '송골매'가 붙는 등 다양하게 활용된다. 우리 옛이야기와 이솝 우화, 속담에 등장하는 동물들은 인생의 지혜도 알게 한다. 전쟁의 유형이 변하면서 전략도 발전하듯, 동물도 환경 변화에 따라 진화를 거듭해왔다. 코끼리 코가 길어지고, 고래가 뭍에서 바다로 들어간 이유도 덤으로 이 글을 통해 살펴보게 된다.

Chapter 1

기원전 5세기에서 20세기까지의 전략

1. 고래와 에너지전쟁

고래기름에서 시작된 에너지 자원전쟁
1712년 향유 고래 기름 사용 시작… 공산품 자재로 쓰이기도
페리 제독이 일본 개항시킨 이유도 고래잡이 어선 항구 때문

해마다 울산 장생포 앞바다는 수천여 마리 참돌고래의 군무(群舞)가 며칠 동안 계속된다. 고래는 물속에서도 가장 큰 몸집을 자랑하는데, 흔히 강대국 사이 전쟁을 '고래싸움'이라고 표현한다. 이 같은 싸움은 펠로폰네소스 반도 앞 지중해에서 시작됐다.

우연히 발견한 고래 기름을 얻기 위해 경쟁이 벌어졌듯이 에너지 전쟁은 오늘날에도 계속되고 있다.

■살라미스 해전과 병참선 차단

1부 1장 '실제 경험으로서의 역사'는 비스마르크의 말로 시작된다. "어리석은 자는 자신의 경험에 의해 배우는데, 나는 타인의 경험을 이용하겠다."

지금도 마찬가지다. 6·25전쟁을 경험한 세대는 이미 80세 이상 고령자다. 이

글을 읽는 독자들도 전쟁을 경험한 사람은 극소수에 불과하다. 리델 하트는 전략론 핵심인 적에 대한 심리적·물리적 교란을 통한 간접접근전략을 제시했다. 그리고 물질보다는 정신적 요소의 우월성과 폭넓은 전쟁사 연구의 필요성을 역설했다.

2장은 그리스 펠로폰네소스 반도를 둘러싼 전쟁영웅들의 전략을 서술하고 있다. 에파미논다스와 필리포스, 알렉산드로스다. 당시 중국은 춘추전국시대(기원전 770~221), 한반도는 고조선 시기다. 전쟁사 연구 시작은 대부분 마라톤전투(기원전 490년)다. 페르시아군이 노렸던 것도 아테네를 직접 공격하기보다는 아테네 육군을 분산시킨 후 팔레룸에 상륙하려는 의도였다. 그러나 아테네 밀티아데스에 의해 저지됐고, 살라미스 해전에서 참패했다. 충무공 이순신의 명량해전처럼, 수적으로 열세했던 그리스 함대는 살라미스 해안 쪽으로 철수했다. 양적으로 우세한 페르시아 해군은 좁은 살라미스 해협 수로로 몰려들었고, 이때 그리스 해군이 양면공격으로 승리를 거뒀다.

이어 리델 하트는 펠로폰네소스 전쟁(기원전 431~404)을 종결하는 스파르타 리산데르의 해상 간접접근전략을 서술했다. 리산데르는 아테네로 향하는 곡물선단을 유인하기 위해 다르다넬스 해협을 봉쇄했다. 그리고 아에고스포타모이에서 아테네 함대 전체를 나포함으로써 27년에 걸친 전쟁을 단 1시간 공격으로 끝냈다. 이 전쟁에서의 승리로 스파르타가 펠로폰네소스 반도의 두 번째 강자로 등장했다. 그러나 그리스 패권장악을 위한 힘겨루기는 고래가 물을 뿜듯 펠로폰네소스 반도를 계속 흔들었다.

■ 고래기름과 에너지자원 전쟁

1712년 향유고래의 머릿골에서 짜낸 기름이 양초 원료로 사용되면서 에너지 자원전쟁이 가속화하기 시작했다. 50만 년 가까이 빛에 대한 인류의 열망은 석등을 만들었고, 석등은 촛불로 대체되고, 고래기름 램프와 전구로 진화하면서 문명을 일궈왔다. 18세기 중반까지 사람들은 집에서 양초를 만들어 썼고, 후반에는 런던과 파리 주민들의 창턱 램프가 가로등을 대체했다. 고래기름은 석유와 전기가 개발되기 이전에 등잔, 양초, 등대, 가로등 불빛을 밝히는 재료로 사용됐다. 수요가 폭발적으로 늘어나자 18세기 수많은 포경선이 이 기름을 얻기 위해 바다로 나갔다. 그동안 수지 양초와 유채씨 기름을 많이 썼지만, 고래기름은 값이 쌌고 수요가 많았기 때문이었다. 하지만 19세기 초에 이르자 영국 공장들은 수지와 고래 기름으로는 더 이상 만족할 수 없게 됐고 가스불이 그 대안으로 입지를 구축했다.[1)]

고래는 한때 중요한 산업재였다. 미국에 정착한 유럽 이주민들은 고래 기름으로 불을 밝히고, 기계 윤활유로도 썼다. 기름 외에 수염을 포함한 각종 부산물이 500여 가지 공산품의 원자재로 쓰일 정도였다. 목돈을 거머쥘 수 있는 포경업에 고래사냥꾼들이 사나운 파도를 무릅쓰고 몰려들었다.[2)]

1853년 동인도함대사령관 페리 제독이 일본을 개항시킨 이유도 태평양 고래잡이 어선 기착 항구가 필요했기 때문이다. 그러나 남획으로 고래가 줄고, 고래 기름 값이 급등하면서 경제위기론까지 돌았다. 1859년 펜실베이니아에서 발견된 석유는 고래 기름을 대체했다. 그때까지 고래와 석유는 경쟁관계였던 셈이다.

기원전 6000년부터 고래잡이를 했다는 울산 일대가 석유화학 수출의 중심지로 변신한 것도 묘한 인연이다. 울산 장생포에 있는, 올해 4월 완공된 고래마을 입구에 한국계 귀신고래의 실물 모형이 들어섰다. 고래가 바다 위로 몸을 솟구치듯 울산은 대한민국이 광복 70주년을 맞이하기까지 경제도약의 디딤돌이 됐다.

■ 고래는 왜 바다로 갔을까?

포유동물은 약 2억 년 전부터 등장하기 시작했다. 고래는 늪에서 뭍에 나와 정착할 때는 다리가 있고 땅 위를 뒤뚱거리며 걸을 수 있는 골격을 갖췄다. 초기 화석을 보면 뒷발 발가락은 발굽으로 돼 있었다. 그러다가 5천만 년 전 갑자기 다시 바다로 돌아갔다. 바다 악어를 포함한 파충류가 지상과 바다에서도 우위를 점하고 있었다. 그런데 지상에서 우위를 점하던 파충류가 급격히 사라진 까닭은 6500만

1) 스티븐 존슨, 강주헌 옮김, 『우리는 어떻게 여기까지 왔을까』(서울: 프런티어, 2015), pp.238-240.

2) 제인 브록스, 박지훈 옮김, 『인간이 만든 빛의 세계사』(서울: 을유문화사, 2013), pp.49-67.

년 전 거대한 운석이 카리브해에 떨어져 엄청난 기후변화로 생태계 학자들은 추정한다. 오늘날 80종 정도 남아 있는 고래들은 물로 돌아갔어도 여전히 허파로 숨을 쉬어야 했다. 가장 몸집이 큰 흰긴수염고래는 30m에 200톤이 된다.

이후 1천만 년에 걸쳐 물에 적응하기 위해 몸 구조가 바뀌어 갔다. 고래 앞다리는 앞 지느러미, 뒷다리는 꼬리로 변했다. 콧구멍은 머리 위쪽으로 옮겨져 몸을 물에 담근 상태로 호흡을 할 수 있었다. 물을 뿜는 분기공으로 진화했다. 이빨고래는 분기공이 하나이며 수염고래는 둘이다. 수염고래는 이빨고래에서 진화한 것으로 본다. 엉덩뼈는 척추 움직임을 유연하게 도와주고, 단단한 꼬리를 힘차게 위아래로 움직이며 앞으로 밀고 나갈 수 있는 추진력을 얻었다. 고래가 바다에 적응하기 위한 진화는 장엄한 변화의 드라마다.

2. 돌고래와 돌고래전쟁

바닷속 해병…'은밀한 자객'부터 '특공대' 역할까지

2013년 남방큰돌고래 제돌이와 춘삼이가 제주의 고향 바다로 돌아갔다. 이들은 서울대공원에서 돌고래 쇼를 하면서도 귀향의 꿈을 잃지 않았다. 제돌이와 춘삼이가 동물원에 갇혀서도 그들의 희망을 간직했던 것처럼 기원전 3세기 그리스반도의 패권을 장악했던 마케도니아 왕 필리포스도 테베에 억류돼 있는 동안 대제국 건설의 원대한 포부를 키워 나갔다.

카메라(점선 안)를 장착한 군용 돌고래가 수중 감시와 적 함정의 무기를 탐지하기 위해 바다에 입수하고 있다.

■ 견제와 기만으로 전쟁목적을 달성

바실 헨리 리델하트의 전략론 1부 2장 중반부는 테베의 에파미논다스와 마케도니아의 필리포스가 그리스 지배권을 확보하는 내용이다. 18세기 프리드리히 대왕이 연이은 승리를 거뒀던 사선대형 전술이 기원전 371년 레욱트라 전투에 등장한다. 당시 테베군은 6,000명, 스파르타군은 1만 명이었다.

테베 에파미논다스는 중앙 밀집대형을 버렸다. 좌익에 주력을 배치하고 중앙과 우익은 약하게 배치함으로써 적 우측에 압도적 우세를 달성해 승리했다. 그는 다음해 스파르타 심장부를 향해 공격할 때도 직접 공략보다는 주변에 스파르타를 견제하는 세력을 키웠다. 메세니아국과 메갈로폴리스국을 세워 스파르타의 힘을 소모시켰다. 이른바 주변국으로 적을 견제하는 이이제이(以夷制夷)였다. 에파미논다스는 또다시 만티네아에서 전투를 회피하는 기만술로 스파르타군의 방심을 유도한 뒤 기습을 통해 승리했다.

기원전 338년, 테베와 아테네는 신흥강자인 마케도니아의 필리포스와 마주쳤다. 필리포스는 소년 시절 에파미논다스가 전성기일 때 테베에 인질로 끌려가 그곳에서 3년을 보내면서 그들의 전술을 살펴볼 수 있었다. 처음에는 정치적으로 테베 주변 세력을 약화시키기 위해 암피사로 향하지 않고 그리스 중남부의 전략적 요충지 엘레테아를 요새화했다. 이후 공세 방향이 동쪽 루트인 것처럼 기만한 후 서쪽 나우팍투스로 진출해 해상보급로를 확보했다. 이어 아테네군을 카에로네아로 유인한 후 격파함으로써 마케도니아의 그리스 지배권을 확립했다. 필리포스가 많은 어려움을 이겨내면서 에게해의 패권을 장악한 전략은 지중해 돌고래가 여러 장애물을 회피하면서 목표를 달성하는 간접접근전략과 같다고 할 수 있다.

■ 돌고래는 수중음파탐지기를 장착

돌고래는 뛰어난 수중 물체 탐지 능력으로 인간이 하기에 위험하거나 어려운 임무를 수행할 수 있다. 자연물과 인공물을 구분해 110m 거리에서 8cm 크기 물체를 정확히 탐지한다. 사람은 불가능한 수심 300m 이상의 잠수도 가능하다. 반향정위(反響定位) 능력으로 삼차원 사물을 이해한다. 분기공과 코 주변 뼛속 공간인 부비강(副鼻腔)을 통해 소리를 만든다. 머리에 있는 지방조직 멜론을 이용해 음파를 내며, 반향음 진동은 아래턱 음향창으로 감지한다.

진동은 지방이 차있는 공간을 지나 안쪽 귀로 전달되고 청신경을 통해 뇌에서 인식된다. 이런 과정을 거쳐 돌고래는 자신이 보낸 초음파가 대상에 부딪쳐서 돌아올 때 모양과 크기, 거리와 방향 등을 파악한다. 물 깊이를 측정하는 데 사용하는 수중음파탐지기(소나)나 어군탐지기와 원리가 같다. 이러한 원리를 이용해 깜깜한 심해를 운항하는 것이 잠수함이다. 이런 능력을 가진 돌고래는 군사 임무를 수행하는 해군 전투원이 되기도 한다. 군용 돌고래들은 물속에 빠뜨린 반지를 찾아낼 만큼 혹독한 훈련을 받는다.

돌고래 병사의 가장 큰 임무는 잠수부가 들어갈 수 없는 해저(海底)를 수색하거나, 지나가는 배를 폭파하기 위해 바다에 설치한 기뢰(機雷)나 적 함정, 잠수부를 탐지하는 정찰병 역할이다. 돌고래는 기뢰를 찾아낸 다음 기뢰 근처에 표지물을 세우고 돌아오는 훈련도 받는다. 때로는 지느러미에 카메라를 달아 적 함정의 무기를 탐지하기도 한다. 공격용 돌고래는 머리와 등 또는 지느러미에 작살 등 무기를 장착해 잠수부를 공격하는 훈련도 받는 것으로 알려졌다. 심지어 돌고래 몸에 폭탄을 부착해 가미카제 특공대처럼 적 선박이나 잠수함으로 돌진해 자폭(自爆)하는 자살특공대 역할도 할 수 있다.

잠수부가 갈 수 없는 해저 수색
물속 반지 찾아낼 만큼 훈련 혹독
돌고래 부대, 미국·러시아에서 운용

■ 육지에 군견(軍犬), 바다에는 돌고래 병사[3]

돌고래 부대를 운용하는 나라는 미국과 러시아다. 미 해군은 캘리포니아주 샌디에이고 기지에 해양포유동물프로그램(MMP)을 운영하고 있다. 이곳에서는 돌고래 80여 마리와 바다사자 20여 마리가 훈련을 받고 있다. 미 해군은 1960년대부터 이 프로그램을 비밀리에 진행해 오다가 1990년 들어서야 세상에 공개했다. 돌고래와 더불어 바다사자도 수중 시력이 뛰어나 흙탕물이나 야간에도 적 잠수부

3) 국립수산과학원 고래연구소 김현수, 『우리는 어떻게 여기까지 왔을까』(서울: 프런티어, 2015), pp.238-240.

등을 탐지하는 데 뛰어난 능력을 발휘하는 것으로 알려졌다. 옛 소련도 1965년 흑해 연안 크림반도 세바스토폴 항구[4] 인근에 군용 돌고래 훈련 시설을 만들어 운영해 왔다. 이 돌고래 부대는 1991년 소련이 붕괴하면서 우크라이나로 넘어갔다. 그런데 지난해 3월 크림반도가 러시아로 합병되면서 이 부대도 러시아군 소속이 됐다.[5]

이에 맞서 최근 나토와 우크라이나는 흑해 연안에서 해군 합동훈련 '해풍' 2015를 실시했다. 이 훈련에 미군은 군사용 돌고래 10여 마리를 투입했다. 분쟁 위험이 고조되고 있는 이 지역에서 미군과 러시아군 돌고래 부대가 충돌할 가능성이 높아졌다. 미국의 이런 조치는 러시아가 크림반도 합병을 계기로 우크라이나 소속 군사용 돌고래 10여 마리를 얻은 데 대한 대응이었다. 흑해에서 항공모함이나 잠수함에 의한 해전이 아닌 돌고래전쟁이 벌어지고 있는 것이다.

4) 세바스포폴 항구는 크림반도 왼쪽 가장자리에 있는 작은 항구도시다. 러시아 흑해함대 주둔지로 1854년부터 1855년까지 영국과 프랑스 연합군 대 러시아군이 1년간 크림전쟁을 벌였다.

5) http://sofrep.com/8496/the-us-navys-mk-6-attack-dolphins/ "The US Navy's Deadly MK6 Attack Dolphin Program".

3. 돌고래와 동방원정

초음파로 적 찾고 어뢰 찾고… 밤바다 지키는 불침번

2015년 7월 서울대공원 수족관에 남아 있던 남방큰돌고래 태산이와 복순이도 제돌이 뒤를 따라 제주 바다로 돌아갔다. 이들은 야생 방사를 앞두고 산 고등어를 쫓아가 잡아먹는 사냥 능력을 키웠다. 마케도니아의 알렉산드로스 대왕도 미래를 대비해 부왕 필리포스로부터 전술과 행정 등의 실제적인 일을 배웠다. 그리고 카이로네이아전투와 테베 정복을 통해 군사적 능력을 키운 후 동방원정을 떠났다.

돌고래는 기뢰나 적 잠수부를 탐지하는 탁월한 능력을 갖췄다. 심지어 폭탄을 멘 채 잠수함을 공격하는 가미카제식 훈련을 받기도 한다.

■ 지그재그 동방원정은 간접접근전략 길

바실 헨리 리델하트는 전략론 제1부 2장 끝에서 마케도니아 왕 필리포스의 꿈을 행동으로 옮긴 알렉산드로스의 동방원정을 다룬다. 기원전 334년 다르다넬스 동부해안을 출발한 원정군은 오늘날 터키 서부의 해안 요충지를 점령한 후 내륙 지역인 소아시아 중앙부 앙카라에 거점을 마련했다. 다음 해인 333년 페르시아 다리우스 3세에게 원정군 배후를 노출해 위기에 몰렸으나 이수스전투에서 전세를 역전시켰다.

알렉산드로스 원정군은 페르시아의 심장부 바빌론으로 진격하지 않고 지중해 연안을 따라 내려가 이집트까지 점령했다. 원정군의 흔적은 현재 동명부대가 8년 동안 파병돼 있는 레바논 남부 티르 시 해안에도 고스란히 남아 있다. 원정군은 페르시아 함대를 격파해 후방위협을 제거했다. 기원전 331년 가우가멜라전투에서 다리우스와 두 번째 결전을 펼쳐 승리한 후 바빌론을 함락시켰다. 이어 오늘날의 이란고원과 북부 카스피해 남쪽을 따라 진군한 후 인도 국경에 이르렀다. 인도 포루스군을 맞아 정면에서 기병이 교란하고, 주력은 히다스페스 강 상류 28㎞ 지점에서 야간 도하한 그의 작전은 간접접근전략의 진수였다.

알렉산드로스 동방원정로를 자세히 들여다보면 지그재그 모양을 하고 있다. 그는 처음에는 에게 해안 사르디스와 에페수스 등을 점령했다. 페르시아 함대의 제해권을 약화시킴으로써 후방안전을 도모하기 위함이었다. 터키 중서부의 지중해 연안도시 이즈미르에 있는 당시 원정군 후방병원 터에는 부상병 치료와 전투 후 휴식에 사용된 온천이 아직도 존재한다. 알렉산드로스의 부왕 필리포스는 에게해 돌고래와 같은 간접접근전략으로 그리스반도의 패권을 장악한 바 있다. 알렉산드로스는 더욱 거대한 지중해 돌고래가 돼 동방원정을 떠났다.

■ 기뢰와 적 잠수부 탐지

돌고래는 뛰어난 음파 탐지 능력으로 수중물체를 감지하는 능력이 우수하다. 지능지수가 70~80 정도로 4~5세 어린아이와 비슷할 만큼 머리도 좋다. 인간 못지않게 두뇌가 크고 대뇌피질이 발달했기 때문이다. 이 때문에 냉전 이후 군사적 목적의 비밀 병기로 활용돼왔다. 기뢰 탐지와 제거는 돌고래가 기뢰를 찾아내 수중음향 신호장치를 근처에 떨어뜨리거나 부표를 바다에 띄우면 잠수요원들이 기뢰를 제거하는 방식으로 이뤄진다. 수중으로 침투하는 적 잠수부를 발견할 경우 몸에 부착된 특수 장비로 잠수부의 산소탱크를 때리면 그 장비에서 부표가 튀어나와 아군에게 적 침투 사실과 위치를 알려준다. 이런 훈련을 시킬 때는 원하는 행동을 수행하면 보상으로 먹이를 주는 '긍정적 강화' 기법을 사용하는데, 공연용 돌고래를 훈련시키는 원리이기도 하다.

이렇게 훈련된 돌고래 병사는 베트남전 당시부터 최근까지 각종 군사작전에 투입됐다. 베트남전 말기인 1971년부터 1972년까지 미군물자를 보급하던 베트남 남부 해안 군사요충지 깜라인만에 돌고래 다섯 마리가 배치됐다. 이들은 적 잠수요원들이 항구에 접근하는 것을 감시하는 보초병 역할을 했다. 당시 미군이 가장 걱정했던 것은 적군이 어둠을 틈타 몸에 폭탄을 지니고 수영으로 침투해 자폭하는 것이었다. 돌고래 병사들은 어둠이 문제가 되지 않았으므로 초음파 레이더를 작동해 깜라인 항구를 지켰다. 미군은 돌고래 부리에 사람을 죽일 수 있는 가스가 든 주사기를 붙이고 그 주사기로 적 잠수요원을 찌르는 훈련을 시키기도 했다.

적 잠수부 보면 부표 띄워 알려,
베트남전 말기에 다섯 마리 배치
주사기 달고 적 찌르는 훈련 받기도

■ 현대전과 돌고래

미 해군은 이란과 이라크 간에 전쟁이 벌어져 페르시아만에서 여러 나라 유조선이 침몰하자, 1986년부터 1987년까지 바레인 해역에 돌고래 여섯 마리를 긴급 투입했다. 지느러미에 위치추적 장치를 달아 바다에 떠있는 기뢰와 어뢰를 탐지하고 수중감시를 했다. 2003년 이라크전 때도 걸프만에 군사용 돌고래 여덟 마리가 투입됐다. 이들은 이라크 바스라 지역의 움 카스르 항으로 구호선들이 안전하게 들어갈 수 있도록 기뢰 탐지 임무를 수행했다. 돌고래들은 항구 주변에 설치된 기뢰와 수중 부비트랩 100여 개를 탐지하는 전과를 올렸다. 2012년 이란이 호르무즈해협 봉쇄 선언을 했을 때도 돌고래를 이용해 이란의 기뢰공격 등에 대비하려

했다. 다행히 이란이 해협을 봉쇄하지 않아 돌고래들이 실제 투입되지는 않았다.

돌고래들이 항상 성공적으로 임무를 수행하는 것은 아니었다. 2005년 허리케인 카트리나가 미국을 강타했을 때, 멕시코만에서 훈련 중이던 군용 돌고래 수십 마리가 실종돼 비상이 걸렸다. 훈련 당시 돌고래들은 폭탄이나 작살을 몸에 장착하고 있었던 것으로 알려져 인근 해역 잠수부들이 공포에 떨기도 했다.

그리고 최근에는 우크라이나 크림반도 해군기지에서 훈련 중이던 돌고래 세 마리가 울타리를 벗어나 수색 작전이 벌어지기도 했다. 전문가에 의하면 돌고래 수컷이 발정기에 암컷 상대를 발견하면 어떤 명령도 듣지 않고 암컷을 좇아다니다가 일주일 정도 지나 부대로 귀환한 경우도 있다고 한다. 또한 돌고래는 사람이나 물체는 식별할 수 있지만, 적과 아군을 잘 구별하지 못하기 때문에 공격 임무에 투입했다가 자칫 아군을 해칠 수 있다는 우려도 있다.

4. 소와 포에니전쟁

눈앞 이익보다 뚜벅뚜벅 걷는 지구전도 필요

인간은 땅과 바다를 서로 차지하려고 다퉈왔다. 옆에 있는 땅을 얻고 나면 더 먼 곳의 땅을 갖기 위해 원정을 했다. 특히 유럽과 아프리카는 지중해 패권을 장악하기 위해 고대의 1차 세계대전으로 일컬어지는 포에니전쟁을 세 번이나 치렀다. 그 두 번째 전쟁이 한니발과 파비우스의 힘겨루기였다.

소는 동양 농경문화에서는 소싸움에 이용됐고, 유럽에서는 군사훈련과 투우에 쓰이는 서로 다른 길을 걸었다.

■ 한니발과 파비우스의 힘겨루기

바실 헨리 리델하트의 전략론 제1부 3장은 로마시대 영웅들인 한니발과 스키피오, 카이사르에 관한 얘기다. 전반부는 한니발의 우회기동과 파비우스의 지구전을 다루면서 서로의 간접접근전략을 비교했다. 기원전 218년 한니발은 로마로 이르는 직접접근로인 해상을 이용하지 않고 스페인에서 알프스를 넘어 이탈리아로 진격했다. 당시에는 엄청난 모험이자 대담한 전략적 기동이었다. 리델하트는 그 이유를 "북부 이탈리아 켈트족을 반로마 동맹에 끌어들이기 위한 정치적 고려였다"고 했다.

한니발은 항상 로마군이 어렵다고 판단한 길을 택했다. 기원전 217년 론 강 상류 이제르 강 계곡의 험난한 길과 물 밑에 잠겨 있는 통로를 따라 행군한 후, 트라시메네 전투에서 크게 승리했다. 그런데 리델하트는 이 전투 후 한니발이 로마를 바로 공격하지 않은 이유는 이탈리아 동맹에 대한 로마의 지배권을 붕괴시키고, 이들을 반로마 동맹에 합류시키기 위한 노력으로 분석했다.

한니발의 공세에 맞서 로마 집정관 퀸투스 파비우스 막시무스는 지구전 즉 지연전 전략을 펼쳤다. 이른바 이탈리아의 방패 파비우스 전략(Fabian strategy)으로 맞서면서 싸움을 지연시키고 소모전으로 상대편을 지치게 했다.[6] 한니발군과 교전을 회피하면서 한편으로는 멀리 떨어진 카르타고로부터 병력을 보충하는 것을 방해하고 병참선을 교란했다. 또한 적 주변을 맴돌며 간헐적으로 기습을 가했다. 리델하트는 여기에서 처음으로 게릴라전을 언급했다. 그 효과는 스키피오에 의해 증명됐다. 훗날 러시아가 나폴레옹과 히틀러 침공 때 지연전으로 대응한 것도 파비우스 전략을 따른 결과다. 제2차 포에니전쟁은 한니발이 두 뿔로 강하게 밀고 파비우스는 두 뿔로 버티는 소싸움이었다.

지중해 장악 위해 유럽과 아프리카의 두 번째 전쟁
한니발, 스페인에서 험난한 알프스 넘어 로마로 진격

■ 투우에서 물레타는 간접접근전략 수단

인간과 오랜 세월을 함께 해온 소는 때론 사납고 때론 우직했다. 기원전 2만 5,000년 내외에 그려진 것으로 추정되는 알타미라 동굴벽화에는 들소가 생동감 넘

6) 로렌스 프리드먼, 이경식 역, 『전략의 역사』 1권, (서울: 비즈니스북스), 2015, pp.124-125.

치게 그려져 있다. 들소는 강하면서 몹시 거칠고 사나워 힘의 상징이자 가장 좋은 사냥감이었다. 그런데 들소는 동양과 서양에서 서로 다른 운명의 길을 걸었다. 동양에서는 농경이 시작되면서 들소들이 논과 밭갈이에 이용됐다. 가을걷이를 마친 농민들은 소싸움을 즐겼다. 싸움소는 마을공동체의 모든 소를 대표하는 존재였다. 그래서 마을을 대표해 싸움에 나서는 소는 곧 해당 마을의 생산력과 잠재적 능력의 대변자로서 마을 전투력을 상징했다.

반면 유럽대륙에서 소는 전쟁 수단으로 활용됐다. 카르타고의 한니발군은 유럽 전초기지였던 스페인 일대에서 소를 상대로 창 찌르기 군사훈련을 한 것으로 추정된다. 오랜 원정에 지친 한니발군은 군량으로 활용하던 소와 싸우며 전장의 스트레스를 풀고 전투기량도 다졌다. 당시 이 훈련은 장병들에게 두려움을 극복하는 수단이었으며 그 결과로 전사들의 등급을 나누기도 했다.[7)]

이 훈련은 오랜 시간이 지나 16세기 르네상스 시대에 접어들면서 소 한 마리와 투우사 4명이 싸우는 근대적인 투우로 자리 잡았다. 붉은 천 물레타를 흔들면서 소를 유인하는 마타도르, 작살을 꽂는 반데릴레로, 말을 타고 창으로 소를 찌르는 피카도르 등이다. 이들 중 마타도르는 오늘날 근거 없는 사실을 조작해 상대편을 중상모략하고 내부를 교란시키는 마타도어로 변했다. 로마군 장군 바로는 한니발이 휘두른 물레타에 쉽게 넘어갔다.

소 상대 군사훈련 추정, 16C 근대적 투우로 자리 잡아
지연 전략 펼친 파비우스 경질…로마군 대학살 당해

■한니발 갈리아군은 마타도어

한니발에 대한 파비우스의 지연전략은 로마 원로원을 초조하게 만들고 민중의 반감을 샀다. 원로원은 파비우스를 경질하고 바로와 파울루스 2명의 집정관을 선출해 한니발과의 전투를 독려했다. 한니발은 언제나 자신이 원하는 곳, 원하는 시

7) 최영진, 『국방일보, 전쟁과 미술』〈53. 존 트럼벌의 '파울루스의 죽음'(1773)〉, 2015.8.26, 13면.

기에 전투를 했다. 그는 아드리아해 인근 아우피두스 강 하류 칸나이 평원을 결전장으로 삼았다. 소규모 전투에서 일부터 패해 로마군의 자만심을 부추겼다. 바로는 충동적으로 검을 빼 곧장 싸우자고 했으나, 파울루스는 신중하게 유리한 시기를 기다리자고 했다. 드디어 기원전 216년 8월 2일 두 장군이 하루씩 번갈아가며 지휘권을 행사하다가 바로가 지휘권을 행사한 날, 그 넓은 들에서 참극이 일어났다.

로마군 중앙 보병은 한니발군 중앙의 갈리아군 쪽으로 밀고 나갔다. 그런데 그 뒤에는 한니발군 중무장보병이 기다리고 있었다. 처음에는 갈리아군이 배가 불룩한 진형으로 맞서다가 갑자기 좌우측으로 힘을 빼자, 로마군은 못이 자석에 빨려 들어가듯 한니발군의 포위망 속으로 들어갔다. 양익 포위였다. 한니발군 중앙에 몰려든 로마군 주력은 빽빽이 밀집돼 오히려 전투력 발휘가 제한됐다.

이때 한니발군 좌익의 중장기병 부대는 로마군 날개인 기병부대를 돌파하고 배후를 유린했다. 로마군은 8만 6,000명 중 1만 4,000명만 살아남는 대학살을 당했다. 카르타고군 전사자는 6,000명에 불과했다. 살아서 돌아간 로마군 틈에는 한니발을 자마의 싸움에서 격파하고 로마에 승전을 바친 장군 스키피오도 있었다.

바로의 교훈은 2,000년이 지난 오늘날까지 전쟁 실패 사례로 활용되고 있다. 독자들은 바로가 될 것인가? 파비우스의 전략을 배울 것인가? 어떤 일이든 눈앞의 이익만 바라보고 물레타에 현혹돼서는 곤란하다. 소처럼 뚜벅뚜벅 걷는 신중함도 필요하다.

5. 코끼리와 자마전투

한니발군의 '무적 코끼리 부대' 나팔소리에 줄행랑

어린아이들이 즐겨 부르는 동요 가사 중에 "코끼리 아저씨는 … 소방수래요~"가 있다. 기원전 2세기 한니발이 이탈리아 반도를 휩쓰는 동안 스키피오가 전장의 불을 진화하는 소방수로 등장했다. 스키피오가 한니발을 향해 내뿜는 물줄기는 처음에는 가느다란 호스였지만 점차 거센 물대포로 변했다.

코끼리는 고대전쟁에서 전장의 주역이었으나 점차 코끼리 심리를 역이용한 전술이 등장하면서 무대에서 사라졌다.

■ 스키피오, 간접접근전략으로 반격

바실 헨리 리델하트의 전략론 제1부 3장 중반부는 '로마의 창' 스키피오 얘기다. 지중해 패권 장악을 위한 1, 2차 포에니 전쟁 기간 중 한니발과 스키피오는 여덟 번 겨뤘다. 전반 4회는 한니발군 압승, 후반 4회는 스키피오군 완승으로 끝을 맺었다. 리델하트는 스키피오가 네미스트로네 전투부터 자마전투에 이르기까지 철저하게 간접접근을 통해 승리했다고 분석했다.

로마군은 트라시메네 호수와 칸나이 평원에서 한니발군에게 유린당했지만 절치부심(切齒腐心) 끝에 스키피오가 전세를 역전시켰다. 스키피오는 로마 명문 귀족 코르넬리우스 가문 출신으로, 19세 때 파울루스 밑에서 칸나이 전투를 경험했다. 그의 아버지는 2년 전 티치노 전투에서 전사했고, 젊고 패기에 찬 그는 스스로 스페인전선 사령관에 지원했다. 25세의 젊은 사령관은 사기가 저하된 로마군의 전투의지를 고취시켰다. 스페인 동부 지중해 해안의 도시 타라고나에서 스페인 내륙지역의 적 상황과 지형, 주민 등 정보를 철저히 분석했다.

스키피오는 카르타고를 직접 공략하기 전에 지중해 해안의 스페인 지역 주요 거점들을 정복해 나갔다. 기원전 209년 한니발군의 스페인 거점인 카르타헤나 공략이 시작이었다. 그곳은 한니발군이 훈련하고 전력을 증강하는 실질적 전초 전략기지였다. 스키피오는 특공대 2,000명으로 성벽의 허점을 기습 공략해 단 하루 만에 함락시켰다. 이 작은 승리는 카르타고 동맹국의 이탈을 촉진시키고 카르타고군을 격멸하는 큰 승리의 밑거름이었다. 그는 칸나이에서 코끼리에 당한 굴욕을 코끼리의 심리를 역이용해 혼란을 일으킴으로써 만회했다.

■ 카르타고 코끼리군, 거미줄에 걸리다

알프스 산맥을 넘어와 칸나이 전투에서 용맹을 떨쳤던 한니발군의 코끼리는 서서히 전투력이 쇠진됐다. 급기야 로마군 반격의 전초전이었던 기원전 210년 네미스트로네 전투에서 위력을 발휘하지 못했다. 한니발은 예전처럼 코끼리 떼를 투입했으나, 뜻대로 움직여 주지 않았다. 로마 마르켈루스군은 집요하게 한니발을 추격했고, 스키피오가 바통을 이어받았다. 카르타헤나 승리 후 현지인에겐 관용을 베풀면서 로마군은 엄정한 군율과 훈련으로 기강을 다졌다. 스키피오군은 기원전 208년 스페인 내륙 바이쿨라 전투에서 카르타고군의 상징인 코끼리 부대와 우수한 기병으로 편성된 하스드루발군을 격퇴했다.

기원전 207년 메타우라 전투에서도 마찬가지였다. 바이쿨라에서 패퇴한 하스드루발군 5만 5,000명은 한니발이 넘었던 알프스를 지나 이탈리아 내륙으로 들어갔다. 이에 맞선 로마 네로군 4만 명의 함성이 벼랑의 메아리로 돌아오자, 하스드루발군 선두 코끼리들이 이에 놀라 적진으로 뛰어들지 않고 오히려 아군 진영으로 난입했다. 결국 코끼리 귀 뒤를 침으로 찔러서 죽이고 후퇴했다. 바이쿨라에서 승리한 스키피오군 4만 8,000명은 기원전 206년 일리파에서 결전을 벌였다. 그곳엔 한니발 예하 시네스코군 7만 4,000명과 코끼리 32마리가 있었다. 코끼리 떼는 로마군 경무장 보병이 쏘는 화살 선제공격에 날뛰기 시작했고, 이들은 적을 향해 돌진하지 않고 오히려 카르타고군 진영으로 난입해 혼란을 일으키며 패배를 가져오고 말았다. 우람한 코끼리 두 다리가 가느다란 거미줄에 걸려 넘어진 꼴이었다.

■ 코끼리군, 자마에서 사라지다

기원전 204년, 스키피오는 드디어 2만 6,000명의 병력을 이끌고 아프리카에 상륙했다. 카르타고군 주력이 배치된 우티카 항구를 해상에서 공격준비하고 있는 것처럼 위장한 후 적 야영지를 기습해 교란시켰다. 그리고 한니발이 아프리카로 돌아올 때까지 카르타고 동맹을 격리시키고, 공포와 절망에 빠뜨리기 위해 튀니스로 전진했다. 스키피오는 카르타고의 핵심 보급로인 바그라다스 계곡을 선점해 자신이 원하는 곳으로 한니발군을 끌어들였다. 반면 한니발군은 식수보급 등 병참의 제한을 받았다.

코끼리 운용 실패는 기원전 202년 자마전투 초기 전장 주도권을 넘겨주는 원인이 됐다. 카르타고군 5만 명의 선두에 코끼리 80마리가 배치됐다. 1진은 용병 혼성군 1만 2,000명, 2진은 카르타고 시민병 등 1만 9,000명, 주력은 그 후방에 1만 5,000명이었다. 코끼리가 로마군 진영을 혼란시킨 다음 주력을 투입하려고 했다. 그러나 스키피오는 중무장 대열 사이로 코끼리가 지나갈 넓은 통로를 만들었다. 코끼리는 로마군 사이로 지나가고 말았고, 로마군이 나팔과 꽹과리로 소음을 내면서 코끼리를 투창으로 공격하자, 코끼리부대는 도망쳐 버렸다.

한니발이 칸나이에서 로마의 허점을 찔렀지만, 스키피오는 자마에서 카르타고의 허점을 파고들었다. 자마전투 결과 한니발군 1만 5,000명이 전사하고, 2만 명이 포로가 됐다. 얼마 후 카르타고는 사하라 사막의 모래바람과 함께 사라졌다. 스키피오는 단 8년 만에 네 번의 전투로 지중해 전체를 로마의 바다로 만들었다. 이후 로마는 지중해 천년 세계 맹주로 등장했고, 지중해 동쪽 마케도니아와 시리아까지 차례로 굴복시켰다. 기원후 233년 로마와 사산조 페르시아의 전투에서도 코끼리 700마리가 등장했으나 위력을 발휘하지 못했다.[8] 코끼리는 알렉산드로스의 히다스페스 전투 때만 하더라도 전장의 주역이었으나 스키피오에 의해 주인공에서 밀려났다. 승리했던 전략만 고집하고 변하지 않았기 때문이었다.

8) 앤드루 로빈슨, 김지원 옮김, 『지진 두렵거나, 외면하거나』, 반니, 2015. 8. 26. 인도 힌두교도들은 지구를 떠받치고 있는 여덟 마리의 큰 코끼리가 가끔 지쳐 고개를 숙일 때마다 지진이 일어난다고 생각했다.

6. 사막 풍뎅이와 카이사르 군단

안개 수분이 물 될 때까지…기다림이 지혜일 때가 있다

가이우스 율리우스 카이사르는 기원전 1세기 로마 공화정을 파괴하고 제정(帝政)의 기초를 쌓은 로마의 군인이자 정치가였다. 그는 갈리아 전쟁기에서 로마군단의 승리 비결에 대해 "교범대로 대처해서는 이길 수 없었다"고 했다. 갈리아는 오늘날 프랑스, 벨기에, 스위스 서부, 그리고 라인 강 서쪽의 독일을 포함하는 지역을 가리킨다.

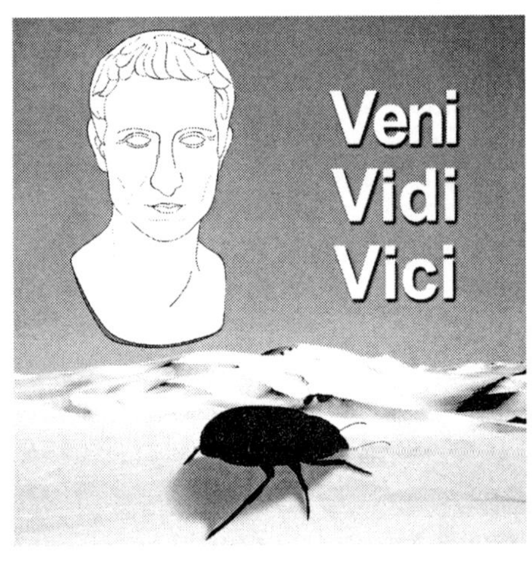

사막 풍뎅이는 거친 사막 환경에서 독특한 방법으로 수분을 얻어 생존하고 있다. 반면 고대 로마 영웅인 카이사르는 원로원을 품지 못해 비명에 사라졌다.

■ 로마의 전설을 만든 카이사르 군단

바실 헨리 리델하트의 전략론 제1부 3장 끝은 흔히 시저로 불리는 카이사르의 간접접근전략을 다루고 있다. 그는 나이 마흔한 살에 폼페이우스·크라수스와 동맹을 맺어 이른바 삼두정치 체제를 구축한 후 무려 8년에 걸쳐 갈리아 정복에 나섰다. 카이사르는 오늘날까지 회자되는 여러 명언을 남겼다. 그는 갈리아 전쟁에서 승리하고 난 후 첫 번째 명언인 "주사위는 던져졌다!"를 외치며 루비콘 강을 건너 로마로 진격했다. 루비콘 강은 북부 이탈리아와 로마 영토의 경계를 이루는데 군대를 이끌고 이 강을 건너면 국법을 어긴 반란으로 간주됐다.

기원전 48년, 그리스 테살리아 평원의 파르살루스에서 카이사르군 2만 3,000명은 폼페이우스군 5만 4,000명과 결전을 벌였다. 병력은 절반, 기동력은 7배나 열세였다. 폼페이우스는 전형적인 기병에 의한 포위섬멸작전을 시도했다. 반면 카이사르는 폼페이우스군 주력 기병 7,000명을 유인해 기동예비대 2,400명으로 포위격멸했다. 기존 승리 전법을 역이용해 상황에 맞는 방식을 택했기 때문에 이겼다. 카이사르는 기원전 47년 터키 북부 질레에서 승리한 후 로마 원로원에 승전보로 두 번째 명언 '왔노라(Veni), 보았노라(Vidi), 이겼노라(Vici)'를 전했다.

이어 폼페이우스의 패잔군을 로마 스키피오와 카르타고 한니발의 자마전투(기원전 202년)가 벌어졌던 타푸수스까지 뒤쫓았다. 기원전 46년 카이사르의 군대가 진주했을 때 그곳에는 삼나무 숲이 빽빽하게 우거져 있었다. 주둔군은 농지를 만들기 위해 울창한 삼림지역을 개간했다. 여기에서 생산된 곡물은 몽땅 로마로 실려갔다. 이때부터 200년 동안 로마에 필요한 식량의 3분의 2가량이 이곳으로부터 조달됐다. 그 탓으로 아프리카 북부 사하라사막은 더욱 황폐해지고 말았다.[9] 그런데 비 한 방울 내리지 않는 이런 사막에서도 말라 죽지 않고 견디는 동물이 있다. 바로 사막 풍뎅이다.

■사막환경 적응 승리자, 사막 풍뎅이

사막은 건조하다. 대기 속에 물기라고는 한 달에 서너 번 아침 산들바람에 실려오는 안개의 수분뿐이다. 그러나 사막 풍뎅이는 이 안개로부터 생존에 필요한 물을 만들어낼 수 있기 때문에 끄떡없이 생존한다. 사막 풍뎅이는 밤이 되면 모래언

9) 김동환, 배석, 『금속의 세계사』(파주: 다산북스, 2015), p.19.

덕의 꼭대기로 기어 올라간다. 꼭대기는 밤하늘로 열을 반사해 주변보다 다소 서늘하기 때문이다. 해가 뜨기 직전 먼 바다에서 촉촉한 산들바람이 불어오면 풍뎅이는 그쪽으로 등을 향하고 물구나무를 선다.

그러면 안개 속의 수증기가 물을 잘 흡수하는 풍뎅이 등의 돌기 끄트머리 부분에 달라붙는다. 수증기 입자가 하나둘 모이면서 덩어리가 점점 커져 지름 0.5mm 정도의 물방울이 된다. 물방울은 결국 무게를 감당하지 못하고 돌기 끄트머리에서 아래로 굴러떨어진다. 돌기 아래 바닥은 물을 잘 흡수하지 않기 때문에 등에 모인 물방울은 풍뎅이 입으로 흘러들어간다. 이러한 집수 원리는 여러모로 활용되고 있다. 건조한 지역에서 습기를 빨아들여 사람이 마실 물을 얻는 텐트를 제작하거나 공항의 짙은 안개를 제거하는 장치에 사용되고 있다.[10] 사막 풍뎅이는 척박한 사막환경에서 생존하기 위해 오랜 시간에 걸쳐 적응하는 지혜를 보였다. 그런데 카이사르는 짧은 시간 내에 권력을 차지하려는 욕심 탓에 사막의 이슬처럼 사라지고 말았다.

오랜 세월 승승장구한 '카이사르' 제국
로마 원로원과 융화 실패 3년 만에 암살
사막서 생존하는 '풍뎅이' 교훈 삼을 만

■ 카이사르, '팍스(평화) 로마나' 시대 기반을 다지다

기원전 46년 카이사르는 북아프리카 타프수스 전투에서 폼페이우스 패잔군을 완전히 격멸하고 개선식을 거행했다. 이어 로마가 카르타고를 무찌른 후 150년 지속된 로마 체제를 변화시켰다. 아무것도 없는 상태에서 새롭게 시작하는 것보다, 잘되고 있는 상태에서 변화를 모색하는 것이 더 어려웠다. 자신을 반대하던 세력을 품는 관용을 베풀고 여러 민족과 종교를 함께 아우르는 정책을 펼쳤다.

카이사르는 갈리아와 지중해 연안 터키 및 아프리카 북부 원정을 통해 새로운 문화와 문명을 직접 보았다. 그는 틈날 때마다 사색하고 전쟁사를 집필했는데 "누

10) 이인식, 『융합하면 미래가 보인다』(서울: 21세기 북스, 2014), pp.191-199.

구나 모든 현실을 볼 수 있는 것은 아니다. 대부분의 사람은 자기가 보고 싶어 하는 것밖에 보지 않는다"라고 했다. 기존 관념에 얽매여 새로운 걸 보지 못하면 승리를 쉽게 얻을 수 없음을 말한 것이다.

그러나 카이사르의 제국으로 가는 길은 불행하게도 3년을 넘기지 못했다. 기원전 44년 그가 반대파인 브루투스의 칼에 살해당하면서 안타깝게 내뱉은 세 번째 명언 "브루투스, 너마저!"는 지금까지도 배신의 상징으로 회자되고 있다. 브루투스는 폼페이우스군 소속으로 파르살루스 전투에서 대패하고 포로가 됐으나 카이사르로부터 용서받은 인물이었다. 카이사르는 오랜 세월 해외 원정을 하며 전투마다 이겨 로마의 전설을 만들었다. 그러나 급격한 변화에 두려움을 느끼는 로마 원로원을 품는 간접접근을 시도하지 않아 암살을 자초했다. 그가 거친 사막환경에서 생존한 사막 풍뎅이의 지혜를 빌렸더라면 로마제국 번영은 앞당겨졌을 것이다.

7. 쌍두 독수리와 비잔틴제국전쟁

비잔틴을 지켜낸 두 장군의 용맹과 지혜 상징

맑은 가을 하늘에서 먹이를 찾는 독수리의 눈매가 매섭다. 바실 헨리 리델하트의 전략론 제1부 4장은 3장에서 다룬 기원전 1세기의 카이사르 전략에서 500년을 훌쩍 뛰어넘는다. 여기서는 6세기 초기 비잔틴제국을 지켰던 독수리 벨리사리우스와 나르세스의 간접접근전략을 분석하고 있다.

비잔틴 제국의 두 영웅 중 나르세스는 신중한 정치적 군인이었다.

■ 벨리사리우스 간접접근전략

4장 전반부는 비잔티움 최고 무장인 벨리사리우스의 전략이다. 지중해를 호령하던 로마제국은 395년 동과 서로 분열됐다. 476년 서로마제국이 먼저 멸망해 프랑크왕국으로 대체됐고 동로마제국(비잔틴제국)은 그 후 약 1,000년 동안 지속됐다.

비잔티움 유스티니아누스 황제는 로마의 영광을 되찾으려 했다. 그에게는 용맹과 지혜를 상징하는 쌍두 독수리가 있었다. 벨리사리우스와 나르세스 두 장군이었다. 먼저 쌍두 독수리의 오른쪽 머리인 벨리사리우스가 페르시아의 위협에 대응했다. 그는 경무장 병력의 신속한 기동력으로 다라스 요새와 안티오크 전투에서 이겼다. 533년에는 북아프리카 반달왕국 타도를 위해 1만 5,000여 병력과 500척 선단이 원정을 나섰다. 430년부터 독일계 반달족이 카르타고에 수도를 건립하고 지중해 연안을 약탈하고 있었기 때문이다.

그는 전투를 통해 적을 굴복시키기 이전에, 지위와 신분을 보장하는 심리전으로 주변 마을과 도시 주민들을 설득했다. 그리하여 피 한 방울 흘리지 않고 적의 본거지를 점령했다. "진정한 승리는 최소한의 손실로 적으로 하여금 목적을 포기하도록 하는 것"이라는 그의 말은 손자의 부전승 전략과 일치한다.

그는 고트족의 거점인 나폴리를 공략하고 로마를 탈환했다. 537년 벨리사리우스군 3만 5,000명은 고트족 비티게스군 15만 명의 포위 공격을 효과적으로 저지했다. 소규모 병력이 포위망 밖으로 나가 적 전투력을 약화시키고, 적 주보급로 거점인 티볼리와 테라치를 점령해 굴복시켰다. 페르시아의 코스로에스가 20만 대군으로 팔레스타인을 침공했을 때도 뛰어난 기만술로 물리쳤다. 수적으로 열세였지만 병력이 많은 것처럼 속여 적이 스스로 철수하게 했다. 리델하트는 "그는 언제나 적보다 적은 병력을 가지고 자신의 약점을 강점으로, 적의 강점을 약점으로 전환시킨 전쟁술의 대가"라고 칭송했다.[11] 직접접근보다 간접접근으로 승리한 비잔틴 최고의 지략가였다.

■ 나르세스 간접접근전략

이어지는 4장 후반부는 벨리사리우스와 같은 시대 장군이었던 나르세스의 전략이다. 비잔틴제국 독수리의 왼쪽 머리인 나르세스는 서북쪽 위협에 대응했다. 그는 왕궁 하인에서 장군이 된 입지전적 인물이었다. 그는 532년 콘스탄티노플에서

11) 로렌스 프리드먼, 이경식 역, 『전략의 역사』 1권, (서울: 비즈니스북스), 2015, pp.193-195.

발생한 '니카의 반란' 때 유스티니아누스의 생명을 구출하며 두각을 나타냈다. 538년 재정담당관이 되고, 이탈리아 재정복을 위해 파견된 원정군 사령관 벨리사리우스를 지원했다. 그때 나이는 벨리사리우스보다 22살 많은 60세였다. 그러나 두 사람의 경쟁의식과 오해 등으로 군사작전은 마비됐고, 539년 유스티니아누스는 그를 소환했다.

551년 말 동고트족이 이탈리아에 다시 나타나자, 그는 군사 3만 명을 이끌고 이들과 맞섰다. 이듬해 발칸 지방을 가로질러 베수비오 산 근처 몬테라타 평원에서 고트족을 격멸하고 이탈리아를 다시 동로마 황제 지배하에 두었다. 그는 불굴의 정신력과 냉철함을 소유한 인물이었다. 벨리사리우스가 전형적 군사전략가였다면, 나르세스는 신중한 정치적 군인이었다. 비잔틴제국 초기 기반을 다진 용맹한 벨리사리우스와 지혜로운 나르세스, 이 독수리 두 마리는 바실리우스 2세 시대 강력한 제국의 상징으로 자리 잡았다.

■쌍두 독수리 문장(紋章), 제국의 상징이 되다

하늘의 제왕 독수리를 본뜬 문장의 역사는 인류의 역사만큼이나 오래됐다. 원래 쌍두 독수리는 소아시아 지역으로 불린 터키 일대에서 오랫동안 신성한 동물의 상징이었다. 연구자들에 따르면 히타이트 문명이나 수메르 문명의 여러 유물에서 이미 두 개의 머리를 가진 독수리 문양이 발견됐다고 한다.

쌍두 독수리가 비잔틴제국을 상징하는 문양으로 공식적으로 등장한 것은 이사키우스 콤네누스 1세(1007~1061) 때부터였다. 비록 로마 세계와 기독교가 둘로 갈라졌지만, 동과 서 모두를 계승하는 비잔틴제국이 로마의 계승자라는 의미를 담았다. 쌍두 독수리 문양은 제6차 십자군(1228~1229)을 일으켜 예루살렘 왕국을 수립하고 예루살렘왕에 등극한 프리드리히 2세도 사용했다. 서쪽의 로마와 동쪽의 성지 두 곳의 통치자가 됐다는 의미에서 쌍두 독수리를 채택했다.

그런데 로마제국의 번영을 구가하던 비잔틴제국은 11세기 중엽, 만연된 안보불감증으로 매년 군사예산이 삭감되었고 부패마저 극심했다. 그로 인해 비잔틴군은 투르크군에게 격파되었으나 제국은 간신히 유지됐다. 그러나 결국 비잔틴제국은 오랜 십자군 전쟁의 후방보급 기지로 전락했고 이슬람의 공격 목표가 되어 1453년 최후를 맞이했다.[12)]

그 후 1472년 비잔틴 제국의 쌍두 독수리는 콘스탄티노플(현 이스탄불)을 떠나 러시아 모스크바로 날아갔다. 비잔틴 제국 마지막 황제 콘스탄티누스 11세의 조카딸 소피아와 결혼한 러시아 황제 이반 3세가 쌍두 독수리 문양을 사용했고, 오늘날까지 독수리는 러시아의 상징이 됐다. 쌍두 독수리가 동쪽과 서쪽을 바라보고 있는 것은 러시아가 유럽과 아시아를 모두 포용하겠다는 것을 의미한다. 일본의 안보법안 통과로 동북아 안보 정세가 요동치고 있다. 이러한 상황에서 우리에게는 대륙과 해양위협을 견제하고 포용하는 쌍두 독수리의 용맹과 지혜가 요구된다.

12) 스티븐 단도 콜린스, 조윤정 역, 『뜻밖의 세계사』, (서울: 다른 세상), 2010, pp.193-195. 하마모토 다카시 저, 박재현 역, 『문장으로 본 유럽사』, 달과소, 2004.

8. 말과 징기즈칸전쟁

"말 달리자" 1달 3,000km 왕복 식용에서 '전장의 주역'으로

인간이 처음 야생에서 발견한 말은 볼품없었다. 그때는 말을 타거나 몰기보다는 식용으로 이용했다. 그러다 점차 말을 사육해 짐 운반과 전투에 활용했다. 오랜 세월이 지나 말을 활용해 세계 최초의 글로벌 국가를 경영한 영웅이 칭기즈칸이다.

몽골인들은 말을 탄 채 갈고리가 달린 창이나 활을 들고 싸웠으며, 달아나는 체하며 활을 쏘는 파르티안 전술을 효과적으로 사용했다.

■ 간접접근은 최소예상선으로 공격하는 것

바실 헨리 리델하트의 전략론 제1부 5장은 중세시대 전쟁을 다룬다. 첫 번째로 1066년 노르망디 공국 윌리엄 대공의 영국 침공 사례를 들고 있다. 그는 런던을 바로 공격하지 않고 먼저 도버를 점령해 해상 병참선을 차단했다. 그런 다음 런던 외곽을 원형으로 포위하고 초토화 작전을 수행하자 배고픔에 직면한 런던 시민은 항복하고 말았다. 적 병력보다 저항의지를 꺾은 간접접근전략이었다.

두 번째는 13세기 영국과 프랑스의 전쟁에서 프랑스군이 수행한 전략이다. 프랑스군은 영국군 주력과의 전투를 회피하면서 지속적으로 기동과 기습을 실시했다. 리델하트는 이 사례를 분석하면서 전략론에서 처음으로 최소예상선(minimum line of expect) 개념을 제시했다. 즉 적의 입장에서 아군이 공격하지 않으리라고 생각하는 지점이나 지역을 기습하는 것으로 손자병법의 출기불의(出其不意)와 같다.

리델하트가 역사상 가장 훌륭한 간접접근전략으로 본 것은 칭기즈칸이 서역 정벌을 시작한 1220년 아랄해 남쪽의 투르크메니스탄 카리스미아제국을 공격한 사례다. 칭기즈칸은 견제부대를 운용해 적을 분산시킨 후 예비대를 원거리 우회시켜 적 방어선인 보카라 후방으로 공격했다.[13] 이 전술은 사부타이가 헝가리를 공격할 때도 사용됐다. 13세기 대제국을 건설한 칭기즈칸에게는 탁월한 간접접근전략과 말·무기, 그리고 양 한 마리를 잡아 말린 휴대용 전투식량 보르츠와 잘 발달된 역참기지가 있었다. 그중 핵심은 말이었다.

■ 말이 바꾼 세계사[14]

말은 오랜 옛날에는 식량을 제공하기 위한 수렵의 대상이어서 멸종 위기까지 몰렸다. 그러다 점차 인간들에 의해 가축으로 길들여지고 사육되면서 수레와 전차를 끄는 수단으로 전장에 등장했다. 말은 발굽을 가진 초식동물로 육식동물에게서 도망치기 위해 발톱 끝이 발굽으로 진화했다. 말이 없는 전쟁과 인류사는 상상할 수 없다. 칭기즈칸의 몽골제국은 말이 세운 나라였다. 몽골군은 1인당 8~9마리의 말을 몰고 진격했다. 1시간쯤 달리다 말이 지치면 다른 말로 갈아탔다. 병력이 100명이면 말은 900여 마리로 적들은 몽골군에 근접하기 어려웠다.

그리고 몽골어로 '길을 관장하는 사람'이란 뜻인 잠치(jamchi)를 운용했는데 이들은 역참(驛站)의 역장이기도 했다. 이 역참 제도는 칭기즈칸 때 시작돼 원나라 시기에 완성됐다. 수도 카라코룸에서 방사형으로 퍼져 나간 대공도(大公道)에 10리

13) 버나드 로 몽골메리, 승용조 역, 『전쟁의 역사』 2권, (서울: 책세상), 1995, pp.588-589.

14) 모토무라 료지, 최영희 역, 『말이 바꾼 세계사』(서울: 가람기획), 2005, pp.189-190.

간격으로 하나씩 1만 개 이상의 역참을 설치했다. 역참마다 400여 마리의 말이 있었다. 이 말들 가운데 200마리는 방목하고, 다른 200마리는 전령들이 갈아탈 수 있도록 대기했다. 칭기즈칸의 명령이나 정보는 순식간에 수백 가지 경로를 통해 수 천 킬로미터 떨어진 곳이라도 말을 탄 전령들에 의해 전달됐다. 전령은 말을 갈아타면서 달림으로써 최고의 속도를 유지했다. 이로써 하루 240㎞ 정도를 달려 1개월 만에 3,000㎞ 이상 떨어진 곳을 왕복하기도 했다.

이렇게 13세기 중반부터 14세기 중후반까지 1세기 이상 몽골 제국은 태평양에서 지중해에 이르는 광대한 영역을 통치한 '세계제국'이었다. 그러나 내부분열과 상무정신의 쇠퇴로 멸망하고 말았다. 말로 강대국이 된 몽골은 여러 말(言)의 유산을 남겼다.

■ 말(馬)에 담긴 말(言)의 교훈

말과 관련된 전쟁 용어로 출마(出馬)는 '말을 타고 전쟁터로 나간다'는 뜻이다. '주마가편(走馬加鞭)'은 달리는 말에 채찍질을 가해 더 빨리 달리도록 하는 것으로 일이 빨리 진행되도록 독려한다는 의미를 가지고 있다. 또한 가을을 일러 '천고마비(天高馬肥)'의 계절이라 한다. 하늘은 높고 말은 살찐다는 뜻이다. 이 성어에 등장하는 말은 땅에 붙박여 농사를 짓고 사는 한족(漢族)의 말이 아니라 유목생활을 하는 북방민족의 말이다. 가을은 유목민족이 살이 오른 말을 타고 농경민족의 영토로 쳐들어오는 계절이었다. 따라서 '천고마비'는 평화로움을 표현한 것이 아니라 농경민족에게 외적의 침입을 경계하는 일종의 경보였다.

한편 '견마지로(犬馬之勞)'는 개나 말처럼 온 힘을 다해서 충성하겠다는 뜻이다. 문경에서 교사로 재직 중이던 어떤 교사가 만주국 군관학교에 지원했는데 연령이 많아 불합격 통지를 받자 다시 지원할 때 쓴 문구였다. 그때는 1939년으로 조선이 일본의 지배를 받고 있던 시절이었다. 20여년 후 그는 대한민국의 지도자가 돼 산업화전쟁 승리의 주역이 됐다. 그 과정에서 탄생한 국산 첫 자동차가 조랑말(pony)이었다. 경영의 어원도 라틴어로 손을 뜻하는 마누스(manus)에서 파생된 마

네기아레다. 즉 말고삐를 쥐는 능력, 말을 다루는 능력을 뜻했다.[15)]

'비육지탄(髀肉之嘆)'이란 말도 있다. 삼국지에는 유비가 형주의 유표에게 더부살이하던 중 "전쟁터에 오래 나가지 않았더니 허벅지에 살이 붙었다"며 자신의 처지를 한탄하는 장면이 나온다. 허벅지에 살이 붙어서 말을 탈 수 없다는 말이다. 칭기즈칸 몽골제국의 흥망사에서 말(馬)과 말(言)을 살펴보았다.

15) 로렌스 프리드먼, 이경식 역,『전략의 역사』2권, (서울: 비즈니스북스), 2015, pp.433-434.

9. 사자와 17세기·18세기 유럽전쟁

용맹한 군주 상징… 17~18세기 '포효' 러시

2015년 3월 타계한 리콴유(李光耀) 전 싱가포르 총리를 '리더 가운데서도 사자와 같은 사람'이라고 했다. 그는 동양의 사자였다. 사자는 영리한 동물로 주로 용맹한 군주들에 비유돼 왔다. 사자왕 원조는 십자군 전쟁 당시 용맹스런 전사이자 지휘관으로 널리 알려져 있는 영국 국왕 리처드 1세다. 그는 십자군 측의 전설적 영웅으로 오랜 세월 회자돼 왔다. 유럽 패권을 놓고 17세기에는 구스타프와 크롬웰, 18세기에는 말버러와 프리드리히 등 사자 무리들이 으르렁거렸다.

17세기와 18세기 유럽은 주도권 쟁탈을 위한 사자들의 전쟁이었다. 이를 통해 근대 국가를 형성하는 틀이 마련됐다.

■ 17세기 사자들의 전쟁

바실 헨리 리델하트의 전략론 제1부 6장은 17세기 전쟁을 주도했던 구스타프와 크롬웰, 튀렌의 전략을 다루고 있다. 먼저 북방의 사자왕으로 일컫던 스웨덴의 왕 구스타프 아돌프(1594~1632) 전략을 소개한다. 그는 네덜란드 마우리츠가 창병(槍

兵)을 줄이고 머스킷 소총부대를 운용하는 전술을 본떠 독특한 여단 단위 전술을 개발했다. 4개 보병대대와 1개 예비대대에 9문의 포병부대가 후속하도록 했다. 그리고 말을 타고 머스킷을 발포하며 적진에 접근한 후 말에서 내려 칼을 휘두르는 기동예비대인 드라군(용기병: 龍騎兵)을 운용했다. 이렇게 군사력을 증강한 그는 36세였던 1630년, 30년 전쟁(1618~1648) 속에 뛰어들었다. 신교도와 가톨릭의 종교전쟁 성격을 띤 이 전쟁은 1618년부터 계속되고 있었다. 북방의 사자왕 포효는 로베르강 남쪽 브라이텐펠트 전투에서 빛을 발했다. 프로이센 틸리군 좌익을 먼저 화력으로 제압한 후 우익에 드라군을 집중해 격멸시켰다.

잉글랜드 크롬웰 또한 간접 접근으로 자신의 두 배나 되는 적을 격멸할 수 있었다. 1651년 영국 서해안도로를 따라 남쪽으로 이동하던 국왕군을 런던 서북쪽 우스터에서 격파해 청교도혁명을 완성시켰다.

프랑스 튀렌은 프로이센과의 전쟁에서 적을 직접 공격하지 않고 측면 공격으로 적의 강력한 저항을 약화시켰다. 1675년 초 프로이센군을 알자스 지역의 투르크하임 전투에서 산악지역과 눈보라를 뚫고 우회기동해 심각한 피해를 줬다. 리델하트는 튀렌의 간접 접근 전략을 "당시 모든 기동은 야전군 보급품 저장고인 요새중심에서 벗어나 치밀한 전략으로 기동과 기습을 결합했다"고 했다. 이른바 이 사자들의 포효가 17세기 유럽을 뒤흔들었다.

■사자는 용맹과 진리의 상징

사자는 아시아의 호랑이와 함께 대형 고양이족 가운데 최대의 맹수다. 예로부터 고상하고 용기 있고 싸움 또한 잘해 사람들로부터 '백수(百獸)의 왕'으로 불렸다. 고대 이집트 사람들은 사자를 신의 불가사의한 힘과 왕의 위엄을 상징하는 동물로 생각했으며, 아시리아나 그리스 사람들은 여신 옆에 사자를 그려 넣기도 했다. 초기 그리스도교에서도 예수나 성인을 나타낼 때 사자가 함께 등장했다.

또한 불교에서도 사자를 불법과 진리를 수호하는 신비스런 동물로 인식돼 여러 상징물로 활용됐다. 사자후(獅子吼)는 '사자의 울부짖음'이라는 뜻으로 크게 열변을 토할 때 쓰인다.

보통 사자는 10~20마리가 무리를 지어 사는데 사냥은 주로 암컷들이 하고 수컷은 자기 세력권을 지킨다. 수사자는 워낙 눈에 잘 띄기 때문에 사냥 시 짐승들이 눈치를 채고 달아나므로 직접 먹이 사냥을 하지 않는다. 대신 암컷이 사냥을 할 때 시속 64㎞의 속도로 달리며 먹이를 몰아주는 구실을 한다. 그리고 공동작전으로 무리 일부가 사냥감을 추적하고, 나머지는 잠복 대기하였다가 덤벼들어 잡는 경우가 많다. 사자 울음소리는 18세기에도 유럽대륙을 뒤흔들었다. 왼쪽의 프랑스와 에스파니아 사자무리와 오른쪽 네덜란드와 잉글랜드 사자무리의 대결이었다.

■ 18세기 말버러와 프리드리히의 전쟁

이어지는 전략론 제1부 7장은 18세기 전장을 주도했던 말버러와 프리드리히를 다루고 있다. 18세기 초는 프랑스 루이 14세의 유럽 정복욕이 최고조에 달했다. 이에 맞선 잉글랜드 말버러는 네덜란드와 오스트리아 등 다국적군을 지휘했다. 그는 한때 프랑스군 튀렌 휘하에서 보병 연대장으로 복무한 적이 있었다. 리델하트는 말버러의 전략적 기동을 높이 평가했다. 말버러는 프랑스군을 기만하기 위해 라인강과 모젤강이 합류하는 코블렌츠에서 서쪽 모젤강 방향으로 진출하는 것처럼 행동했다. 그리고 만하임 남쪽 필립스부르크에 라인강 도하를 위한 교각을 설치했다. 그런 다음 말버러군은 네카어강을 건너 협곡과 억수 같은 비를 극복하며 도나우강으로 전진했다.

반면 프랑스군은 말버러군이 알자스 방향으로 공격해 올 것으로 판단하고 안일하게 대처했다. 더구나 말버러군이 네벨강 습지를 건너 공격할 징후를 알고서도 대비를 소홀히 했다. 결국 프랑스군은 1704년 8월 13일 블렌하임에서 단 하루 전투 패배로 1세기 동안 힘을 발휘하지 못했다.

이어서 프로이센 사자 프리드리히 2세가 등장했다. 그는 간접 접근 전략을 통해 1757년 로스바흐전투와 로이텐전투 등 여러 전투의 승리를 구가했다. 리델하트는 "프리드리히 2세는 자신의 주위에 있는 적을 중앙 지탱점으로부터 밖으로 공격해 내선의 짧은 거리로 적 증원부대가 오기 전에 아군 부대를 집중할 수 있었다"고 했다. 17세기와 18세기 유럽 사자들의 울음소리는 이어지는 8장의 나폴레옹의 등장으로 숨죽이고 말았다. 프리드리히의 영광에 도취된 프로이센군은 사선대형에서 더 이상 전진하지 않았기 때문이다. 결국 나폴레옹 말발굽에 처참하게 짓밟힌 역사적 교훈을 남겼다.

10. 박쥐와 나폴레옹전쟁

어둠 속 빛난 5,000만 년의 진화처럼
새 무기·전술…'불가능은 없다' 창조

단풍 색깔이 짙어지면 산을 찾는 사람이 많다. 간혹 깊은 산속에서 길을 잘못 들었을 때 갑자기 나타난 박쥐에 놀라기도 한다. 유럽 대륙은 프로이센 프리드리히 2세의 7년 전쟁(1756~1763) 후 잠시 평온을 유지했다. 그러나 어둠 속 박쥐처럼 홀연히 나타난 나폴레옹의 정복전쟁 소용돌이에 휘말렸다.

박쥐는 캄캄한 동굴 속에서도 생존의 지혜를 터득해왔다. 나폴레옹도 성공의 자화상을 드려 유럽을 제패하는 영웅이 됐다.

■ 나폴레옹, 어둠 속에서 빛나다

바실 헨리 리델하트의 전략론 제1부 8장은 나폴레옹 보나파르트의 빛과 그늘 20년을 말한다. 전반부는 나폴레옹이 이탈리아 원정을 시작한 1796년부터 프로이센군을 대파한 1806년 예나전투까지 빛났던 10년을 망라한다. 리델하트는 나폴레옹 군대의 연전연승 요인을 세 가지로 압축했다. 보병을 경량화해 행군속도를 분당 70보에서 120보로 빠르게 했고, 사단 편제로 편성해 적시적절한 분산과 기동이 가능하도록 했다. 그리고 보급품의 현지 조달을 통해 공격 기세를 유지할 수 있었다.

나폴레옹은 1793년 툴롱전투에서 혜성처럼 나타났다. 그의 군사적 재능을 뒷받침한 것은 부르세의 분진합격(分進合擊)과 기베르의 기동성 있는 포병의 집중운용 및 적 균형을 깨뜨리기 위한 후방공격 이론이었다. 그는 전략과 전술의 혁신적 변화를 시도했다. 그뿐만 아니라 혁명군에 가담한 열렬한 자원자들을 위해 멋진 군복을 마련해줌으로써 군대의 사기를 드높였다. 그리고 자신도 강한 이미지로 가꿨는데 그 수단이 박쥐 모자였다.

이른바 나폴레옹 모자는 1800년 7월 오스트리아 마렝고 전투 후 크게 부각되기 시작했다. 이 모자는 당시 대중에게 유행했는데 앞에서 보면 박쥐가 날개를 편 것처럼 특이해서 멀리서도 위력적인 실루엣이 드러났다. 일종의 심리전이었다. 나폴레옹의 유럽정복 전략은 몸집이 매우 작은 박쥐가 5,000만 년을 살아 온 지혜를 닮았다.

키 콤플렉스 있던 나폴레옹, 열등감 극복하려 바이콘 모자
두 개의 뿔 실루엣에 '박쥐' 별명

■ 박쥐는 생존을 위해 끊임없이 진화

박쥐는 독특한 모습 때문에 친숙한 느낌을 주지 않는다. 그러나 자세히 들여다보면 환경에 적합한 생존전략을 취해온 포유동물이다. 박쥐는 낮 동안 거꾸로 매달려 쉴 때 에너지 소모가 거의 없다. 날기 위해 다리 무게를 줄이고 발가락 아래 구부러진 갈고리발톱으로 천장 등에 쉽게 매달린다. 강하고 빠른 새들과 경쟁하는 것을 피하기 위해 밤에 먹이 사냥에 나선다. 꼬리 주머니를 이용해 곤충을 잡거나 날개 표면에 붙은 곤충을 찍어서 먹는다.

박쥐는 농사꾼이기도 하다. 열대림에서 꽃가루 매개자 구실을 한다. 벌처럼 꿀과 꽃가루를 먹으면서 식물의 가루받이를 돕는다. 열매를 먹고 이곳저곳에 씨앗 섞인 배설물을 뿌려 과일 나무를 퍼뜨리는 것은 여느 새들과 같다. 태국에 사는 벌처럼 조그마한 박쥐는 꽃을 옮겨 다니며 암술머리에 꽃가루를 묻혀 망고나 아보카도가 열매를 맺게 해 주기도 한다. 열매를 먹고 사는 균이나 해충을 잡아먹고 배설물은 비료가 돼 생산량을 증대시킨다. 박쥐가 깜깜한 어둠 속을 빨리 날 수 있는 것은 반향정위(反響定位) 때문이다. 돌고래와 마찬가지로 음파가 부딪쳐 되돌아오는 소리로 물체 위치를 파악한다.

제2차 세계대전 때 개발된 레이더는 박쥐의 음향반사 원리를 이용한 것이다. 박쥐는 머리 부분에서 초당 190번 이상의 고주파를 발사하고 물체에 반사돼 돌아오는 음향을 귀로 수신한다. 그 반사파를 분석해 물체 종류와 위치를 파악하는 것이다. 나폴레옹의 군사적 식견도 박쥐처럼 정보를 적극 활용함으로써 배가됐다. 그리고 박쥐같이 새로운 무기와 전술을 유럽 전역에 퍼뜨렸다.

■ 박쥐모자는 '불가능은 없다'를 상징

"나의 사전엔 불가능은 없다!"라며 전 유럽을 호령했던 나폴레옹도 작은 키 콤플렉스가 있었다. 그래서 별명도 꼬마 하사관이었다. 나폴레옹은 이 열등감을 극복하기 위해 프랑스어로 '두 개의 뿔'이라는 뜻을 지닌, 양쪽으로 챙이 접힌 바이콘 모자를 썼다. 그는 모자의 두 개 뿔이 좌우로 가도록 했고 한쪽을 어깨까지 기울여 썼다. 전장에서 적군은 나폴레옹이 쓴 모자의 실루엣 때문에 '박쥐'라는 별명을 붙이기도 했다.

프랑스 화가 다비드는 1800년 5월 나폴레옹이 알프스 생 베르나르 협곡을 넘는 모습을 담은 '알프스를 넘는 나폴레옹'을 그렸다. 그런데 백마 마렝고를 탄 나폴레옹 말발굽 아래에는 알프스를 넘어 이탈리아와 서유럽을 제패한 두 영웅의 이름이 새겨져 있다. 기원전 3세기 카르타고의 영웅 한니발과 9세기 신성로마제국 황제 샤를마뉴다. 나폴레옹은 실제로는 현지인이 이끄는 노새를 타고 알프스를 넘었으나 다비드에 의해 영웅화됐다. 이 한 폭의 그림은 비록 사실과는 다르지만 영웅을 꿈꾸는 자에게는 필요했다. 상징적 언어나 사진 한 장 또는 그림 하나에 영감을 받아 역사가 바뀌기도 한다.

지난해 나폴레옹 1세가 썼던 모자가 경매에 나왔다. 한 기업인이 이것을 모자 경매 사상 최고액인 26억 원에 구입했다. 나폴레옹이 생존 시 사용한 120여 개의 모자 중 지금까지 남아있는 것은 19개다. 낙찰된 모자는 그중 하나였다. 이 모자는 나폴레옹이 자신의 기병대 소속 수의사에게 선물로 준 것으로 알려져 있다. 모자를 산 사람은 어릴 때 외할머니가 사준 병아리 10마리에서 시작해 자산 5조 원대의 대규모 육가공업체를 일군 기업 경영자다. 독자들도 박쥐 모자를 쓰고 알프스를 넘는 나폴레옹의 그림을 보면서 성공의 자화상을 그려보자. 꿈은 그린 것보다 더 크게 이뤄진다.

11. 고양이와 전쟁영웅

나폴레옹도 '벌벌'... 프랑스군 사지로 몰기도

고양이는 고대 이집트에서는 신으로 경배 받았고, 중세에는 악마의 화신으로 여겨졌다. 근대에 들어서서는 고양이를 무서워한 나폴레옹이 유럽 전역을 전쟁에 몰아넣으면서 공포의 대상이 됐다.

고양이 사이먼은 좌초(坐礁)된 아메티스트호의 식량을 끝까지 지켜낸 전쟁영웅이었다.

■ 내부 교란은 더 위험

바실 헨리 리델하트의 전략론 제1부 8장 후반부는 나폴레옹의 빛과 그늘 20년 중 그늘진 10년 전쟁을 다룬다. 1806년 프로이센과 맞선 예나전투의 승리 함성은 순간이었다. 이어진 스페인과의 진흙탕 전쟁은 패배의 전주곡이 됐고 잔뜩 움츠리고 있던 러시아와의 겨울전쟁은 몰락의 길이었다.

리델하트는 두 전역을 게릴라전 측면에서 분석했다. 스페인 게릴라 수천 명이 지형의 이점을 최대한 활용해 프랑스군 2개 군단 6만 명을 수년 동안 괴롭혔다. 1810년 웰링턴은 리스본 북방 토레스 베드라스 방어선에서 프랑스군을 이긴 후 공세로 전환했다. 스페인 전역 분석은 제2부 13장 팔레스타인·메소포타미아 전장 '아랍의 반란'에서 다시 한 번 서술된다.

이어지는 '빌나에서 워털루까지 나폴레옹'에서는 1812년 러시아 원정부터 1815년 워털루 전투까지 간접접근전략을 서술했다. 프랑스군은 직접전투를 추구하다가 러시아군의 지연전술에 말려들어 처절한 패배를 자초했다. 결국 나폴레옹은 엘바 섬으로 유배됐다. 재기의 기회를 엿보던 나폴레옹은 1815년 엘바 섬에서 돌아와 워털루에서 영국군 동맹군과 최후의 일전을 벌였다. 리델하트는 웰링턴의 승리보다는 프로이센 블뤼허 군의 심리적 간접접근이 결정적 요인이었다고 분석했다.

프랑스 그루시 군이 블뤼허 군을 교란해 전장으로부터 분리시키는 데 실패하고, 블뤼허 군이 나폴레옹 군 측방을 위협했기 때문이다. 나폴레옹은 유럽 천하를 두렵게 했지만 오히려 자신은 고양이를 무서워하는 나약한 면도 보여줬다.

연인 조제핀, 검은 고양이 '카를랭'이 지켜
천하영웅도 이 모습 보고 겁에 질려 식은땀

■장화 신은 고양이, 고양이를 두려워하다

고양이는 공룡이 멸종한 7,000만 년 전에 고양잇과 동물로부터 진화했다. 시간이 지나면서 점점 개와 더불어 인간과 친숙해졌다. 다정하고 민첩한 이미지와 길들여지지 않고 교활한 서로 다른 이미지를 갖고 있다.

고양이는 햇볕을 좋아한다. 빛을 쬐면서 몸에 필요한 비타민D를 얻어 털과 피부를 청결하게 유지한다. 태양 광선 속 자외선에는 살균 효과가 있다. 기원전 525

년 페르시아 왕 캄비세스가 이집트 도시 펠루시움을 공략할 때 고양이를 전쟁에 이용했다는 기록이 있다. 그는 주위의 고양이들을 붙잡아 이집트인들 앞에 내던졌다. 그러자 그들은 자신들이 신처럼 숭배하는 고양이가 죽거나 다치는 것보다 차라리 도시를 넘겨주는 쪽을 택했다.[16)]

많은 시간이 지나 1633년 30년 전쟁 중 스웨덴군은 독일 남부 지방 가이젤빈트까지 쳐들어갔다. 스웨덴군 무르만 장군은 성을 포위한 후 왼손에 소시지를 들고 항복을 권유했다. 이때 굶주린 고양이 한 마리가 그 소시지를 낚아채 숲 속으로 사라졌다. 이 모습을 지켜본 독일 시민들은 용기를 얻어 성을 방어할 수 있었다.

나폴레옹은 고양이를 빗댄 놀림감이 되기도 했다. 1795년 왕당파 쿠데타를 눈치챈 정부 요인(要人)이 진압을 위해 유능한 지휘관을 찾다가 쯔론을 공략한 나폴레옹을 특별히 등용했다. 그는 파리 시가에 사정없이 대포를 쏘아 반란을 진압함으로써 일약 화제 인물이 돼 사교계에도 출입했다. 그런데 워낙 외모가 촌스러워 화려한 살롱에는 어울리지 않았다. 신발도 군복도 헐렁해서 사람들은 그가 마치 '장화를 신은 고양이' 같다며 놀려댔다.

나폴레옹의 연인 조제핀 곁에는 늘 검은 고양이 카를랭이 있었다. 천하영웅 나폴레옹은 창문 커튼 뒤에 숨은 카를랭을 보고는 겁에 질려 땀을 비 오듯 흘렸다. 불길하다고 믿었기 때문이다. 1812년 9월 극한의 땅 모스크바에서 나폴레옹 군은 굶주림 속에 고양이와 말 등을 닥치는 대로 먹어 치우기도 했다.[17)] 나폴레옹군의 식량이 됐던 고양이는 제1차 세계대전 때 다시 한 번 프랑스군을 위험에 빠뜨려 앙갚음을 했다.

---

16) 데틀레프 글, 두행숙 옮김, 『고양이 문화사』(서울: 들녘, 2008), p.34, p.219.

17) 김동환, 배석, 『금속의 세계사』(파주: 다산북스, 2015), p.165.

모스크바 원정 땐 굶주린 병사들 먹잇감으로
1차 대전 당시 독일군에 위치 알려 '앙갚음'
英 전함 속 '사이먼'은 배 좌초에도 식량 사수

■ 프랑스군 위치를 알려주고 함정을 지키다

1차 대전 발발 후 독일군의 진격은 1914년 겨울에 멈췄다. 서부전선은 고착된 채 진지를 뺏고 빼앗기는 양상이 계속됐다. 이때 독일군의 한 참모장이 날마다 망원경으로 프랑스군 진지를 관찰하고 있었다. 어느 날 특이한 점이 나타났다. 프랑스군 진지 뒤쪽 무덤에 고양이 한 마리가 아침 9시쯤이면 모습을 드러내고 무덤가를 어슬렁거리며 햇볕을 쪼였다.

독일군은 무덤 주변에 사람이 살지 않았지만 집고양이로 판단했다. 겉모습이 깨끗했기 때문이다. 그렇다면 그 고양이가 평소 지내는 곳은 지하일 것이고, 독일군은 그 무덤 아래에 프랑스군이 있다고 판단했다. 바로 포병 화력을 무덤 주변에 집중했다. 큰 폭음과 함께 비명이 들려왔다. 그곳은 프랑스군 여단지휘소로 많은 사상자가 발생했고, 독일군은 공격을 재개해 진지를 확보하게 됐다. 고양이 한 마리가 승리의 단초였다.18)

고양이는 오랜 시간 항해하는 함정의 식량과 돛, 밧줄을 지키는 지킴이 역할도 했다. 1949년 4월 중국 양쯔강에 주둔한 영국군 전함 아메티스트호에 사이먼이란 고양이가 있었다. 아메티스트호는 해안 정찰을 떠났다가 좌초했다. 해안에 포진한 중공군의 포격에 뚫린 구멍으로 쥐가 몰려들어왔다. 사이먼은 수많은 쥐와 싸우면서 식량을 지켰고 배는 무사히 귀환했다. 사이먼의 전투 공적은 나중에 동물 복지 증진을 위한 단체인 마리아 디킨 재단이 디킨 메달을 만드는 계기가 됐다.

18) 위빙정 글, 정주은 옮김, 『전쟁이야기 속에 숨은 과학을 찾아라』(서울: 21세기 북스, 2014), pp.123-125.

12. 따개비·악어새와 제국주의전쟁

日, 러 발틱함대 격파
따개비가 승패 갈랐다

남중국해의 파고가 높다. 중국의 난사군도 인공섬 건설로 빚어진 군사적 긴장 탓이다. 이 해역은 우리나라가 수입하는 에너지의 90%가 통과하는 전략적 요충지로 강 건너 불구경일 수 없다. 한반도는 19세기 말과 20세기 초 산업혁명으로 더 많은 자원이 필요해진 서구 열강들의 식민지 쟁탈 전쟁터가 됐었다.

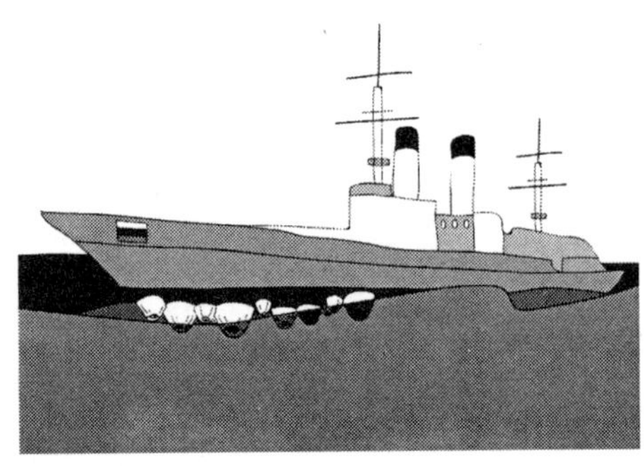

따개비가 잔뜩 붙어 있는 러시아 발트함대의 기함 '크냐츠 수보로프'. 러시아는 쓰시마 해전에서 대부분의 함정을 잃고 5,045명이 전사하는 참패를 당했다.

■ 19세기 미국과 유럽 전쟁

바실 헨리 리델하트의 전략론 제1부 9장은 1854년부터 1914년까지의 전쟁을 망라했다. 그는 그중 많은 부분을 미국의 남북전쟁과 프로이센 전쟁에 할애했다. 미국의 남북전쟁(1861~1865)은 흑인 노예 해방이 불씨가 됐다. 전쟁 초기에는 남북군 모두가 직접접근을 추구했고, 1863년 게티스버그 전투에서 양측은 5만여 명의 사상자를 냈다. 리델하트는 북군 셔먼 장군의 애틀랜타 점령에 주목했다. 이곳은 남군의 무기를 조달하는 주요 철도 교차점이었다. 셔먼은 기동 방어로 남군 공격을 유도해 전투력을 소진시켰다. 그리고 부대를 경량화시켜 장거리 우회기동으로 남군 후방을 교란해 저항 의지를 약화시켰다. 북군 그랜트군도 룩아웃 산맥에서 안개와 비를 뚫고 남군에 기습공격을 가했다. 북군은 이러한 간접접근전략으로 궁극적 승리를 달성할 수 있었다.

리델하트는 프로이센 전쟁(1866~1870)에서 철도를 이용한 효율적인 병력 동원 덕분에 프로이센이 승리할 수 있었다고 분석했다. 몰트케의 제3군은 1866년 오스트리아군과의 전투, 1870년 프랑스 맥마흔군과의 전투에서 모두 측후방 우회기동을 통해 승리했다. 리델하트는 1부 끝에 러일전쟁을 조그맣게 다루면서 일본군의 뤼순(여순) 직접공격에 비판적 견해를 보였다. 1903년 러시아와 일본은 북위 39도 선을 기준으로 한반도 갈라먹기를 시도했다. 결국 타협점을 찾지 못하고 두 나라는 전쟁으로 치닫게 됐다. 일본은 1904년 9월 뤼순, 1905년 3월에는 만주 펑톈(봉천)에서 수많은 사상자를 내고 주도권을 잡았다. 러시아는 이를 만회하려고 바다에서 운명을 건 한판 승부를 벌였다. 그런데 일본군 승리에는 하찮은 따개비가 큰 역할을 했다.

■ 따개비와 러일전쟁

1905년 5월 27일 오후 2시, 쓰시마 섬 인근 해상에서 벌어진 러시아 발틱함대와 일본 함대의 해전은 두 국가의 운명과 한반도의 운명을 함께 갈랐다. 발틱함대는 아프리카 희망봉을 돌아 1만 6,000해리를 항해했다. 도중에 물과 석탄 공급이 어려워 훈련과 정비가 소홀했다. 반면 일본의 도고 헤이하치로는 진해만에서 1년 사용할 포탄을 10일 동안 연습 사격을 하는 데 썼다. 일본은 운명을 걸었으나 러시아는 단지 블라디보스토크로 향할 궁리만 했다. 전투 개시 후 단 30분 만에 승패가 갈렸다.

니콜라이 2세는 전투에서 패한 원인을 알아봤다. 함대 사령관 로제스트벤스키의 군사적 무능은 당연했다. 러일전쟁의 승패는 병력 우세나 무기로 결정되지 않았다. 인도양과 태평양을 지나오면서 함선 바닥에 붙은 따개비 때문이었다. 7개월을 항해한 함정 밑바닥에는 따개비가 많이 붙어 있었다. 이들이 물과 마찰을 일으켜 배의 속도를 느리게 만들었다. 러시아 거인과 일본 어린아이의 전쟁은 따개비가 좌우했다.

따개비는 바닷가 바위에 붙어 강력한 접착제를 만들어낸다. 강한 파도에도 바위에 찰싹 달라붙어 떨어지지 않는다. 배 밑바닥에 붙은 따개비를 억지로 떼려고 하다가는 방수 코팅이 함께 떨어질 수 있다. 러일전쟁이 끝나고 1905년 9월 포츠머스 조약이 맺어졌다. 영국과 미국, 러시아는 일본의 한반도 지배를 묵인했다. 자국의 이익을 위한 20세기 열강들의 결정이었다. 한반도 분단은 이렇게 악어와 악어새의 공생이 빚어냈다.

합선 바닥에 붙은 따개비 탓 속도 저하…30분 만에 해전 끝나
러일전쟁 후 日의 한반도 지배 묵인…악어새 공생관계 형성

■ 악어새와 한반도 분할

악어새는 물떼새류와 비슷한 제비물떼새류다. 나일악어의 몸에 붙은 기생충을 잡아먹기 위해 악어와 공생하는 데서 이러한 이름이 붙여졌다. 이 새는 악어에게 위험이 다가오면 울음소리로 알려준다. 임진왜란이 일어나기 전에 악어새의 울음이 있었으나 선조를 이를 무시했다. 명나라 심유경과 일본 고니시의 강화회담에서 한반도 반분선이 대두됐다. 명의 종주권 확보 의도가 있었다.

19세기 서구열강의 자원 확보 전쟁은 식민지 확장으로 이어졌다. 한반도도 예외는 아니었다. 고종은 살아남기 위해 국호를 대한제국으로 바꾸고 몸부림쳤다. 서구 제국주의는 만주와 한반도를 놓고 먹이다툼을 벌였다. 1896년 일본은 러시아의 한반도 우위를 인정했다. 1898년 러시아는 뤼순과 다롄(대련)을 빌려 시베리

아 철도와 연결된 부동항을 얻으려 했다. 그 대가로 일본의 한반도에서 우위를 인정했다. 1903년 러시아는 39도 선 이북 중립지대화 안을 제안했다. 러시아와 일본은 서로의 이해관계가 맞아떨어지지 않자 결국 전쟁으로 치달았다. 그 결과로 대한제국도 종말을 맞았다.

리델하트는 1부를 마무리하는 10장에서 2500년 역사에서 도출한 결론을 말한다. 고대부터 1914년까지 주요 30개 전쟁 280여 개 전역에서 단 6개 전역만이 직접접근에 의해 결정적 결과를 얻어냈다. 위대한 전략가는 산악과 사막, 습지 등 가장 위험한 조건들을 극복했다. 가장 효과적인 간접접근은 적을 분쇄하기 전에 미리 적을 심리적으로 무너뜨리는 것이다. 그 핵심은 유인과 함정이었다.

오늘날 한반도는 고래싸움 속 새우에 비유되기도 하는데 여전히 따개비와 악어새의 서식지다. 변화와 발전을 거부하는 따개비가 배 밑바닥뿐만 아니라 사회 곳곳에 붙어 있다. 주변 강대국들도 국익을 위해 합종연횡(合從連橫)하는 악어새 무리라면 지나친 비약일까?

Chapter 2

제1차 세계대전의 전략

13. 상어와 어뢰전

바다의 포식자 '상어' 이름 딴 어뢰, 잠수함 잡는 '포식자'로

미국의 앨프리드 세이어 머핸이 1890년에 집필한 '해양력이 역사에 미치는 영향'은 강대국들의 제해권 장악에 많은 영향을 줬다. 또 1905년 러일전쟁의 결과로 제1차 세계대전 당시 참전국들은 거함거포(巨艦巨砲)에 사로잡혀 전함에 의한 바다의 지배를 노렸다. 그러자 전함의 천적인 어뢰로 무장한 잠수함이 위력을 발휘하기 시작했다.

독일의 U보트가 1915~1918년 격침한 연합군 선박의 무게는 1218만5832톤에 달했다. 영국 선박의 90%가 잠수함에 의해 침몰됐다. 당시 바다의 간접접근전략 수단으로는 어뢰가 최적이었다.

■ 해상봉쇄는 바다의 간접접근전략

바실 헨리 리델하트의 전략론 제2부는 1차 세계대전을 조명한다. 11장 서부전장에서의 계획과 문제에서는 슐리펜의 벨기에 우회기동계획을 몰드케가 변경한 아쉬움을 피력한다. 12장 북동부 전장에서도 러시아군의 1916년 6월 브루실로프

공세를 간략하게 언급했다. 13장은 지중해 전역으로 이탈리아와 발칸 및 팔레스타인 전장에서의 간접접근전략을 다루고 있다. 먼저 이탈리아 전역은 독일군 루덴도르프가 이탈리아 북동부 카포레토에서 피아베 강까지 직접접근전략을 펼친 과오를 비판하고 있다. 그리고 발칸 전역에서는 1915년 영국 연합군이 터키군 후방 공략을 위한 갈리폴리 상륙작전 실패 사례를 분석했다. 또한 팔레스타인과 메소포타미아 전역에서는 로렌스가 터키군을 상대로 펼쳤던 성공적인 게릴라전을 분석하고 있다.

이어지는 14장은 영국의 해상봉쇄와 독일의 무제한 잠수함전이다. 영국에 치명적 위협을 가하기 위해 해상봉쇄를 통한 간접접근전략이었다. 독일군은 강한 상어 이빨로 영국군의 약점을 물고 늘어졌다. 독일군 U보트가 1915년 2월 최초의 잠수함 전역을 시도한 것은 영국의 해상봉쇄에 맞서기 위함이었다. 독일 잠수함은 무제한적 통상(通商) 파괴전을 실시해 영국의 해상 교통로를 차단했다. 이로 인해 영국은 대외무역이 막히고 대륙 전선에 병력증원과 군수물자 보급이 거의 불가능해졌다.[19]

그러나 군함과 상선을 가리지 않는 무제한 잠수함전은 1917년 미군 참전을 부르는 자충수가 됐다. 독일군은 해적으로 비난받았고 서쪽에서는 영·미 연합군, 동쪽에서는 러시아의 반격을 받았다. 결국 해상이 봉쇄된 독일은 사면초가에 빠져 전쟁의지를 상실했다. 리델하트는 해상봉쇄를 통한 간접접근전략을 높이 평가했다. 연합군은 독일군의 무제한 잠수함전에 맞서 음파탐지기와 잠수함을 잡는 어뢰 개발에 힘을 쏟았다.

19) 『월간조선』 2015년 3월호, '잠수함전의 세계', pp.223-235.

포탄·유도탄 비해 파괴력 월등
우리군 상어 종류별 이름 이용, 백·청·홍상어 구분 어뢰 개발

■잠수함 잡는 상어, 어뢰

잠수함의 공격수단은 어뢰인데 그 이름에 상어를 활용했다. 상어가 위험한 바다 동물의 대명사이자 강력한 포식자이며 치명적 공격력을 가졌기 때문이다. 어뢰의 파괴력은 일반 포탄이나 유도탄에 비해 월등하다. 잠수함에서 발사하는 대함유도탄뿐만 아니라 잠수함 발사 탄도미사일(SLBM)은 가공할 파괴력을 지녔다. 한국해군은 상어 이름을 따 백·청·홍상어 어뢰를 개발했다. 1998년 한국 해군이 자체개발한 잠수함 탑재 어뢰가 백상어다. 백상어는 2003년 실전배치된 21인치(533mm) 중어뢰다. 경어뢰인 청상어는 함정과 항공기 및 헬기에서 발사된다. 넓은 범위로 음파를 발사해 광역 탐색이 가능하고 탐지거리와 목표 식별능력 등을 갖췄다. 홍상어는 한국형 구축함(KDX-II급) 이상의 함정에 탑재된 장거리 대잠어뢰다. 이 어뢰는 물속에서 발사하는 일반 어뢰와 달리 로켓 추진 장치로 공중으로 발사돼 바다로 들어가 목표물을 타격한다. 오늘날 한반도 바다와 하늘을 각각의 상어 어뢰가 지키고 있는 셈이다.

상어는 바닷물 속에서 시속 50㎞로 헤엄칠 수 있다. 이는 웬만한 구축함보다 빠른 속도다. 상어 피부는 매끄러울 것 같아 보이지만 지느러미 비늘에는 아주 조그만 삼각형 미세돌기가 돋아나 있다. 이 미세돌기는 조개나 굴보다 훨씬 작아서 손으로 만지면 모래가 붙은 사포(砂布)처럼 겨우 느껴질 정도다. 예전에는 돌기가 대개 물속에서 주위에 불규칙한 흐름, 곧 와류를 생기게 해 매끄러운 면에 비해 마찰저항을 증가시키는 것으로 알려져 왔다. 그런데 1980년 미국 과학자들이 상어 지느러미 비늘에 있는 미세돌기가 오히려 마찰저항을 5%나 줄여준다는 사실을 밝혀내면서 스포츠와 군사과학기술에도 많이 활용되기 시작했다.[20)]

20) [이인식 과학칼럼] '상어'에서 찾는 비즈니스 기회 5(매일경제, 2015.02.17.)

비늘 돌기·피부비늘 등 응용
물 저항 등 줄이는 의류 개발

■ 상어 비늘 돌기를 스포츠·군사과학기술에 활용

상어 비늘의 작은 돌기들이 물과 충돌하면서 생기는 작은 소용돌이가 상어 표면을 지나가는 큰 물줄기 흐름으로부터 상어 표면을 떼어놓는 완충제 역할을 한다. 이로 인해 물과 맞닿는 표면마찰력이 최소화하고 결국 물속에서 저항이 감소되므로 상어가 빠른 속도로 물속을 누비고 다닐 수 있다는 것이다. 이 원리를 모방해 전신수영복에 상어 비늘에 달려 있는 삼각형 미세돌기 같은 것을 붙였다. 수영복 표면을 약간 거칠게 만들어 선수 주위에서 빙글빙글 맴도는 작은 소용돌이를 없애 시드니와 베이징 올림픽에서 많은 수영선수가 금메달을 따기도 했다.

또 상어 피부 비늘은 박테리아나 미생물이 달라붙어 서식하지 못하게끔 하는 특성이 있다. 2007년 미국 기업 샤클렛은 상어를 본뜬 플라스틱 필름을 선보였다. 이 필름을 항공모함이나 어선 선체에 바르면 각종 해양생물 부착을 막을 수 있다. 따라서 부착물 때문에 추가로 소모되는 연료비와 선박을 매년 한두 번씩 물 밖으로 끌어내 선체를 청소하는 비용도 절감하게 됐다.

또한 상어 피부 비늘에서 영감을 얻은 독일 과학자들은 항공기 날개에 바르면 공기저항을 크게 감소시키는 페인트를 개발했다. 2010년 처음 개발된 이 상어 페인트가 항공기 동체와 날개에 사용되면 연간 총 450만 톤의 연료절감이 가능할 것으로 예측됐다. 예전에는 상어를 단순히 첨단무기 명칭에 활용했다. 앞으로는 그 특성을 이용해 군사과학기술에 적극 이용한다면 미래전쟁 승리를 보장할 것이다.

14. 개미와 연합작전

코끼리보다 개미가 무겁다? 약자도 뭉치면 강자가 된다

슈틸리케 한국 축구대표팀 감독은 선수들에게 개미의 사례를 들며 팀워크를 강조했다. 개미들은 천적인 개미핥기가 입으로 개미 한 마리를 빨아들일 때 리더 개미의 지휘로 일제히 동그랗게 뭉친다. 개미 떼는 개미핥기의 입보다 훨씬 더 크게 뭉쳐 위기를 모면한다. 이처럼 개미는 협동과 연합으로 놀라운 힘을 쏟아낸다. 제1차 세계대전 때 위기에 몰렸던 영국군과 프랑스군은 연합작전으로 독일군의 최종 공세를 막아냈다.

자문(自刎)은 스스로 자신의 목을 베거나 찌름을 뜻한다. 영웅이었던 항우도 개미 떼가 만든 글자에 천하 정복의 꿈을 이루지 못했다.

■연합작전은 심리적 간접접근전략

바실 헨리 리델하트의 전략론 2부 14장 '1918년 전략' 중반은 루덴도르프와 포슈에게 초점을 맞춘다. 독일 장군 루덴도르프는 후티어전술로 1918년 3월 최후공세를 펼쳤다. 이 전술은 보병의 전진 속도에 맞춰 적의 강점을 향해 짧은 시간에

강렬한 포격을 가하면서 연속적인 탄막을 형성하는 것이다.

그러나 독일군은 돌파구를 확장할 예비 병력이 부족했다. 오히려 연합군 주력을 격멸하지 못해 공격전선에 균열이 형성됐고 그 틈 양측으로 연합군의 역습을 허용하고 말았다. 연합군은 종심방어전술을 발전시켰다. 그들은 독일군의 공격이 지체된 틈을 타 철도를 이용, 예비병력과 군수품을 수송해 역습을 감행했다.

리델하트는 이어서 연합작전을 지휘한 프랑스 장군 포슈의 간접접근전략을 분석했다. 포슈는 1918년 봄 연합군총사령관에 임명돼 독일의 루덴도르프와 맞섰다. 그는 권위보다 설득과 인격적 감화로 연합작전을 수행했다. 7월 연합군은 마른 강을 연하여 반격을 감행함으로써 종전을 앞당겼다. 리델하트는 연합군이 독일군의 뒷문인 그리스 살로니카 공세를 통해 오스트리아 배후로 전진한 간접접근전략을 높이 평가했다. 이로써 독일군 최고사령부는 전쟁의지를 상실했고 그들의 유럽 정복 야망은 사라졌다.

리델하트는 제1차 세계대전을 다룬 2부를 마무리하면서 다음과 같은 결론을 내렸다. "전쟁의 진정한 목적은 적 지도부의 심리를 향해야 하며, 군대라는 실체를 지향해서는 안 된다. 물리적 타격보다 심리적 타격이 더 큰 결과를 야기한다."

여러 힘을 보탠 연합전력은 한 명의 강한 상대를 심리적으로 압박하는 데 효과적이다. 함께 뭉쳐서 개미핥기에 대응하는 개미의 행동이 대표적이다.

■ 집단 지능, 뭉치면 영리해진다

개미는 보금자리로 운반해야 할 먹이가 무거우면 여러 마리가 힘을 합쳐 함께 옮긴다. 한 마리의 힘은 약하지만 여러 마리가 모이면 놀라운 힘을 발휘한다. 아프리카 나미비아 대초원에는 진흙으로 만들어진 탑들이 있다. 흰개미들이 진흙 알갱이에 침과 배설물을 섞어서 3m 이상 둔덕을 쌓아 올린 것이다. 원뿔 모양의 탑 안에는 여왕의 거처, 새끼개미를 기르는 육아실, 버섯을 재배하는 방, 식량 저장소 등 여러 개의 방이 있다. 무려 200만 마리의 흰개미가 버섯을 길러 먹고 산다. 질식하지 않고 식량인 버섯이 자라게 하려면 적절한 습도 유지와 환기가 필요하다.

그래서 환기 시스템으로 높이 솟은 둔덕을 만든 것이다.

탑 안쪽 중앙에서 꼭대기까지 이어진 커다란 수직 굴뚝을 통해 이산화탄소와 열이 빠져나간다. 바깥바람이 지표면을 통해 들어와 더운 공기를 위로 밀어내면 자연히 보금자리 안 온도가 낮아지고 적절한 습도가 유지된다. 몸길이 0.5cm에 불과한 그들은 서로 협력해 진흙으로 벽을 만들고 굴을 뚫고 큰 둔덕을 쌓아 올린다. 이러한 흰개미 집의 냉방 원리에 착안해 지어진 이스트게이트센터가 짐바브웨에 있다. 이 10층 벽돌건물은 낮에는 열을 저장하고 밤에는 밖으로 내보내는 방식으로 실내 온도를 조절한다. 이렇듯 개미들은 집단 지능을 가진 협력의 대명사이지만 때로는 전쟁의 주연과 조연을 맡기도 한다.

연합전력, 강한 상대 하나를 심리적 압박하는 데 효과적
한나라 장량, 개미를 이용한 전략으로 호걸 항우를 꺾어
'제궤의혈' 이란 말 남기며 '작은 허점도 조심하라' 강조

■ 개미전쟁과 항우를 죽인 개미

아즈텍 개미는 중앙아메리카 코스타리카의 몬테베르데 고산지대에 사는데 까만 개미와 붉은 개미가 있다. 서로 종이 다르지만 다른 개미 왕국과의 전쟁에서 살아남기 위해 여왕끼리 동맹을 맺는다. 가능하면 많은 여왕개미가 손을 잡고 한꺼번에 더 많은 일개미를 짧은 시간에 만들어낸다. 그러나 전쟁에서 이기고 천하를 평정하면 그동안 동맹을 맺었던 모든 여왕이 전쟁을 벌여서 다 죽고 한 마리만 살아남는다.

개미는 호걸 항우를 죽였다. 진시황이 죽은 뒤 천하가 혼란에 빠지자 초나라 항우와 한나라 유방이 몇 년 동안 전쟁을 벌였다. 기원전 231년 항우는 해하에서 유방에게 패하자 오강(烏江)을 건너 강동에서 반격하려 했다. 그런데 오강을 건너려다 강 건너편 바위에 새겨진 까만색 글자를 발견했다. '항우가 오강에서 스스로 목숨을 끊다(項羽烏江自刎).' 항우는 하늘이 자신을 도와주지 않음을 비관하고 자결

했다. 유방의 작전참모 장량이 꾸민 전술이었다. 그는 개미가 단 것을 좋아하는 습성을 알고 미리 바위에 꿀로 글자를 적어 놓았다.[21] 장량은 작은 개미구멍이 둑 전체를 무너뜨린다는 '제궤의혈(堤潰蟻穴)'이란 말도 남겨 조그마한 허점도 조심하라고 일렀다.

'코끼리보다 개미가 무겁다'라는 표어도 있다.[22] 개미 한 마리가 코끼리 한 마리보다 더 무거울 수는 없다. 그러나 이 지구상에 존재하는 모든 코끼리의 무게와 모든 개미의 무게를 달아보면 어떨까? 고정관념의 틀에서 벗어나자는 뜻이다. 전략론 탐구 과정도 개미가 여러 구슬을 꿰어가듯 조금씩 들여다보면 어느새 창조적 생각들이 솟아날 것이다.

---

21) 우빙정 글, 정주은 옮김, 『전쟁이야기 속에 숨은 과학을 찾아라』(서울: 21세기 북스, 2014), pp.17-19.

22) 서울특별시 교육청 홍보포스트, 2015년

Chapter 3

제2차 세계대전의 전략

15. 독수리와 히틀러

'쌍두 독수리' 신성 로마를 꿈꾸며… 나치, 독수리 납치

15세기 비잔틴제국에서 러시아제국으로 날아간 쌍두 독수리는 히틀러를 등에 업고 다시 라인 강 위로 날아들었다. 제1차 세계대전 때 플랑드르 지방에서 하사로 종군했던 히틀러는 제3제국의 영광을 꿈꾸며 독수리 발톱을 날카롭게 세웠다.

포스터 속 히틀러 뒤에는 그를 신격화하기 위한 서광이 비치고 멀리 독수리가 날아오고 있다. 나치가 이렇게 로마의 상징을 차용한 것은 전 유럽을 대상으로 자신들의 전쟁을 정당화하는 논리를 만들기 위해서였다.

■ 히틀러와 리델하트

바실 헨리 리델하트의 전략론 제3부는 제2차 세계대전을 다룬다. 리델하트는 제1차 세계대전이 한창이던 1916년 솜 공세에 참전하고 1924년 대위로 전역한 후 몇 년 동안 심혈을 기울여 고대부터 제1차 세계대전까지를 담은 '역사상 결정적인 전쟁'을 1929년에 펴냈다. 그 후 25년에 걸친 연구와 사색 결과를 3부 '제2차 세계대전 전략', 4부 '전략과 대전략의 근본 문제'에 담아 1954년 오늘날 널리 읽히는 전략론을 출간했다.

리델하트는 제1차 세계대전이 끝난 후, 기갑부대의 기동성을 활용해 적진을 돌파하고 적 배후를 차단해 붕괴를 이끌어냄으로써 최소한의 희생으로 승리할 수 있다는 간접접근전략을 주장했다. 영국을 비롯한 서방의 군사 전문가들 누구도 리델하트의 이론을 주목하지 않았다. 그러나 제1차 세계대전의 패배를 설욕할 기회를 노리고 있던 독일군은 달랐다. 그들은 리델하트의 기동전 이론에 프로이센식 기동섬멸전 방식을 접목시켰다. 하인츠 구데리안을 중심으로 창설된 전차부대는 이러한 전격전 전략의 핵심이었다.

리델하트가 진지전의 대안으로 제시한 기동전 개념은 독일에서 채택됐다. 리델하트는 제2차 세계대전 초기 독일군의 눈부신 전격전에 매료됐다. 그래서 3부의 4개 장 제목 모두를 '히틀러 전략'과 '승리를 구가하는 히틀러' 등으로 한 것으로 추정된다. 반면 프랑스는 리델하트의 앞선 군사전략을 경시한 탓으로 개전 초 비싼 대가를 치러야 했다.

리델하트는 15장 히틀러 전략에서 "1939년 폴란드 침공은 프랑스와 영국의 전략적 배후에 대한 간접접근전략으로 전략적 분산을 강요하는 효과를 가져왔다"고 했다. 사실 프랑스는 마지노 요새를 믿었고 영국은 벨기에에 방어병력을 집중시켰다. 프랑스와 영국은 히틀러의 교묘한 위장전쟁에 꼼짝없이 당했다. 히틀러는 군사적으로는 리델하트의 기동전 이론을, 정치적으로는 하켄크로이츠와 함께 독수리를 나치의 상징으로 끌어다 썼다.

모든 유럽인들의 정신적·문화적 근원
'로마에 대한 향수' 이용 위해 히틀러, 독수리 깃발·문양 배포

■ 독수리가 로마제국의 영광을 다시 독일제국으로!

독수리는 19세기 초 신성로마제국이 붕괴한 후 오스트리아에 둥지를 틀었다. 이때 신성로마제국의 쌍두 독수리는 단두 독수리로 돌아갔다. 오스트리아뿐만 아니라 1871년 등장한 독일제국과 1919년의 바이마르공화국에도 이 독수리 문장은 계승됐다.

나치의 상징은 갈고리와 십자가를 뜻하는 하켄크로이츠와 독수리였다. 독수리는 노골적으로 로마제국을 베낀 것이었다. 기원전 1세기 로마의 가이우스 마리우스는 로마군단의 조직을 확대하면서 군기(軍旗)를 개선했다. 애초 군기는 새끼줄을 묶은 장대로서 신호를 보내거나 소집 장소를 알릴 때 사용되던 것이었다. 그는 모든 군단에 독수리 군기를 하나씩 주었고 그때부터 전투에서 군기를 잃는 것은 최대 수치로 여겨지게 됐다.

히틀러는 모든 유럽인들이 정신적·문화적 근원으로 여기는 로마에 대한 향수를 이용하고자 했다. 나치는 '나치 독일은 로마제국'이라는 연결고리를 구축하고자 했다. 나치는 이러한 방법을 통해 유럽인들이 자연스럽게 자신들의 유럽 지배를 받아들일 것이라 생각하고 대중에게 적극적으로 배포했다. 곳곳에 독수리 깃발이 나부끼고 군인들은 모자와 군복 가슴에 독수리 표지를 부착하는 것을 자랑스러워했다. 그들에게 나치 독일이 일으킨 전쟁은 로마가 유럽을 정복한 전쟁과 동일시됐다. 독수리 날개를 단 히틀러는 프랑스 침공 때부터 1년 동안은 연전연승했다.

■ 승리를 구가하는 히틀러

1940년 독일군 팬저(전차) 7개 사단은 112㎞ 폭의 아르덴 삼림지대를 거침없이 돌파했다. 전차는 처음에 농업용 트랙터에 고무로 만든 캐터필러와 대포를 장착한

물탱크였다. 전차를 개발한 영국은 이를 무시했고 독일은 그 가치를 알고 더 좋은 성능으로 발전시켰다.

독일군은 프랑스군 정면을 공격하지 않고 약한 지점을 찾아가며 최소 저항선을 따라 기동했다. 병력의 섬멸보다는 사기 저하와 조직 와해 전략을 구사했다. 공격의 선봉은 롬멜과 구데리안이었다. 롬멜은 솜강과 센강을 건너 프랑스 중심부를 절단하고 프랑스군 10군의 퇴로를 차단했다. 구데리안은 프랑스 남부를 통해 스위스 국경까지 진출함으로써 마지노선을 방어하던 프랑스군 병참선을 차단했다. 히틀러는 1940년 6월 13일 파리를 점령했다.

리델하트는 "프랑스를 불과 6주 만에 굴복시킨 것은 독일군 전격전보다 더 무서운, 프랑스 국가지도부를 비롯한 정치권의 분열과 반목 및 무능이었다"라고 했다. 국가가 위기에 처했을 때 지도층의 자세가 어떠해야 하는지에 대한 교훈이다. 그런데 히틀러는 초기 전역 승리에 도취돼 됭케르크 16㎞ 앞에서 멈춰 서고 말았다. 천운을 만난 영국과 프랑스군 33만 8,000명은 고스란히 철수할 수 있었다. 결국 히틀러는 동부전선 모스크바와 스탈린그라드를 향해 무모한 직접접근을 하다가 독수리 날개에 힘이 빠져 추락하기 시작했다.

16. 북극곰과 러시아 반격

흰 털로 몸 숨기고 검은 피부로 열 모으는 북극곰처럼…
흰옷의 러시아 '獨무대' 철거

겨울비가 내린 후 매서운 추위가 몰아친다. 제2차 세계대전 초기 승승장구하던 히틀러는 아이러니하게도 모스크바에서 1812년 나폴레옹 침략 이래 가장 추운 겨울을 맞았다. 그리고 다시 나타난 북극곰 유령의 비참한 이야기가 현실로 재현됐다.

히틀러는 스탈린그라드에서 발목이 잡혔고 북극곰 붉은 유령군대에 무참히 짓밟혔다.

■ 히틀러, 러시아군 반격에 소름이 돋다

바실 헨리 리델하트의 전략론 제3부 17장 전반부는 히틀러의 쇠퇴를 다룬다. 히틀러는 러시아가 1939년 핀란드 침공 때 의외로 고전하는 것을 보고 모스크바 점령에 나섰다. 히틀러는 러시아의 광대한 영토와 무진장한 자원을 탐내왔다. 더구나 영국 정복을 위해서 배후인 러시아군이 더 강해지기 전에 미리 약화시킬 필요가 있었다. 그는 국경 지역에 배치된 러시아군이 내륙으로 철수해 지연전을 펴지 못하도록 하고, 러시아 공군이 독일 본토를 폭격하지 못하도록 볼가강으로부터 러시아 북부 아르칸젤스크까지 확보하려 했다. 그러나 1941년 그의 러시아 정복의 꿈은 악몽으로 변했다. 눈 깜짝할 사이에 겨울이 찾아와 땅이 얼어붙고 눈보라가 쳤다. 그때 독일군은 여름 전투복 차림이었다.

리델하트는 "승리에 대한 성급함과 초조감이 히틀러를 지배했다. 당연한 몇 가지 이유에서 나온 패배였다. 단일 작전선을 유지하면서 여러 목표에 위협을 가하지 않고 독일군 전력을 분산시켰다. 비록 키예프 포위전에서 승리했으나 단일 목표를 지향하는 몇몇의 작전선을 추구한 결과 러시아군의 방어를 용이하게 만들었다. 결국 직접공격에 의해 병참선이 길어져 전쟁 지속 능력을 약화시킬 수밖에 없었다"고 분석했다.

히틀러는 모스크바 공략이 실패로 돌아가자 남부 전역에 자신의 노력을 집중하기로 했다. 코카서스 석유 확보와 러시아군 원유 보급을 차단하기 위해서였다. 그러나 우랄산맥을 타고 내려온 북극곰 러시아군 사령관 게오르기 주코프가 나타나자 히틀러는 소름이 돋았다. 소름은 추위나 공포를 느낄 때 몸에 난 털 근처의 미세한 근육들이 수축하면서 생기는 현상이다. 소름은 털을 곧추세워 털 사이에 얇은 공기층이 형성되어 체온이 내려가는 것을 막는다. 러시아군은 독일군의 강한 초기 공격의 빛을 흡수한 후 열을 내뿜기 시작했다.

근접전 러시아의 인파이터 전술
아웃파이터 독일을 궁지로 몰아

■ 북극곰의 지혜와 유령군대

러시아군은 처음에 북극곰처럼 위장을 했다. 기온이 영하 50도로 떨어지는 극단적인 생활 조건에서 몸을 위장하기 위해 북극곰의 털가죽은 거의 흰색이다. 흰색은 햇빛 대부분을 반사시키므로 체온을 올리기 어렵다. 북극곰은 위장을 하면서도 태양에너지를 잘 이용해 혹독한 추위를 견딜 수 있도록 진화했다. 북극곰의 털가죽 밑 피부는 검은색이다. 북극곰의 털은 관처럼 속이 비어있는데 그 털 중심부에는 넓은 통로가 있다. 따라서 흰색 털은 바로 햇볕을 검은색 피부로 끌어오는 역할을 한다. 빛이 유리 섬유 케이블을 타고 이동하듯이 속이 빈 털을 타고 이동한다. 이렇게 피부에 닿은 빛은 열로 변화돼 곰의 체온을 유지하게 된다.

북극곰은 털가죽 밑에 있는 두꺼운 지방층에 열을 저장한다. 여기에 털가죽이 단열재 구실을 한다. 북극곰의 빽빽한 털 사이의 공기가 열의 이동을 막아 열이 몸 근처에 머물게 한다. 이것은 동물이 털을 곤두세우거나 우리가 오리털 점퍼를 입을 때 일어나는 효과와 같다. 단열재와 같은 털가죽 덕분에 열이 북극곰의 몸에서 밖으로 빠르게 빠져나가지 못하므로 북극곰은 체온을 유지할 수 있다.[23] 털가죽이 모든 열을 몸 근처에 가둬 놓고 외부로 내보지 않으므로 털가죽의 겉 부분은 주위 환경과 마찬가지로 차갑다. 반면에 두꺼운 털가죽에 둘러싸인 곰의 몸은 따스한 상태를 유지하게 된다.[24] 이렇게 북극곰처럼 열을 충전한 러시아군은 반격에 나섰다.

시베리아 수용소 독일군 9만 명
살아 돌아간 병력은 6,000명뿐

■ 유령군대, 독일군을 패퇴시키다[25]

히틀러는 어딘가에서 갑자기 나타난 러시아군을 보고 유령군대(Russia's Ghost Army or Skeleton Units)라고 했다. 이 병력은 동쪽 지방에서 왔다. 일본군이 러시아 극동지역을 공격하지 않고 동남아로 발길을 돌렸기 때문에 독일군에 대항할 여유

23) 『조선일보』 B10면, "CEO 말하는 내 인생의 신발창" 2015.3.25.

24) 지그리트 벨처, 전대호 옮김, 『자연에서 배우는 발명의 기술』(서울: 논장, 2015), pp.287-289.

25) 폴 케네디, 김규태·박리라 옮김, 『제국을 설계한 사람들』(서울: 21세기 북스, 2015), pp.239-240.

가 생긴 것이다. 눈보라를 뚫고 흰옷을 입은 붉은 유령들이 무시무시하게 다가온 것이다.

1941년 12월 6일 주코프 장군의 러시아군 약 100개 사단은 모스크바 반격작전을 개시해 독일군을 몰아내기 시작했다. 히틀러는 남부에 눈길을 돌려 카프카즈와 스탈린그라드를 목표로 삼았다. 1942년 6월부터 시작된 독일군의 하계 공세는 패배를 스스로 앞당긴 셈이었다. 히틀러는 스탈린그라드의 전략적 가치보다는 도시 이름에 대한 증오심으로 모든 병력을 쏟아 부었다.

주코프의 러시아 62군은 11월 중순까지 근접전으로 맞섰다. 그는 일찍부터 독일군 전술을 연구해 그 약점을 알고 있었다. 독일군은 기계화부대의 기동전과 항공력에 의지하는 아웃파이터였다. 따라서 독일군에 가까이 붙어 싸우는 인파이터는 독일군을 궁지로 몰아넣었다. 주코프는 11월 19일 독일군 28만 명을 북쪽과 남쪽으로 양익 포위했다. 독일군 야전사령관 만슈타인은 히틀러에게 6군이 스탈린그라드 서쪽 포위망을 뚫고 돌파작전을 감행하도록 요청했다. 그러나 히틀러는 이를 용인하지 않았고 결국 현대판 칸나에 전투(기원전 202년)가 재현됐다. 지도자의 오만과 독선으로 수십만 병력이 희생당했다. 시베리아 포로수용소로 끌려간 독일군 9만 명 중 살아 돌아간 병력은 6,000명에 불과했다.

17. 여우와 쥐의 사막전쟁

英 호바트 장군 조련한 '사막쥐' 獨 롬멜 '사막 여우' 물다

1940년대 초 사하라 사막은 전차포 소리로 가득했다. 사막의 여우 롬멜이 쏘는 88구경 전차포를 사막쥐 영국 전차가 이리저리 피하고 있었다. 마침내 사막쥐는 노르망디 해안 모래톱을 파고들었다. 히틀러의 유럽정복 욕심도 모래 위 누각처럼 급격히 무너지기 시작했다.

호바트의 장난감은 노르망디 해안의 장애물을 제거하는 데 결정적으로 기여했고, 사막쥐는 여우를 이겼다.

■'사막 여우' 롬멜의 공격

바실 헨리 리델하트의 전략론 제3부 17장 히틀러의 쇠퇴 후반부는 지중해 전역을 다룬다. 1941년 초 북아프리카에서 무솔리니의 군대가 영국군에게 밀리자 히틀러는 에르빈 롬멜(1891~1944) 장군의 아프리카 군단을 리비아로 보내 이탈리아를

돕도록 했다. 그는 수적으로 조금 밀린다 싶으면 일보 후퇴했다가 전열을 가다듬은 뒤 인정사정없이 반격했다. 독일군 특유의 군사적 전문성과 월등한 전투경험을 극대화시켰다. 롬멜이 이끄는 독일군은 뛰어난 기동력과 전술을 바탕으로 영국군을 패퇴시키며 또 다른 승리를 독일 국민에게 안겨 줬다. 그는 전차와 고사포를 개량한 88mm포를 사막에 은폐해둔 뒤 영국군 전차를 유인해 격멸했다. 이로써 롬멜은 '사막의 여우'라는 별명을 얻으며 영국군이 가장 두려워하는 인물로 부상했다.

여우는 생태계 최고의 들쥐 사냥꾼으로 후각이 뛰어나며 낮에는 굴속이나 숲속에 웅크리고 있다가 해질 무렵 활동을 시작한다. 예민하게 발달한 청각도 빼놓을 수 없다. 500m 떨어진 곳에서 나는 소리도 들을 수 있다. 남다른 후각과 청각을 뒷받침해주는 것이 점프력이다. 지상 1m 정도 뛰어올라 순간적으로 먹잇감을 낚아챈다. 여우가 꼬리를 휘저으며 점프해 사냥하는 모습은 롬멜을 닮았다.

서부전선은 영국과 대결하고 있던 프랑스 해안선에서 북아프리카와 지중해까지 확대됐다. 리델하트는 1942년 5월 벌어진 리비아 북부해안 토브루크 전투를 간접 접근전략의 걸작으로 평가했다. 이 전투에서 롬멜의 기갑부대는 이집트 국경을 향하는 것처럼 토브루크를 통과하다가 갑자기 토브루크를 방어하는 영국군 배후를 공격하는 기만작전을 펼쳐 승리를 거뒀다. 1940년대 초 '사막 여우' 롬멜이 이끄는 독일군은 마치 여우가 사냥하듯 아프리카의 영국군을 격멸했다. 그러나 8월부터 영국군 사막쥐가 사막 여우를 상대로 초기 패배를 뒤집고 반격에 나섰다.

북아프리카 전선은 호바트의 사막쥐와 롬멜의 사막여우의 결투장

■ 사막쥐 호바트의 반격

사막쥐는 영국군 7기갑사단을 상징하는 표지다. 2대 사단장 마이클 크리그의 부인이 카이로 동물원에서 날쥐를 보고 그린 그림이 사단 마크가 됐다. 이 사단을 영국군 최고 전차부대로 만든 장군이 퍼시 호바트 소장이었다. 그런데 호바트의

기갑부대 운용에 불만을 느낀 영국 중동 총사령관 워이블 장군은 그를 전역조치하라고 전쟁성에 요구했고, 전쟁성은 그를 퇴역시켰다. 그러자 리델하트는 일요신문(sunday pictorial) 기고를 통해 그 부당성을 지적했다. 이 내용을 본 처칠은 1941년 호바트를 군에 복귀시키면서 이렇게 말했다. "나는 그를 둘러싼 편견 중 일정 부분에 대해 전혀 감흥이 없다. 그런 편견은 주로 성격이 강한 사람이나 특이한 시각을 가진 사람들이 갖는 것이다. 우리는 지금 목숨을 건 전쟁을 치르는 중이니, 육군은 자신의 경력에 적대적인 비평이 없다는 것을 야단스레 떠벌리는 장교들만 임명해서는 안 될 것이다."

처칠은 "오늘 행동하라(act today)"며 영웅을 알아봤고, 영웅은 이에 보답하듯 온갖 지혜를 모았다. 호바트는 79기갑사단을 맡았는데 이 사단은 일종의 전력화사단으로 해변과 야전의 장애물들을 처리하는 데 앞장섰다. 호바트는 견고한 셔먼 탱크나 영국의 처칠 탱크들을 다양한 형태로 개조했고 이들은 '호바트의 장난감'이라는 정겨운 별명을 얻었다. 바닷가로 몰고 갈 수 있도록 아래쪽을 부풀린 수륙양용 탱크, 거대한 금속 체인으로 모래를 마구 휘저어 적이 부설한 지뢰를 폭파시킬 수 있는 지뢰 제거 전차, 미 해병대가 태평양에서 사용했던 것과 같은 화염방사 탱크 등이었는데 기갑전 역사에서 유례를 찾아볼 수 없는 성과였다. 그는 탱크의 레오나르도 다빈치였다.

■사막쥐, 노르망디 해변을 파고들다

아프리카 승리의 숨은 영웅은 7기갑사단을 조련한 '사막쥐' 퍼쉬 호바트 장군. 후일 그가 개발한 특수 전차들은 노르망디 해안의 지뢰밭과 철조망을 거침없이 돌파하며 히틀러의 야망을 분쇄시켰다. 그의 사단은 가잘라와 알람 할파 전투 등을 통해 이탈리아 10군을 몰아내는 데 앞장섰다. 영국군은 엘 알라메인 전투(1942. 10~11월)에서 역전의 기회를 잡고 북아프리카 해안을 따라 독일군을 격퇴하기 시작했다. 1944년 6월 6일 연합군은 역사상 가장 빛나는 노르망디 상륙작전을 펼쳤다. 작전에는 어려움이 많았다. 해변에 설치된 무수한 장애물도 그중 하나였다.

유럽에서 전개된 연합군의 상륙전은 육해공군의 힘이 극적으로 융합된 연합작전의 결정체였다. 그런데 상륙작전을 펼치려면 해변과 야전의 장애물들을 제거하는 것이 급선무였다. 문제 해결을 위한 무기를 찾으려는 호바트의 끈질긴 탐색 덕분에 연합군의 상륙용 무기 체계가 향상됐고 적의 해안을 돌파하는 능력도 크게 증진됐다. 호바트의 장난감들은 노르망디 해안의 지뢰밭과 철조망을 거침없이 돌파할 수 있게 한 숨은 병기였다.

노르망디의 가장 왼쪽인 소드 해안에 상륙하던 영국군 3사단은 지뢰밭과 해변 장애물을 만났다. 기존 탱크는 장애물 개척 장갑차로 모습을 바꿔 회전하는 거대한 못과 같은 긴 팔을 장착했다. 이 팔은 모래 속으로 무거운 쇠사슬을 박아 넣어 지뢰를 폭파함으로써 보병부대가 안심하고 따를 수 있게 했다. 또한 길게 뻗어지는 평판을 장착한 장갑차는 소방차에 달린 긴 사다리처럼 푹 파인 길이나 장벽을 만났을 때 다리 역할을 했다. 영국군은 단 600명의 사상자만 내고 2만 8,000명이 무사히 상륙해 캉 마을 6㎞ 이내까지 진격했다. 사막쥐 퍼시 호바트의 승리였다.

18. 일본원숭이와 태평양전쟁

화합의 상징 '일본원숭이' 일제와는 '같은 땅 다른 삶'

원숭이는 지혜와 화합을 상징한다. 여러 원숭이 중 일본원숭이는 온화한 기후의 남쪽에서 혼슈 북쪽 산악지대까지 넓은 지역에서 살아간다. 서로 먹이 경쟁을 줄이며 협력 체제를 구축해 성공한 집단이 됐다. 그러나 일본은 대동아 공영권을 내세우며 아시아 정복전쟁을 시작했다.

일본은 전쟁을 통해 고도성장을 이뤘다. 이제 일본원숭이의 조화와 협력의 지혜를 본받아 공존과 번영의 길을 가기를 바란다.

■ 원숭이와 개구리의 태평양전쟁

바실 헨리 리델하트의 전략론 제3부 17장 히틀러의 쇠퇴 중반부는 태평양전쟁을 다룬다. 여기에서 일본군은 1941년부터 1943년 여름까지 적 강점을 파고드는 와조전술(蛙跳戰術)로 동남아를 점령했다. 와조는 개구리가 장애물을 뛰어넘는 것을 뜻한다. 이에 맞서 미군은 1943년 가을부터 1945년 여름까지 적 약점을 파고드는 우회차단전술(by pass)을 구사했다. 모두가 간접접근전략이었다.

일본군은 1941년 12월 진주만 기습으로 미 태평양함대를 무력화시킨 다음 남방으로 진출했다. 먼저 태국에 상륙, 전차와 자전거로 정글을 헤쳐 나가 영국군이 방어하던 싱가포르를 점령했다. 이어 마닐라와 인도네시아 자바 섬을 수중에 넣었다. 1942년 3월에는 연합군의 중국 보급로인 버마 통로를 차단하기 위해 랑군을 점령함으로써 초기 목표를 달성했다. 그러나 점령지역이 넓어진 데 따르는 과도한 병력 분산은 곧 허점을 드러냈다.

이에 맞서 미군은 원숭이가 줄을 타고 나무를 건너가듯 차례차례 목표를 점령해 갔다. 미군은 1942년 6월 미드웨이 해전에서 반격 여건을 마련했다. 다음해 가을 마리아나 섬들을 계속 뛰어넘으며 서쪽으로 해상 전진을 시작했다. 1944년 10월 필리핀 루손 섬과 민다나오 섬 사이의 레이테 섬을 점령해 일본군에게 쐐기를 박았다. 이어서 대만을 우회해 류쿠 열도의 오키나와를 점령했다. 미 해군과 공군에 의해 차단된 섬들은 차례로 무너졌다. 일본이 협력과 공존을 무시한 탓에 아시아와 태평양에는 4년 동안 전쟁이 계속됐다. 그런데 원숭이는 원래 넉넉한 마음을 가지고 있고 일본원숭이는 더욱 그렇다.

일본군, 와조전술로 동남아 점령… 미군은 우회차단전술 구사
일본, 과도한 병력분산 허점 속 미국,
원숭이가 줄을 타듯 전진

■ 일본원숭이는 협력과 공존의 상징

사람과 가장 가까운 동물인 원숭이는 190종류 정도다. 원숭이류는 주로 열대지방에 분포하는데 일본원숭이는 가장 북부 지방에 살고 있는 원숭이로 알려져 있다. 그런데 여느 원숭이와는 다르게 일본원숭이는 독특한 문화를 가지고 있다. 거

친 자연환경에서 생존하기 위해 경쟁과 다툼보다는 협력과 조화로움으로 생태계를 유지하고 있다. 흔히 20~30마리가 무리를 지어 살며 150마리 이상 되는 큰 무리도 있다. 이들은 적대적인 경쟁 관계 대신 협력 체제를 구축하고 있다. 우두머리 수컷이 지배하지만 종족 유지를 위해 평온하게 조직을 운영한다. 우두머리 수컷은 군림하지 않고 구성원들의 협력과 조화를 도모한다. 이를 위해 남의 새끼도 돌보는 공동 육아에 심혈을 기울인다.

그리고 일본원숭이는 어려운 환경을 함께 이겨낸다. 따뜻한 남쪽 지방이 아닌 북쪽 혼슈 산악지대는 해발 1500m로 기후변화가 극심하다. 이들은 혹독한 겨울 추위와 먹이 부족 사태에 직면하지만 다양한 수단을 통해 먹이 다툼을 피해 간다. 즐겨 먹는 열매를 고집하지 않고 철 따라 쉽게 얻을 수 있는 것을 먹는다. 봄·여름에는 어린 잎과 싹을 먹고 겨울에는 나무껍질과 뿌리도 먹는다. 심지어 곰팡이도 먹으면서 혹독한 환경을 견딘다. 그들은 다양한 가치를 인정하며 조화로운 공동체를 가꿔 나간다. 그런데 일본원숭이의 지혜를 본받지 못한 일본은 제국주의를 답습해 19세기 말부터 20세기 중엽까지 아시아를 전쟁의 불바다로 만든 안타까운 역사적 사실이 있다.

■전쟁으로 성장한 일본

일본은 1868년 메이지 유신 이후 끊임없이 전쟁을 반복하면서 성장해왔다. 1895년 청일전쟁에서 얻은 엄청난 배상금으로 산업 발전을 도모했다. 문명과 야만의 전쟁에서 이긴 일본은 아시아에 대한 우월성을 각인시켰다. 1905년 거인 러시아와 맞붙은 러일전쟁에서도 일본은 승리했다. 전쟁 배상금은 없었으나 조선과 만주 등 해외 시장을 확장할 수 있는 계기를 마련했다. 일본은 이길 수 없는 두 전쟁을 이겼다.

제1차 세계대전 때는 영·일 동맹을 맺고 강 건너 불구경만 하고서도 엄청난 자본을 축적할 수 있었다. 전쟁 기간에 일본의 수출 시장은 비약적으로 확대됐다. 전쟁 당사국 유럽으로부터 군수물자 주문이 쇄도했다. 유럽의 수출이 중단된 아시아와 아프리카 국가들은 일본의 수출 시장으로 변했다. 전쟁 경기로 인한 미국 국내 시장 소비 증가도 일본의 미국 수출을 도왔으며, 중국 시장 역시 일본의 독무대였다. 결국 1931년 만주사변을 일으켰고, 동남아시아로 세력 확장을 꾀하다가 미국과 전쟁을 벌였다. 그런데 일본은 태평양전쟁에서 패배하고도 이웃집 전쟁 덕분에 다시 일어났다. 일본은 6·25전쟁 특수(特需)로 전후 복구와 성장의 발판을 마련했다. 더구나 베트남전을 통해서 1960년대 고도성장을 구가할 수 있었다. 전쟁을 통해 번영을 이룬 일본이 일본원숭이로부터 이웃들과 조화롭게 사는 지혜를 배우길 소망한다.

19. 군견과 공수작전

공수작전의 선봉에 군견 빙
전역 후에도 반려견으로 임무수행

1만 2천 년 전, 인간에게 사로잡힌 새끼 늑대들이 길들여지면서 인간 사회 구성원이 됐다. 개는 오래전부터 인간과 가장 친숙한 동물이다. 많은 생명을 구하고 길을 안내해 주었다. 그리고 전장에서 뛰어난 활약을 보여주었다.

군견 빙은 노르망디 상륙작전 시 항공기에서 공수 투입되었다.

■ 2차 세계대전, 노르망디 상륙작전

바실 헨리 리델하트의 전략론 제3부 18장은 히틀러 몰락 곧 연합군 반격이다. 1차 세계대전은 참호에서 인파이터 싸움 '바다로의 경주(race to the sea)'였다. 2차 세계대전은 독일군이 직접접근에 인한 인파이터였다면, 연합군은 간접접근에 의

한 아웃 파이터였다. 히틀러는 공격이 최선의 방어이고 강력한 저항은 차선이라는 열병에 걸려 참모 조언을 무시했다. 반면 아이젠하워는 원거리에서 조금씩 독일군 심장으로 나아갔다.

독일 산업자원에 대한 전략폭격으로 독일군 전쟁수행능력 균형을 무너뜨렸다. 1942년 9월, 이탈리아 시칠리아 섬을 정복해 독일 유럽요새인 남쪽 벽에 구멍을 뚫었다. 유럽 반격 교두보를 확보해 병력집중과 다양한 거점에 위협을 가할 수 있었다. 동쪽 러시아군도 폴란드로 반격을 개시했다.

1944년 6월 5일 새벽, 영미 연합군이 로마를 점령한 다음 날 노르망디 상륙작전을 감행했다. 커다란 간접접근이었다. 독일군 룬트슈테트는 영미 연합군이 디에프와 칼레사이 최단 루트를 취할 것으로 판단했다. 센 강 교량들이 파괴돼 증원군을 신속하게 투입할 수 없게 됐다. 이때 군견이 앞장섰다. 노르망디 상륙작전에 투입된 군견 빙(bing)이다.

■ 노르망디 패러독스(parachuting dogs, 犬公)[26]

선봉에 영국군 13공수부대에 군견 빙 등 4마리가 함께 했다. 병력 17만 명과 6500척 선박 및 1만 2천 대 항공기가 발진했다. 이들은 독일군이 설치한 지뢰와 부비트랩을 정확히 찾아냈다. 또한 은폐해 있는 적을 알려줌으로써 많은 아군 인명을 구했다. 이들은 전투에 투입되기 전 혹독한 공수훈련을 받았다. 모든 전장 시나리오에 적응하는 훈련이었다. 처음에는 수송기 안에서 프로펠러 소음에 익숙해지기 위해 오랜 시간 앉아있었다. 이어 적 탐지와 빗발치는 포화 속에서 은폐하는 전투기술도 숙달했다. 점프훈련은 고기로 유인해 점프를 유도했다.

공수작전 때는 생존성보장을 위해 캡슐 안에 있다가 캡슐이 지면에 닿으면 자동으로 열렸다. 1942년 북아프리카 상륙작전 등에서 20번 이상 점프 기록도 있다. 요즘은 공수부대원과 함께 투입된다.

개는 힘없는 인간을 대신해 무거운 짐을 나르거나 집이나 가축을 보호하는 경

26) 김소희, 『모든 개는 다르다』(서울: 페티앙북스, 2010), pp.75-125.

비견, 산과 물에서 위험에 처한 사람을 구하는 구조견, 전쟁터에서 부상자를 구호하거나 적을 탐지하는 군견 등 다양한 역할을 수행해 왔다. 가장 오래된 임무는 기원 전 8~6천 년부터 인간 영혼을 죽음 뒤 세계로 인도하는 신 'Anubis'였다. 고대 로마 시대에는 갑옷을 입고 칼날이 둘러진 목줄을 매고 참전했다. 적 다리를 물게해 적군이 방패를 내리면 그 틈에 상반신을 공격했다. 퍼그는 나폴레옹이 알프스를 넘을 때 길 안내자였고, 조세핀에게 비밀 편지를 전달하는 사랑의 메신저였다. 아이젠하워에 맞섰던 히틀러 최후에는 충성심과 복종심이 뛰어난 셰퍼드 블론디가 있었다. 그를 그림자처럼 따르다가 1945년 4월 베를린 지하 벙커에서 히틀러와 최후를 함께 했다.

■함정 레이다에서 반려동물로

개는 두 번 세계대전과 베트남전쟁 속에서 많은 희생을 초래했다. 장병을 대신해 총알받이가 되기도 하고 폭탄을 맨 채 적진에 들어가 자폭하기도 했다. 독일은 1차 세계대전 당시 3만 마리 개를 전령이나 의약품을 전달하는 구급견으로 활용했다. 군견훈련기관에서 10년 동안 무려 20만 마리 군견을 키워 일본군에도 2만 5천 마리를 지원했다. 1944년 7월 괌 전투 때 미 해군은 악마의 개로 불렸던 정찰견 도베르만 핀셔를 먼저 풀어 적 위치를 탐지했다. 일본군 2만 명은 여기저기 작은 섬 동굴 속에 숨어 있었기 때문이다. 이들의 희생 끝에 태평양 전쟁은 미군으로 기울어졌다.[27]

영국 해군 함정에 승선해 있던 군견 주디는 멀리서 날아오는 일본군 폭격기 소리를 듣고 미리 알려줬다. 청각이 사람보다 10배 정도 뛰어나 인간이 들을 수 없는 음역대 저주파 소리까지 들을 수 있었다. 레이더가 상용화되기 전이라 주디의 경고에 따라 사전에 대피하거나 비행기 방향으로 미리 전투태세를 갖출 수 있었다. 주디는 함정이 격침되고 승무원 모두 포로가 됐을 때도 음식과 물을 찾는 일을 도운 공로로 1946년 디킨 메달을 수여받았다. 베트남전에서도 4천 마리가 참

27) 김소희, 『모든 개는 다르다』(서울: 페티앙북스, 2010), pp.76-77.

전해 미군 1만 명의 생명을 구했다.

군견은 전쟁터에서 생명의 은인이자 동료였다. 전쟁이 끝나고 병사들이 마약을 소지하고 돌아오자 이를 탐지할 마약탐지견이 생겼다. 그리고 역할이 다양해 전쟁 고통을 겪는 참전 군인들의 외상 후 스트레스장애 치료에 효과적이었다. 심리치료견으로 정신적·신체적 장애나 질병 치료에 큰 도움을 주었다. 이제 개는 애완동물에서 군견으로, 가족 같은 인생 반려자 반려동물 위치까지 올랐다.

20. 군견과 언더독 전략

자유 진영의 2차 세계대전 승리 트럼펫 소리도 잠깐이었다. 리델하트가 예견했던 한반도에서 전쟁은 불행하게도 다시 일어났다. 이때 군견도 함께 들어왔다. 요즈음은 언더독 전략으로 발전했다.

헌트 소위의 동상은 정면이 아닌 북쪽을 응시하면서 만들어졌다. 언제나 조국을 수호하며, 북쪽에 대한 경계를 늦추지 말라는 의미를 담고 있는 것이다.

■ 라인강 쟁탈전과 최후의 국면

바실 헨리 리델하트는 전략론 제3부 18장을 마무리하면서 간접접근 핵심을 다음과 같이 말한다. 전설적 복서 키드 베이어는 '적이 공격을 걸어오도록 하라. 그러면 적의 두 손을 이쪽 한 손으로 대응하고, 다른 한 쪽 손은 자유롭게 쓰겠다.' 영미 연합군은 1944년 7월 25일, 노르망디 상륙작전에 이어 대규모 돌파작전 코브라작전을 개시했다. 우익 패튼 기갑부대는 항상 적 내륙 측면을 동요시키고, 적 배후를 강하게 위협했다. 공격 선상 적 저항은 우회하면서 전략적 우회를 달성했다. 곧 공간확보와 속도였다.

그런데 연합군 진격은 병참선 신장과 독일군 반격으로 주춤했다. 하루 20마일에서 300마일로 수송 거리가 길어졌다. 독일군 반격을 저지하기 위해 파괴했던 종심상 철도와 교량 확보가 어려웠다. 더구나 승리감에 빠진 연합군은 독일군 반격능력을 과소평가했다. 독일군은 연합군 공세에 맞서 아르덴 고원에서 반격작전을 구릉과 삼림 지형을 적절히 활용하여 펼쳤다. 연합군이 미리 준비를 잘했다면 전쟁은 1944년 겨울에 끝났을 것이다. 한반도에서도 마찬가지였다. 연합군 최종 공세는 6·25전쟁 때 인천상륙작전을 성공하고 크리스마스 이전에 전쟁을 끝내려 했다. 중공군 개입 징후를 애써 외면한 탓으로 개마고원 험준한 산맥으로 간접접근을 허용했다. 여러 번의 공세와 고지 쟁탈전은 군견이 목표물을 놓고 물어뜯는 모습이었다.

■ 한반도 안보와 평화유지 수호견

6·25전쟁이 일어나자 미 제26보병 정찰견소대가 제2사단과 제40사단에서 세퍼드 1,500마리를 운용했다. 그중 요크는 150회 정찰 임무를 성공적으로 수행했다. 전쟁이 끝나고 미 공군 경비견 학교에서 훈련된 군견 10두가 한국 공군에 인수돼 군견 운영이 시작되어 이때부터 한반도 안보 지킴이로 많은 역할을 했다. 군견 '린틴'은 1968년 1·21사태 때 실제 작전에 투입돼 군견 최초로 인헌무공훈장을 수훈 받았다.

1975년 3땅굴이 서울에서 불과 44㎞ 거리인 도라전망대 인근에서 발견된 후, 15년이 지났다. 1990년 중동부전선 펀치볼 인근에서 4땅굴이 발견됐다. 이때 군견 '헌트'는 1990년 제4땅굴 수색작전에서 지뢰탐지 중 자신의 몸으로 지뢰를 터뜨려 1개 분대원의 생명을 구해 군견 최초로 소위 계급을 추서 받기도 했다. 이후에도 북한의 게릴라전은 계속됐다. 1996년 9월 강릉 인근 해안가에서 잠수정이 발견됐다. 내륙으로 침투한 무장공비를 격멸하기 위해 투입된 수색견 노도는 작전을 벌이다 공비들이 쏜 총에 쓰러졌다. 이때부터 이 군견을 기려 노도 묘역이 조성돼 임무수행 중에 죽으면 공을 인정해 안장시키고 있다.

현재 한국군 군견은 1400여 두 정도로 육군이 600여 두, 공군이 530여 두, 해병대를 포함한 해군이 160여 마리를 보유하고 있다. 지금은 세계평화수호를 위해 뛰고 있다. 2004년 이라크 자이툰부대 파견 때 군견 '데이지'와 '대덕산'이 파견되어 도로에 매설한 급조폭발물(IED)이나 몸에 휴대한 폭발물 등을 탐지하였다. 이후에도 아프간 오쉬노 부대, 레바논 동명부대에도 여러 번 다녀왔다. 군견 활용 전투기술은 스포츠와 일상생활에서 승리전략으로 발전했다.

■ 언더독(underdogs) 승리전략

언더독(underdog)은 생존경쟁에서 패배자나 낙오자 또는 사회적 부정이나 박해 등에 의한 희생자나 약자를 뜻한다. 반대말은 지배계급의 일원(overdog) 또는 승자나 우세한 쪽(top dog)이다. 투견(鬪犬)에서 밑에 깔린 개, 즉 싸움에 진 개를 언더독이라고 부른 데서 유래한 말이다. 곰을 제압하기 위해 두 마리 사냥개가 훈련받는 방식에서 유래했다는 설도 있다. 강한 개(top dog)는 곰 머리를, 약한 개(underdog)는 곰 하체를 공격하도록 훈련시키는데, 언더독이 생명을 잃을 위험이 더 높다는 것이다. 스포츠에서는 우승이나 이길 확률이 적은 팀이나 선수를 일컫는 말이다.

언더독 승리전략은 사진작가 허드슨에 의해 널리 알려졌다. 1963년 5월 3일 미국 민권운동이 활발할 때, 독일 셰퍼드의 으르렁거리는 이빨 앞에서 한 흑인 젊은이가 개를 향해 비스듬히 서 있는 모습 사진이었다. '날 물어뜯어'라고 말하는 것처럼 개를 응시했다. 강한 내면 의지를 감추고, 겉으로 약하고 차분함을 보여주었다.[28] 허허실실(虛虛實實), 기만을 뜻하기도 한다.

언더독 효과는 강자가 지배하는 세상에서 약자에게 연민을 느끼며 이들이 강자를 이겨주기를 바라는 심리현상을 말한다. 스포츠 경기에서 특별히 응원하는 팀이 없을 때 약자를 응원하거나 선거에서 불리한 후보에게 동정표가 쏠리는 현상을 언더독 효과로 설명할 수 있다. 흔히 사람들은 절대 강자에 대한 견제 심리가 있

28) 말콤 글래드웰 글, 선대인 옮김, 『다윗과 골리앗』(서울: 21세기 북스, 2014), pp.202-204.

는 반면 어려운 상황에 놓인 언더독이 자신과 비슷하다고 느낀다. 공세에 맞서 위기감을 과장, 보수세력을 결집시키는데 성공했다. 전형적인 언더독 전략이었다.

언더독(사회적인 약자, 생존경쟁에서의 낙오자)의 승리 얘기는 언제나 기분 좋고 가슴을 훈훈하게 만들어 준다. 특히 '기적'과 같은 실화일 경우 그 감격의 진폭이 더 크다. 약하고 힘없어 보이는 사람들이 성공하는 이유에 대해 분석할 예정이다. 강한 열망을 가진 '약자(underdog)'가 때로는 통쾌하게 역전할 수 있다는 사례다. '언더독(Underdog)'이란 투견 대회에서 늘 싸움에 지는 개를 일컫는 말로, 글래드웰은 강력한 골리앗에 도전하는 다윗이 승리할 수 있는 '가능성'에 주목했다.

Chapter 4

전략과 대전략의 근본 문제

21. 비둘기와 간접접근전략

피 흘리지 않고도 승리 '평화의 상징'으로

2015 광주 하계 유니버시아드대회의 엠블럼인 '빛의 날개'는 비둘기의 날갯짓을 형상화했다. 또한 올리브 가지를 입에 문 비둘기 형상은 평화를 나타내는 데 다양하게 활용되고 있다. 이처럼 비둘기는 스포츠나 전쟁에서 피 흘리지 않고 승리하는 '평화의 상징'으로 부각돼 간접접근의 효과를 보여주고 있다.

바이바르스 왕은 비둘기 다리에 허위명령서를 매달아 보내 크락데 슈발리에 성을 함락시켰다.

■ 간접접근 전략의 요지

전략론이 우리에게 더 가깝게 여겨지는 이유가 있다. 손자병법의 핵심인 싸우지 않고 이기는 '부전승 상책(不戰勝 上策)'과 우회기동을 나타내는 '우직지계(迂直之計)'와 뜻이 통하기 때문이다. 리델 하트는 최소한의 인적 피해와 경제적 손실로 공격 전에 적의 저항의지를 꺾는 것이 중요하다고 했다. 이것은 곧 속임수, '기만'이다. 그는 간접접근전략의 목적을 "최소전투로 승리하기 위해 적 저항 가능성을 감소시키는 것"이라면서 "이를 위한 유리한 전략적 상황 두 가지는 물리적으로 적 균형을 파괴하고 조직 기능을 와해하는 것과 적을 심리적으로 분열시키고 저항의지를 상실시키는 것"이라고 말했다.

이어 "적의 사고와 행동의 자유를 박탈하기 위해 미리 최소 저항선과 최소 예상선을 따라 적 배후를 지향하는 간접접근을 선택해야 한다"고 말했다. 이 개념은 4부 19장 전략이론과 20장 전략 및 전술의 진수에서 구체적으로 제시된다. 최소 저항선은 물리적으로 적 측면을 우회해 배후기동으로 적 저항을 회피하고, 적 병력을 분산시킨다. 최소 예상선은 심리적으로 적 지휘부에 공포심을 유발하거나 기만하는 효과를 가져 온다.

리델 하트는 부록으로 간접접근 전략에 논문 두 편을 수록하고 있다. 1940~1942년 북아프리카 전역 및 1948~1949년 아랍과 이스라엘 전쟁 사례다. 정면공격보다 측면과 후방공격으로 적을 굴복시키는 간접접근전략이 효과적임을 증명한다. 최소 손실로 승리를 거두는 평화의 상징적 동물이 '비둘기'다.

■ 예술과 문학에 활용되는 비둘기

비둘기는 인류 역사에서 가장 친밀한 새다. 성경에 따르면 노아의 홍수 때 방주에 탄 사람들은 마른 땅이 드러났는지 알아보기 위해 배에서 비둘기를 날려 보냈다. 비둘기는 올리브 가지를 물어와 마른 땅이 있음을 알려줬다. 예부터 비둘기를 훈련시켜 멀리 소식을 전하거나 신호를 보내는 데 이용했다. 이런 비둘기를 발에 편지를 매달아 전한다는 뜻으로 '전서구(傳書鳩)'라 했다. 비둘기는 최고 시속 70㎞로 500~600㎞를 비행할 수 있다. 특히 방향감각과 귀소본능이 뛰어나 장거리 연락용으로 사용돼 왔다.

비둘기는 전쟁영화 등 예술 작품에서도 감독과 작가의 의도를 간접적으로 표현하는 매개체로 등장한다. 그만큼 전쟁과 밀접하다. '적벽대전'을 만든 오우삼 감독은 "영화에는 만든 사람의 성격이 많이 드러나는데 나는 작품에서 비둘기를 사용해 반전사상을 전달하려 했다. 평화로운 세상을 맞이할 수 있을 거란 생각에서 비둘기를 활용했다"고 밝힌 바 있다. 시 '성북동 비둘기'에서는 조용한 아침에 물질문명의 시끄러운 소리에 깨는 비둘기의 비애를 서정적으로 표현한다. 이처럼 비둘기는 영화와 문학 작품 등 다양한 분야에 등장해 왔으며 전쟁을 끝내는 매개체가 되기도 했다.

■'허위 명령서' 비둘기로 이용…난공불락 요새 점령

1096년 '신이 그것을 바라신다!'라는 한마디로 시작된 십자군 전쟁은 200년 동안 계속됐다. 유럽과 이슬람 간의 힘겨루기였다. 레바논 트리폴리에서 시리아 내륙 홈스에 이르는 요충지에 '기사의 바위산'이라는 뜻의 '크락 데 슈발리에' 성이 있다. 지중해 동쪽에서 35㎞ 지점, 해발 650m 높이다. 1099년 십자군이 처음 도착했을 때는 조그만 성이었으나 전쟁 기간 중 조금씩 증축돼 난공불락의 요새로 변했다. 병원기사단(Knights Hospitaller)의 거점으로서 성지 예루살렘 순례자 치료 및 간호와 십자군 부상자 수용을 임무로 삼았다. 오늘날 군단급 야전병원으로 보면 된다. 견고한 24m 이중 석벽과 병력 2,000여 명이 1년 동안 먹을 수 있는 식량과 식수 저장 시설을 갖췄다.

이곳에서는 인접 성채와 비둘기를 이용해 연락을 주고받았다. 1187년에 살라딘에 의해 십자군 성채들이 절반 이상 사라졌으나 이 성은 견고한 방어 시설로 100년간 유지될 수 있었다. 1270년의 제8차 십자군전쟁은 튀니지아 상륙 2개월 만에 어이없이 끝났다. 이 틈을 타 제7차 십자군전쟁에서 명성을 떨친, 이슬람 영웅 살라딘의 후계자 바이바르스왕은 팔레스티나 지역에 잔존하는 성채를 공략하기 위해 최종 공세를 감행했다. 병원기사단은 십자군의 마지막 보루를 지키기 위해 20대 1의 수적 열세에도 불구하고 깊은 해자와 외성과 내성의 이중구조 성벽을 활용해 싸웠다. 바이바르스 왕은 정면 공격으로 많은 희생자를 냈다. 그는 고민 끝에 트리폴리 병원기사단장이 쓴 것처럼 "증원병력을 보낼 수 없으니 투항하라"는 내용의 가짜 명령서를 전서 비둘기를 이용해 보냈다. 명령서를 받은 슈발리에 성의 기사단은 바이바르스에게 무릎을 꿇었다. 수많은 병력으로도 견고한 성을 함락하기 어려웠는데, 한 마리 비둘기로 승리한 것이다.

22. 비둘기와 전략이론

선사시대부터 현대전까지
편지를 전하는 '전서(傳書)' 일등공신

비둘기가 전령으로 이용되기 시작한 시기는 선사 시대까지 거슬러 올라간다. 트로이 전쟁에서 트로이가 포위됐을 때 중요한 밀서를 날라 줬다. 또한 현대전에서는 전장 상황 비밀을 전달하고 잠수함의 위치를 알려주는 등 전투 유공으로 무공훈장을 받거나 잠수함 승무원이 되기도 했다.

비둘기는 전장 상황 비밀을 전달하거나 잠수함의 위치를 알려줘 승무원의 목숨을 구하기도 했다.

■전략이론…적 균형 교란하는 간접접근

전략론 4부는 1부에서 3부까지 언급한 전례들을 분석한 결론이다. 전략개념과 게릴라전쟁 등을 담았는데, 19장 전략이론에서는 전략이 무엇인지를 정의한다. 리델하트는 클라우제비츠의 전략 개념인 '전쟁 계획 수립과 싸워야 할 모든 전투 규칙 정의'가 전쟁 수행 상위 개념인 정책 분야를 건드리고 있다는 견해를 피력했다.

이어 몰트케의 '전략은 예상되는 목적 달성을 위해 한 지휘관에게 조치를 위임한 수단의 실질적 적용'이라는 견해를 수용하고 있다. 그리고 정부의 전쟁 정책은 상황에 따라 융통성이 필요하다고 했다.

리델하트는 이를 기초로 '전략은 정책목적 달성을 위한 군사적 수단 배분과 이것을 적용하는 술(術)'로 정의했는데, 이 논리는 21장 국가목적과 군사목표로 이어진다. 높은 수준의 전략인 대전략은 전쟁의 정치적 목적 달성을 위한 한 국가나 여러 국가의 자원 조정을 말한다. 국가자원의 효율적 활용과 전쟁 후 외교적 노력까지 포함한다. 낮은 수준의 전략 적용은 전술이라 했다.

그는 "전략목표는 구체적으로 교란을 통해 적 와해와 분열을 시도하는 것이다. 교란은 적에게 배치 혼란과 전선 변경 및 병력분산을 강요하며, 병참선을 차단해 철수나 재편성을 방해한다. 이를 통해 전략론 요지에서 언급한 물리적 최소 저항선과 심리적 최소 예상선을 얻게 됨으로써 적 균형을 교란하는 간접접근이다. 그리고 기습과 병력집중을 통해 달성된다."라고 했다.

■비둘기에 레종도뇌르 훈장 수여

전략 구현 수단으로 비둘기는 곳곳에서 많은 역할을 했다. 1870년 프로이센의 비스마르크는 통일의 마지막 걸림돌인 프랑스를 제거하려고 파리 공격을 감행했다. 이른바 보불전쟁(普佛戰爭)이다. 파리를 간신히 방어하던 수비대장은 멀리 떨어져 있는 프랑스군 총사령관에게 긴급 상황을 알려야 했다. 그러나 프로이센군의 포위망을 뚫기는 어렵고 전서 비둘기로 전달할 내용은 너무 많았다. 그래서 당시 프뤼당 다그롱은 대량 비밀문서를 사진으로 찍어 축소한 다음 비둘기를 이용해 전달했다.

제1차 세계대전 중에도 비둘기가 적극 활용됐다. 1914년 파리 외곽 에슨-마른 전투에서는 72마리의 비둘기가 78개 문서를 전달했다. 1916년 베르덩 전투에서는 비둘기가 치열한 포화를 뚫고 중요 문서를 전달하고 죽었다. 프랑스군은 그 비둘기의 업적을 기려 최고훈장 레종도뇌르를 수여했다. 세인드-미하엘 전투에서는 90

개 작전 서류들을 전달했는데 이 계획에 참가한 202마리 비둘기 중에서 오직 24마리만이 죽거나 실종됐다고 한다.

1918년 뫼즈-아르곤 전투에서는 비둘기 442마리가 문서 403개를 전달했는데 적에게 잘못 전해진 것은 한 건도 없었다. 1차 대전 중 영국군 전서 비둘기는 10만 마리였고, 2차 대전 당시 휴대용 무전기가 개발될 때까지 50만 마리의 전서 비둘기가 각 나라에서 운용됐다. 1944년 6월 노르망디에 상륙한 영국군은 독일군 방어선을 뚫기 위해 공군 지원을 요청했다.

그런데 예상보다 진출 속도가 빨라져 자칫하면 공격부대 선두가 폭격당할 위험에 빠졌다. 그들의 현재 부대 위치를 표시해 곧장 비둘기를 날려 보냈고, 공군 폭격이 취소돼 희생을 방지할 수 있었다.

■ 잠수함 위치 알려 승무원 구출

전장에서 많은 목숨을 구한 비둘기는 피카소에 의해 평화의 상징으로 인식됐다. 1940년 6월 독일군은 아르덴 고원을 돌파해 5주 만에 파리를 함락했다. 당시 피카소는 자신을 찾아온 이웃 노인으로부터 다음과 같은 사연을 들었다. 노인의 손자는 평소 하얀 천을 대나무에 묶어 비둘기를 불렀다. 그런데 아이 아버지가 독일군과 싸우다 전사했다. 아이는 흰색이 항복을 뜻하므로 대나무 막대에 빨간색 천을 달았다. 이를 본 독일군이 아이와 비둘기를 모두 죽여 버렸다는 것이다.

그래서 노인은 손자를 위해 비둘기 한 마리를 그려달라고 피카소에게 부탁했다. 그때부터 피카소는 비둘기 그림을 많이 그렸고 사람들은 비둘기를 '평화의 상징'이라고 부르기 시작했다.[29)]

비둘기 한 마리가 많은 잠수함 승무원을 구출한 사례도 있다. 1942년 봄 영국해군 잠수함 한 척이 독일 공군의 공격을 받아 잠수함 키와 부상장치가 파손돼 기동이 불가능했다. 바다 속에서 무선통신이 작동되지 않아 잠수함 승무원들은 죽음을 기다릴 수밖에 없었다. 그런데 잠수함에 두 마리의 전서 비둘기가 있었다. 승

29) 위빙정 글, 정주은 옮김, 『전쟁이야기 속에 숨은 과학을 찾아라』(서울: 21세기 북스, 2014), pp.144-146.

무원들은 현재 잠수함 위치와 상황을 메모했다.

전서 비둘기를 탈출용 캡슐에 넣은 뒤 어뢰발사관에서 바다 위로 발사했다. 비둘기 윙키는 한쪽 날개를 다친 상태에서도 폭풍우를 무릅쓰고 129마일을 날아갔다. 몸통에는 잠수함 위치와 구조를 요청하는 통신문이 있었다. 또 다른 비둘기는 독일군 독수리에게 목과 오른쪽 가슴이 찢겨 속이 드러날 정도였다. 이틀 뒤 구조대가 도착했다. 비둘기는 최고특별훈장을 받았고 그 잠수함의 정식 승무원이 됐다.

23. 비둘기와 전략 및 전술 진수

전장에서는 '위협적' 근·장거리 종횡무진,
일상생활에서는 '도우미'

중복과 대서가 겹친 늦은 장맛비 속에 비둘기 날갯짓이 힘들어 보인다. 오랜 세월 전쟁터에서 다양한 수단으로 활용된 비둘기는 전서(傳書)뿐만 아니라 신호와 목표 탐지, 정치·상업·스포츠에서도 많은 역할을 하고 있다.

서하군은 중국 류판산맥 육반산 아래 호수천 전투에서 비둘기 피리 소음을 이용해 송나라군을 거의 전멸시켰다.

■ 전략과 전술의 진수 … 적 취약점에 집중

19장의 전략 개념은 전략기초 및 병참선 차단과 전진 방식으로 이어진다. 리델 하트는 전략기초에서 전쟁은 동전의 앞뒤 같은 양면성을 지니므로 늘 대안을 모색해야 한다고 했다. 인생과 마찬가지로 적응성은 전쟁에서 생존을 지배하는 법칙

이기도 하다. 이를 위해서는 주도권을 확보하면서 적이 혼란에 빠지게 하는 전략적 목표 달성에 주력해야 한다.

그는 "병참선 차단은 가능한 한 적 후방 먼 곳을 차단하는 것이 좋다. 근거리 차단은 적 병력에 심리적 타격을 주는 데 효과적이고, 원거리 차단은 적 지휘관에게 심리적 충격을 가하는 데 효과적이다. 그리고 분산전진은 기계화부대와 항공전력 운용에 따라 세 가지 방식이 있는데 단일목표 및 연속목표, 동시 대량목표에 따라 달라져야 한다"고 했다.

20장 전략과 전술의 진수에서는 "적 취약점에 대한 집중으로 아군 측 집중과 분산, 적 분산에 따라 상호작용이 발생한다. 집중할 때는 명확한 통찰력과 신중한 판단, 최소 예상선 선택과 최소 저항선 활용, 상황에 적합한 융통성 등이 요구된다. 반면 유의할 사항은 적이 준비돼 있는 상태에서 공격하거나 동일한 형태로 공격하는 것은 회피해야 한다. 집중의 성공은 교란과 전과확대를 통해 달성되며, 상대의 과오를 강요함으로써 전세를 역전시킬 수 있다"고 했다. 요란한 비둘기 떼 소리는 적을 교란시켜 전투 승리에 기여했다.

■공격신호·목표 탐지 수단으로 활용

비둘기는 통신수단으로 활용될 뿐만 아니라 전투에 직접 참여하기도 했다. 소설 〈수호지〉에서 송강의 군대가 황문병 군사를 공격할 때 방울을 단 비둘기를 날려 공격 신호로 삼았다. 원호(元昊)가 송나라(960~1127) 서북쪽에 서하(西夏·1032~1227)를 세우고 송나라를 침공했다. 이에 송나라는 임복을 대장에 임명해 서하를 토벌하도록 했다. 송나라 군대는 초기 전투에서 연전연승해 서하 군대를 사흘 동안 맹추격했다. 1041년 송군은 호수천 일대 길거리에서 큰 상자를 발견했다. 상자를 여는 순간 100여 마리 비둘기가 하늘로 날아올랐다. 그 비둘기들은 송군이 전개된 하늘 위를 빙빙 돌았다. 비둘기 다리에는 피리가 매달려 있어 바람을 받아 요란한 소리를 냈고, 송군은 피리 소음으로 혼란에 빠졌다. 서하군은 처음 전투에서 거짓으로 패해 송군을 유인했고, 육반산에 매복해 있던 10만 명은 피리 소리가 나는 곳으로 병력을 집중해 송군을 포위한 후, 지휘관 임복을 포함한 1만 3,000명 병력을 거의 전멸시켰다.

서하군은 전투가 끝나고 휴식을 취할 때 비둘기 음악을 듣곤 했다. 비둘기가 날아다닐 때 소리를 낸다는 것을 알았기 때문이다. 그래서 비둘기 꼬리에 대나무로 된 튜브를 매달아 놓고 바람이 튜브 안으로 들어가는 것을 이용해 아름다운 곡조를 듣기도 했다. 비둘기에 매단 피리 소리는 적을 혼란에 빠뜨렸고, 대나무 음악 소리는 전투에 지친 장병들을 위로하는 군악이었다.

■정치·경제 등 다양한 분야서 역할 수행

비둘기는 오늘날 정치·경제 등 다양한 분야에서 활용되고 있다. 정치적으로는 협상을 통한 평화를 원하는 정당이나 집단을 '비둘기파(Doves)', 무력 등을 통해 밀어붙이기식 정복을 원하는 집단을 '매파(Hawks)'라고 한다. 이는 베트남 전쟁 당시 미국에서 전쟁을 더 이상 확대시키지 않고 제한 범위 안에서 해결할 것을 주장한 것에서 유래했다. 최근에는 외교정책에서 평화주의나 온건노선을 주장하는 세력을 뜻하거나, 사상과 행동 따위가 과격하지 않고 온건한 방법을 취하려는 사람을 말하기도 한다.

비둘기는 전쟁 때뿐만 아니라 평상시 비용 절감에도 도움이 됐다. 1982년 1월 록히드사는 잘 훈련된 비둘기 50마리를 보유하고 있었다. 비둘기를 통해 캘리포니아 서쪽 니베일에서 48㎞ 떨어진 산타크루즈 산 속의 펠튼 실험기지까지 마이크로필름에 담은 설계도를 전달했다. 차로 운반하는 것보다 2배 빨랐으며 잘못 전달되거나 잃어버리지 않았다.

요즈음은 스포츠에서도 널리 활용된다. 유럽산 경주용 비둘기는 경주용 말이나 사냥개처럼, 충분한 영양분을 섭취하고 훈련을 받는다. 그리고 생후 10주 후에 신체검사를 받은 후 주변 환경에 익숙해지기를 기다린다. 사육사들은 이 비둘기를 수십 미터 단거리 비행부터 시작해 100m 경주를 할 수 있을 때까지 점차 멀리 날리면서 둥지로 돌아오게 한다. 보통 경주용 비둘기는 벨기에에서 길러지는데 무게는 450g이다. 이 비둘기들은 1분에 180m를 날아갈 수 있는데 13시간을 지속적으로 날 수 있고 급행열차보다 빨리 날아간다.

비둘기가 멀리 날기 위해 조금씩 비행능력을 향상시키듯, 독자들도 본 지면에 등장하는 여러 동물과 함께 리델하트의 간접전략을 조금씩 들여다보길 바란다. 이 여정이 끝날 즈음에는 어느새 전쟁사와 전략에 일가견을 가지게 될 것이다.

24. 송골매와 국가목적 및 군사목표

비둘기 '천적'… 신속명령에 적합 원거리 '전령사'

'전략론'의 저자 바실 헨리 리델하트는 "전략은 정책목표를 달성하기 위한 모든 군사수단을 배분하고 적용시키는 기술"이라고 정의했다. 이를 뒷받침하는 부분이 전략론 제21장 국가목적과 군사목표다. 이른바 정치와 군사, 두 수레바퀴의 관계에 대한 견해를 서술하고 있다.

비둘기 잡던 매는 무인 정찰기 '드론'으로 진화해 군사 및 산업용으로 널리 활용되고 있다.

■ '정치와 전쟁억제' 본질 바로 알아야

리델하트는 "국가는 정책 추구를 위해 전쟁을 수행하며, 전쟁 자체를 위해 전쟁을 하는 것은 아니다. 군사목표는 정치목적을 위한 단순한 수단이므로, 정치목적에 종속돼야 한다"고 말했다. 정치와 군사의 관계다. 여기에서 배울 수 있는 것은 전쟁 억제와 전쟁 수행을 위한 정치가와 군인의 역할 인식이다.

정치가는 전쟁 억제를 위해 군사를 이해해야 하고, 군인은 전쟁 수행을 위해 정치를 이해해야 한다. 아울러 국가 리더는 명확한 전략 개념과 전쟁지휘능력을 구비해야 하고, 군 리더는 정치에 대한 식견과 감각을 갖춰야 한다. 그는 클라우제비츠의 전쟁론에 대한 비판적 시각과 함께, 여러 개념들을 잘못 이해하고 적용하는 것에 경각심을 갖도록 했다. 잘 다듬어지지 않은 절대전쟁 개념이 무제한 총력전으로 제1차 세계대전의 원인과 성격에 많은 영향을 끼쳤으며, 제2차 세계대전으로 연결됐다고 봤다. 올바른 국가목적 달성을 위한 전략은 22장 대전략으로 이어진다.

그리고 21장 끝 부분에 당시 아리비아 반도에서 터키군을 상대로 게릴라전을 펼쳤던 로런스와의 관계를 드러낸다. 리델하트가 브리태니커 백과사전 편집자로서 1929년 판에 로런스의 군사사상을 요약해서 실은 후 두 사람은 친구가 됐다. 리델하트는 로런스 전기를 썼다. 아랍인들이 피 흘리지 않고 승리할 수 있는 방도를 추구한 로런스의 게릴라전에 흥미를 가졌던 것이다.[30] 그 연구 결과는 23장 게릴라전쟁에서 상세하게 서술하고 있다. 당대 전략가들이 서로 서신을 주고받으며 전략을 연구하는 모습에서 경외감을 느낀다.

■ 2차대전 때 영국 '송골매부대' 창설

리델하트는 21장 중간쯤에서 항공력에 의한 간접접근 전략의 효율성을 제시했다. "항공력이 발전하면 적 주력을 전장에서 격멸하기 전에 적의 경제적·정신적 중심에 타격을 가할 수 있다"면서 항공력이 장차 전력의 핵심이 될 것임을 예견했다. 항공력의 신속함으로 볼 때 매는 헬기, 비둘기는 전차에 비유할 수 있다.

전쟁에서 비둘기가 전서(傳書)에 활용되자 상대측에서는 비둘기가 전하는 비밀 내용을 가로채기 위해 매를 훈련시켜 날아가는 비둘기를 잡도록 했다. 제2차 세계대전 당시 독일군이 수백 마리의 비둘기에게 특수훈련을 시켜 영국에 있는 스파

30) 로렌스 프리드먼 글, 이경식 옮김, 『전략의 역사』 제1권, (서울: 비즈니스북스, 2015), p.388.

이들에게 비밀문서를 전달했다. 이에 영국 국내 비밀정보기관 MI5는 '송골매부대'를 창설했다. 매들은 비둘기를 잡아왔고 영국은 비둘기 다리에 매달린 비밀문서를 해독해 국내에 잠입한 스파이들을 제거할 수 있었다.

송골매는 맷과의 사나운 새다. 발톱과 주둥이가 날카로운 갈고리 모양을 하고 있으며 재빠르게 날아서 꿩이나 비둘기 등을 잡아먹는다. 몽골에서는 하얀 송골매 '차간숑홀'을 매우 귀하게 여기는데, 이 새가 칭기즈칸이 어렸을 때 생명을 구해줬기 때문이다.

그가 어릴 때 사냥을 하다가 목이 몹시 말라 샘물을 손으로 떠서 마시려는데 송골매가 날아와 손을 쳐서 세 번이나 못 먹게 했다. 화가 난 그는 송골매를 활로 쏘아 죽인 다음, 다시 샘물을 먹으려 했다. 그때에야 샘물에 독사가 죽어 있는 것을 발견했다. 독이 있는 샘물이기에 송골매가 물을 못 먹게 한 사실을 알고, 칭기즈칸은 송골매를 죽인 것을 많이 후회했다. 이때부터 생명을 구해준 이 새를 귀하게 대했고 후에 몽골 국조(國鳥)로 삼았다. 몽골어 숑홀은 고려어에 차용돼 '송골'이 됐다.

■ 배송 등 일상생활 속 '드론'으로 진화

13세기 대제국을 건설한 몽골군은 신속한 기동력을 자랑했으며 빠른 통신수단으로 송골매를 활용했다. 칭기즈칸은 군의 생명은 신속한 명령수행이라고 믿었다. 영토가 넓어지면서 국제적 통신망이 필요해지자 그는 말과 새를 이용해 예하 지휘관과 연락을 했다. 근거리는 말을 탄 전령이 릴레이식으로 소식을 전했다. 원거리는 길들여 놓은 송골매 다리에 전령통을 매달아 소식을 알렸다. 보안 유지를 위해 잘 알려진 문자보다는 미리 약속된 부호나 기호를 사용했다.

송골매부대는 임진왜란에도 등장한다. 최경회는 의병을 모아 훈련시킨 정예 '골자부대(송골매부대라는 뜻)'를 이끌고 진주성 전투에 참전했다. '골자(骨子)'는 말이나 일의 내용에서 중심 줄기를 이루는 것을 말한다. 현대에 이르러 한국군은 자주군사력 건설을 위해 자체 무기개발에 주력했다. 그중 국내 최초의 정찰용 무인기가

'송골매'다. 드론(drone·무인항공기)은 무선전파 등으로 조종할 수 있는 무인 비행체를 말한다. 처음에는 군사용으로 개발됐다가 최근 항공사진 촬영이나 농약 살포, 원거리 물품 배송 등 다양한 용도로 활용되고 있는 추세다.

매를 군사무기 명칭으로 쓴 경우는 지대공미사일인 호크, 공중조기경보기 호크아이 등이 있다. 고고도 무인정찰기 글로벌 호크가 우리 군에 도입되면 영상정보 수집 범위가 북한 종심으로 더욱 확대될 것이다. 높은 곳에서 국가목적 달성을 위해 적을 지켜보는 매의 예리한 눈 덕분에 리델하트가 말한 전쟁억제의 핵심 전력이 더욱 증강되는 것이다.

25. 판다와 대전략

中 외교특사 판다…'소프트 파워' 일등공신으로

중국을 상징하는 '판다 기념주화'가 한국에서 판매됐다. 풍산 화동양행은 한국 광복 70주년과 중국의 항일전쟁 승리 70주년을 기념해 양국 간의 경제교류 활성화를 염원하며 '판다 기념주화'를 발행한다고 밝혔다.

한가롭게 대나무 잎을 뜯어 먹는 중국 희귀 동물 판다는 국가 대전략의 상징처럼 널리 활용되고 있다.

주화 앞면에는 판다가 여유롭게 대나무 잎을 먹고 있는 모습이 새겨져 있고, 뒷면에는 중국 황제가 하늘에 제사를 올리는 제단인 천단 모습이 새겨져 있다. 이 주화는 중앙아시아와 유럽을 잇는 육상 실크로드와 동남아시아와 유럽 및 아프리카를 연결하는 해상 실크로드인 '일대일로(一帶一路)' 대전략의 상징처럼 느껴진다.

■ 대전략은 평화정착을 추구

전략론 22장은 대전략으로 군사적 승리보다 외교의 중요성을 피력하고 있다. 전략은 일상적으로 '군사전략'을, 대전략은 정치적 요소를 포함한 '국가전략'으로 이해하는 것이 좋다. '전략론'의 저자 바실 헨리 리델하트는 "전쟁의 목적은 보다 나은 평화 상태에 이르는 것으로 전쟁 수행 때 원하는 평화의 최종 모습을 미리 준비해야 한다"고 말했다. 그는 서양 제국의 멸망은 타국의 공격보다는 스스로의 국력 소진에 의한 것이 더 많았다고 진단하고 있다. 천년 제국 동로마제국(330~1453)은 다른 문화도 받아들이는 융합전략으로 오랜 기간 문명의 꽃을 피울 수 있었다. 영국도 16세기에서 19세기까지 해양력을 바탕으로 태양이 지지 않는 나라를 유지했다. 반면 나폴레옹은 19세기 초 유럽 패권 장악을 위한 20년 전쟁을 일으킨 탓으로 스스로 자멸을 초래한 것으로 분석했다. 이러한 교훈은 전쟁으로 인한 국력 소진을 막기 위해 제한전쟁과 평화정착 노력으로 이어졌다.

리델하트는 "패배한 적에게 가혹한 조치를 하는 것은 감정을 악화시킨다. 전쟁은 이성을 역행하므로 이성에 의해 통제돼야 한다"며 "제1차 세계대전 후 승전국들은 베르사유 협정에서 독일에 대해 과도한 전쟁보상금을 요구했다. 이는 피폐해진 독일의 애국심을 고취시켰다. 그 결과 히틀러라는 인물이 나와 독일을 다시금 부강하게 하기 위해 군비를 증강시켰으며, 제2차 세계대전의 또 다른 원인이 됐다"고 했다. 따라서 그는 국제관계에서 평화정착을 위해 대전략 추구가 중요하다고 했다. 오늘날 국제무대에서 여러 동물들이 그 수단으로 널리 활용되고 있다.

■ 판다, 중국 우정의 사절 상징

소프트 파워로서 동물외교는 주로 멸종위기 희귀 동물을 상대국에 외교특사로 보낸다. 판다와 시베리아 호랑이, 일본 원숭이 등이다. 이 중에서 판다는 온몸의 털이 흰색과 검은색으로 음양이 조화돼 많은 사람에게 사랑을 받고 있다. 판다는 야생 생태계에 1,000 마리 이하가 남아 있으며, 중국과 다른 나라 동물원에서 100 마리 정도가 보호를 받고 있다. 귀여운 외모에 멸종위기 동물이라는 특징이 덧붙

여져 중국 정부의 외교 선물로 활용된다. 판다는 곰이나 너구리를 닮았으며, 높이 솟은 대나무에 매달려 입을 오물거리는 귀여운 모습도 보여준다. 서울 석촌 호수에는 판다 조형물 1600개가 설치돼 호응을 받기도 했다.

중국 시진핑 주석이 한국을 국빈 방문했을 때 판다를 선물했는데, 판다는 선물이지만 공짜가 아니다. 희귀 동물 보전을 위해 발효된 1983년 워싱턴 조약 때문에 판다는 최대 10년 임대에 연간 임대료 100만 달러와 별도의 관리 비용이 들어간다.

한국은 한중 수교를 기념해 1994년에도 판다 선물을 받았는데, 외환위기로 달러가 부족해지자 1998년 조기 반납하기도 했다. 미국은 강대국으로 떠오른 중국을 견제하기도 하지만 워싱턴 동물원에서 판다가 새끼를 낳자 국가적 경사로 받아들이기도 했다.

중국이 판다와 함께 국제외교 무대에 본격적으로 등장한 것은 1970년대 초 닉슨 대통령의 데탕트(긴장완화) 외교가 시작되면서였다. 동서 냉전의 해빙 무드는 아시아 국가들의 발전을 지연하거나 가속화하는 계기가 됐다.

■ 데탕트 부메랑… 위기는 기회

제2차 세계대전 이후 공산주의 북풍은 중국 대륙에서 불어와 한반도를 지나 인도차이나 반도까지 휘몰아쳤다. 거센 바람은 1946년부터 북베트남과 남베트남 간에 30년 전쟁의 불씨를 지폈다. 이 베트남전쟁에서 미군은 연 60만 명에 이르는 군사력을 투입하고도 승리를 거두지 못했다.

결국 미국은 참전으로 인한 경제 파탄에서 벗어나기 위해 전쟁에서 발을 뺐다. 남베트남과 아시아 지역에서의 미군 철수는 힘의 공백을 초래했다. 그 결과 1975년 파테트 라오가 라오스를 차지했고, 크메르루주는 캄보디아를 장악해 200만 명의 인명을 살육하는 '킬링필드'의 악명을 남겼다.

그리고 남베트남에 한국군 다음으로 많은 전투병력을 파병했던 태국에서 1971년 군부 쿠데타가 발생했다. 닉슨 독트린 이후 미국의 베트남 개입이 약화되면서 외무장관 타낫이 중국과 소련에 접근하고 사회가 불안하다는 것이 이유였다. 1972년에는 필리핀의 마르코스가 새로운 사회 건설을 내세우면서 계엄령을 선포했다.

한반도에서도 남북은 오랜 적대관계를 청산하려는 제스처를 취했다. 1971년 8월, 6·25 전쟁 이후 첫 남북 접촉으로 판문점에서 적십자사 요원들이 만났다. 다음해에는 7·4 남북공동성명이 발표되고 긴장완화 무드가 조성됐다. 그러나 북한이 노린 것은 주한미군 철수였고, 판문점 아래 땅 밑으로는 남침용 땅굴을 파고 있었다. 북한은 거짓 평화 아래 무력 남침의 발톱을 숨겼던 것이다. 위험함(危)에 기회(機)가 있는 것이 위기다. 한국은 이를 자주국방력을 강화하고 국가발전을 도모하는 계기로 삼았다. 우리도 중국 판다의 경우처럼 튼튼한 안보를 바탕으로 평화를 추구하는 국가 대전략이 더욱 요구된다.

26. 황소와 통일안보 대전략

소떼몰이 방북, 민간 대북교류의 첫 단추로

2015년 8월 15일은 광복 70년이자, 분단 70년이 되는 날이다. 곳곳에 광복 70주년을 기념하는 무궁화와 태극기 물결이 가득하였다. 반면 분단 70주년이기도 해 아픈 상처를 어루만지는 행사도 곳곳에서 열리고 있다. 그럼에도 북한은 여전히 비무장지대에서 목함지뢰 도발을 일으키는 등 한반도를 뿌연 흙먼지로 뒤덮고 있다. 통일안보 대전략의 지혜가 더욱 요구된다.

1998년 6월 고 정주영 현대그룹 명예회장은 소 500마리를 끌고 판문점을 통해 군사분계선을 넘어 그의 고향인 강원도 통천으로 갔다. 당시 휴전선을 넘어간 황소떼는 '핑퐁외교'에 버금가는 통일안보전략의 수단이었다.

■ 대전략은 피 흘리지 않는 통일안보전략

바실 헨리 리델하트의 '전략론' 22장 대전략은 전쟁 중 평화를 대비해야 하고, 적을 궁지에 몰아넣지 말아야 한다고 강조하고 있다. 리델하트는 "현명한 전략가는 승리의 신기루를 좇아 국력을 탕진하지 않는 신중함이 있다. 적의 저항의지를 최소화하기 위해 적에게 퇴로를 열어주고 내려갈 수 있는 사다리를 제공해야 한다"고 했다. 궁지에 몰린 쥐가 고양이를 물지 않도록 해야 한다는 뜻이다. 그리고 "문명국 몰락은 적의 직접공격보다 전쟁으로 인한 국력소모가 내부붕괴로 연결된다. 그러므로 모든 국력을 걸고 전쟁을 치르는 것보다 평화 정착을 위한 예방전쟁을 하는 것이 현명하다. 전쟁 승리를 추구하기보다 분쟁 해결을 위해 상대방을 설득해 교전을 중지하고 휴전을 유도하는 것이 낫다"고 다시 역설했다.

대전략은 군사적 승리보다 외교의 중요성을 피력하고 있다. 그런데 북한은 리델하트의 이러한 개념을 역이용해 오랜 기간 동안 '벼랑 끝 전술'과 '살라미 전술'을 구사하고 있다. 얇게 썰어서 조금씩 먹는 이탈리아식 소시지 '살라미'에서 따온 '살라미 전술'은 협상 과정에서 한 번에 목표를 관철시키는 것이 아니라, 조금씩 순차적으로 목표를 성취해 나가는 전술이다. 한반도 주변을 둘러싼 국제정치에서는 여러 동물들이 외교 수단으로 자주 등장했다.

■ 한반도 동물외교 주역들

한국 조랑말은 가수 '싸이'의 말춤이 되어 세계를 뛰어다니면서 신나게 춤을 췄다. 우리의 전통 말인 과하마(果下馬)와 몽골 말의 교배로 태어났는데, 발 뒤차기가 정교하고 민첩한 특징을 지녔다. 제주 재래마 조랑말 사육은 탐라국 신화에 그 기원이 등장한다. 고려시대 대몽항쟁 이후, 원나라에 의해 군마로 길러지고 조선에 와서는 대명외교의 수단이 되기도 했다. 최근 몽골과 정상외교에서 암수 조랑말 한 쌍을 선물로 받기도 했다.

고려 태조 왕건 25년(942), 거란은 낙타 50마리를 선물했다. 당시 중원을 장악한 거란은 송나라와 교류하는 고려를 회유하려 했다. 그러나 왕건은 거란이 형제국 발해를 멸망시켰다는 이유를 들어 낙타를 개성 만부교에 묶어 두고 굶겨 죽였다. 이것이 빌미가 돼 거란이 침략하자 서희는 탁월한 외교 담판으로 강동 6주를 얻어 고려 영토를 압록강변까지 넓혔다.[31]

31) 〈뉴스 속의 한국사〉 "낙타 수난시대, 1000년 전 고려 때도 있었다?"(조선일보, 2015. 06. 22.)

조선시대에는 코끼리와 원숭이, 양과 물소들이 외교사절 선물로 자주 등장했다. 태종 11년에 일본 국왕이 코끼리를 진상했다는 기록이 조선왕조실록에 나온다. 커다란 코끼리를 선물 받은 뒤 별도로 길렀으나, 1년 뒤 공조판서 이우가 코끼리에게 밟혀 죽자 전라도 외딴 섬으로 유배를 보냈다. 원래 따뜻한 지방에서 살던 코끼리는 추운 날씨에 고생했고, 백성들은 코끼리 사료 마련에 어려움을 겪었다.

역시 조선시대에 일본과 류큐왕국(현 오키나와)에서는 조공무역으로 원숭이 선물을 자주 보내왔다. 실록의 '다시 돌려주라'는 기록은 키우기가 매우 어려웠음을 말한다. 중국에서 선물 받은 양들도 장마 중 습기와 열기를 이기지 못했다. 그리고 조선은 각궁(角弓)의 주원료인 물소 뿔을 얻기 위해 명나라에 물소를 선물로 달라고 요청해 받았으나, 거친 성격 탓에 끝내 조선에서 키울 수가 없었다.

■ 황소 외교로 통일의 물꼬를 트다

KBS 드라마 '징비록'에서는 일본 사신이 조총과 공작새 1쌍을 바치는 장면이 나온다. 류성룡은 선조에게 조총 사용을 권했고, 선조는 조총 위력에 깜짝 놀라 신하들에게 의견을 물었다. 무관 신립은 조총을 장전하는 데 시간이 오래 걸리니 그 전에 자신이 적장에게 다가가 목을 치겠다며 반대 의견을 냈다. 공작새의 화려함 뒤에 숨겨진 조총의 위협을 가볍게 여기고 안일하게 대처한 것이 임진왜란을 초래했다.

한국 현대사에서 황소는 통일안보전략 수단으로 활용됐다. 1998년 6월 고 정주영 현대그룹 명예회장은 소 500마리를 끌고 판문점을 통해 군사분계선을 넘어, 그의 고향인 강원도 통천으로 갔다. 소떼몰이 방북은 한반도 냉전을 깨트리는 역사적 사건이었다. 영국 인디펜던트가 '미국과 중국 간 핑퐁외교가 세계 최초 스포츠 외교였다면, 정 회장의 소떼몰이 방북은 세계 최초의 민간 황소 외교'라고 평가한 것도 그런 이유였다.

4개월 뒤 2차로 북으로 간 501마리 소 떼는 11월 금강산관광으로 연결됐다. 당시 미국이 북한의 금창리 지하 핵시설 의혹을 제기하고, 북한이 8월에 대포동 미사일을 발사하면서 급격히 뜨거워진 한반도 안보 위기는 소 떼 울음소리에 잠시 멈췄다. 2000년 6월 평양에서 열린 남북정상회담에서도 북한은 풍산개 두 마리를 선물했고, 우리 측에선 천연기념물 진돗개 두 마리 '평화'와 '통일'을 보냈다. 그럼에도 불구하고 북한은 핵무기 개발을 은밀히 진행했다. 최근에는 소 떼가 지나간 길에 대인지뢰를 묻어 군사적 도발을 자행했다.

해마다 8월에는 국가총력전 태세를 준비하는 을지연습을 실시했다. 통일을 향한 한반도 신뢰프로세스 추진은 안보가 바탕이 돼야 한다. 느릿느릿 황소걸음으로 한 발짝씩 통일을 향해 나아가자.

27. 낙타와 게릴라전쟁

낙타가 느림보? 사막에서도 시속 20km는 거뜬

수니파 이슬람 무장단체 이슬람국가(IS)는 주요 무대인 이라크와 시리아를 넘어 튀니지와 아프가니스탄까지 세력을 확대하고 있다. 이슬람 천년전쟁의 연장선이라 볼 수 있다. 이들의 전략은 제1차 세계대전 당시 영국군 장교 토머스 에드워드 로런스가 낙타부대를 이끌고 게릴라전으로 터키군에 대항했던 모습을 연상시킨다.

책 『지혜의 일곱 기둥』 저자 토머스 에드워드 로런스는 낙타를 타고 수행했던 게릴라전 경험을 책에 체계적으로 서술했다.

■작전 따라 변하는 게릴라전처럼, 척박한 환경 따라 낙타도 진화

전략론 23장은 게릴라전쟁이다. 바실 헨리 리델하트는 클라우제비츠가 전쟁론 6편 30장 끝에서 말했던 국민전쟁을 구체적 개념으로 더욱 발전시켰다. 그는 전쟁 대비 금언인 '평화를 원하는 자는 전쟁에 대비하라'를 '평화를 원하면 전쟁을 이해

하라'로 소개하면서 '미리 아는 것이 미리 대비하는 것'이라고 해석했다.

그리고 현대전쟁에서 적용된 여러 게릴라전을 소개했다. 마오쩌둥은 대장정이나 장제스 국민당군과의 국공합작으로 일본군과 싸울 때 게릴라전으로 적을 교란시켰다. 그 후 민중의 지지를 얻어 일본군이 패퇴한 힘의 공백을 재빠르게 차지했다. 그 과정에서 미국이 국민당군에게 지원해줬던 무기와 장비는 고스란히 중공군에게 넘어가 6·25전쟁 때 부메랑으로 돌아왔다. 구 유고슬라비아 티토의 크로아티아공산당 저항운동도 게릴라전이 핵심이다.

그는 "핵무기로 게릴라전을 억제하려는 것은 큰 쇠망치를 휘둘러 모기떼를 쫓으려 하는 것처럼 어리석은 일"이라고 했다. 게릴라전은 맞춤식 대응이 효과적임을 잘 표현했다. 미군이 1961년부터 특수전 부대를 대폭 증강시킨 이유도 여기에 있다. 게릴라전은 전쟁 원칙인 집중을 역이용한 분산이다. 우리 쪽은 유리하게, 적에게는 불리하게 작용하는 치고 빠지기다. 게릴라전 형태가 작전환경에 따라 변화하듯 낙타도 생존환경에 따라 적절히 진화했다. 낙타는 중동의 척박한 사막 전장 환경에서 주요 기동수단이었다.

■ 180만 년 전 빙하기 시작되면서, 아프리카·아시아로 간 낙타

낙타는 200만 년 전까지 수천만 년 동안 북아메리카에서만 번성했다. 이 무렵 카리브해의 지각판 이동으로 북아메리카와 남아메리카 대륙이 파나마 쪽에서 육지로 연결됐다. 남쪽의 주머니쥐 등은 북으로, 북쪽의 개와 고양이 등은 남으로 이동했다. 낙타는 주머니가 있는 몸집 큰 포유동물들이 먹이 경쟁에서 뒤지는 것을 보고 떠나기로 했다. 180만 년 전 빙하기가 시작되면서, 낙타는 알래스카 베링해협을 지나 아시아와 아프리카에 도달했다. 이때 단봉낙타는 중동을 거쳐 아프리카로 갔고, 쌍봉낙타는 아시아 초원에 머물렀다. 이들은 물과 먹이가 부족한 사막과 초원의 건조지역을 보금자리로 삼았다.

낙타는 사막 환경 적응을 위해 진화했다. 머리의 경우 눈부신 햇빛이 직접 눈에 닿지 않도록 넓적한 뼈가 눈 둘레를 덮어 햇빛가리개 역할을 한다. 코는 모래바람이 불면 근육을 벌름거려 콧구멍을 닫도록 진화했다. 둘로 갈라진 발굽엔 넓은 가죽 패드가 있어 모래 위를 걷기 좋다. 다리가 긴 것은 뜨거운 지면에서 몸이 떨어지기 위해서다. 털은 수분 증발을 막고 외부의 건조하고 뜨거운 환경을 차단하는 단열재 구실을 한다. 땀 한 방울도 낭비하지 않는다.

낙타는 빨리 달릴 수 있으나 무리해서 달리지는 않는다. 아랍 전사를 태우고 내달릴 때는 시속 20㎞에 이르지만 평소에는 시속 5㎞ 정도로 터덜터덜 걷는다. 등의 혹에 저장된 지방은 비상식량이다. 낙타는 잡식성 동물이며 나뭇잎과 가시 달린 가지를 먹어 그 속 양분과 물을 모두 이용한다. 낮과 밤 온도 차이가 극심한 혹독한 환경을 이겨내는 것도 물과 열을 잘 관리하기 때문이다. 낙타가 환경에 잘 적응한 데 비해 사람들은 서로 다른 종교관과 인식 차이를 쉽게 극복하지 못해 이른바 낙타전쟁이 계속되고 있다.

■ 이슬람, 1만 명 사상자 낸 '낙타전쟁', 수니파·시아파 결별, 현재까지 전쟁

무함마드가 후계자를 남기지 않고 632년 사망한 후 칼리프 추대 문제로 갈등이 빚어진다. 3대 칼리프 우스만이 반대 세력에게 암살되자 4대 칼리프 알리가 등극했다. 그런데 알리는 우스만을 살해한 세력에 대해 미온적 태도를 보였고, 무함마드의 부인이자 우스만을 지지했던 아이샤는 그를 비판했다. 두 세력 간의 알력은 결국 전쟁으로 비화됐다.

656년 6월 중순이었다. 전투는 7일간 지속됐고 1만 명에 이르는 사상자가 생겼다. 이 전투를 낙타전투라 부른다. 알리를 증오한 아이샤가 낙타를 타고 철로 판금해 짠 가마 위에서 군사들을 독려했기 때문이다. 알리가 승리했으나 661년 협상에 불만을 품은 강성 추종자들은 알리를 살해했다. 그 후 680년 무아위야가 사망하자 그의 아들 야지드가 칼리프에 올랐다. 후세인은 야지드에 대항해 카르발라 전투를 벌였다.

이 싸움에서 후세인과 그의 추종자들은 모두 죽고 아들 알리만 겨우 피신해 시아파의 명맥을 이었다. 후세인 묘당이 있는 카르발라가 시아파의 최고 성지가 된

이유다. 카르발라는 바그다드에서 남서쪽으로 100㎞ 정도 떨어져 있으며 유프라테스 강과 접한다. 이후 수니파와 시아파는 완전히 결별했고 오늘날까지 전쟁이 계속되고 있다. 험한 환경에서 고통을 이겨내고, 자신의 삶을 드러내지 않는 낙타의 지혜가 필요하다.

28. 코끼리와 특수전

몸무게 5톤 '충직'의 대명사… 전투지원임무 '톡톡'

이른바 허점을 노려 공격하는 것을 '빨치산 전술'이라고 한다. 빨치산은 러시아어 '파르티잔'에서 유래했으며 '게릴라'를 뜻한다. 게릴라전은 특수전이다. 전략론 곳곳에는 코끼리가 등장한다. 게릴라전 형태가 작전환경에 따라 변화하듯 코끼리도 적절히 진화했다.

베트남 대외항쟁의 상징인 쭝짝과 쭝니 두 자매가 코끼리를 타고 후한의 지배에 저항해 봉기하고 있다.

■ 내부교란은 더 위험

바실 헨리 리델하트의 전략론 23장 전반부는 외부세력과 게릴라전쟁, 후반부는 내부교란의 치명적 제한사항을 서술했다. 리델하트는 "게릴라전쟁이 외부 위협에 대응하는 적절한 전쟁수행 형태였다면, 내부교란은 국가 내의 치명적 위협으로 변질된다. 터키군이 토머스 에드워드 로런스의 아랍 게릴라 부대를 제압하기 위해서는 4평방마일당 1개 진지에 20명, 총 60만 명의 병력이 소요됐다. 가용 병력은 불과 10만 명으로 로렌스의 성공은 종이와 연필로 쉽게 증명할 수 있다"고 했다. 이런 논리는 이라크 전쟁 후 안정화 작전 소요 병력 염출이나 북한 안정화 작전에도 적용된다.

그는 "게릴라전은 현지 주민의 협력이 성공요소다. 그러나 외부 위협에 대응하던 게릴라가 반체제 위협세력으로 변질될 때 더 큰 위험이 뒤따른다"고 했다. 나폴레옹군에 저항한 이베리아 반도 게릴라는 나중에 피로 얼룩진 스페인 혁명(1931~39) 시 내부교란 세력으로 변질됐다. 그리고 제2차 세계대전 시 프랑스를 점령한 독일군도 밀리스라는 프랑스 극우 민병대를 내세워 레지스탕스와 싸우게 했는데, 오늘날 남남갈등 같은 상황을 조장했다.

리델하트는 23장을 마무리하면서 "역사의 경험에서 배워야 한다. 적대세력의 위장된 전쟁에 선견지명을 가지고 대응하는 전략이 필요하다"고 했다. 새삼 전략론을 펼쳐보아야 할 이유다. 그런데 전략론 곳곳에 코끼리가 등장한다. 코끼리는 기원전 알렉산더 대왕의 히다스페스강 전투와 입수스 전투, 한니발의 알프스 횡단 등에서 주력이었다. 현대전에서는 무기와 탄약 운반 등 전투근무지원부대 역할을 했다. 게릴라전 형태가 작전환경에 따라 변화하듯 코끼리도 생존환경에 따라 적절히 진화했다.

■ 코끼리 코는 왜 길어졌을까?

땅 위를 군림하던 공룡이 먹이 부족과 체온 저하로 갑자기 사라지자 2300만 년 전 뭍에서 코끼리가 그 자리를 차지했다. 키 4m에 몸무게 8톤이 넘었던 이 동물은 환경변화를 재빠르게 느끼고 생존을 위해 몸집을 유연하게 줄였다. 큰 덩치를 지탱하는 발바닥은 탄력 있는 가죽패드로 변했고 발가락의 지방질이 몸무게를 분산시켰다.

코끼리의 생존전략 수단은 코와 상아다. 쭉 뻗으면 6m나 되는 코는 윗입술과 코 근육이 확장돼 기다랗게 됐다. 강력한 근육 덩어리인 이 코로 마신 물을 뿜어 내고 풀을 감아 뜯는다. 코끝에 있는 두 개의 콧구멍에는 돌기가 있어 물건을 잡을 수 있다. 상아는 코끼리 엄니다. 위턱 양쪽 두 번째 앞니의 젖니가 어릴 때 빠진 후 한 살이 될 때까지 어른 엄니로 바뀌어 자란다. 땅을 파거나 축축한 모래 속에서 물을 찾아낼 때 이용한다. 사람의 두 팔과 같다. 열대지방에서 생존하려면 체온조절이 필요하다. 그래서 크고 얇은 귀를 펄럭거려 귀 표면과 혈액 온도를 5도 정도 내린다. 촉각이 예민한 귀를 잡고 방향을 조정하거나 지시할 수도 있다. 열량이 낮은 식물을 먹으며 체중조절을 한다. 대개 우기에는 풍성하게 자라는 풀을, 건기에는 나무의 싹과 잎을 먹는다. 덩치에 비해 웬만한 일에는 열을 올리지 않아 심장 뛰는 숫자는 1분에 28번에 불과하다. 한편 여러 코끼리 중 하얀 코끼리(白象)는 불교에서 위용과 덕(德)을 상징한다. 고대 전쟁에서 알프스를 넘고 히다스페스 강을 건너던 코끼리는 베트남전쟁에서는 전투근무지원에 많이 활용됐다.

■ 코끼리, 메콩강 건너고 쯔엉선 산맥 넘다

2015년은 베트남전쟁 종전과 베트남 통일 40주년이 되는 해다. 코끼리도 오랜 전쟁을 끝내는 데 크게 기여했다. 베트남에서 코끼리는 대외항쟁의 상징이기도 하다. 서기 40년 후한(後漢)의 압제에 시달리던 베트남에서 쯩짝과 쯩니 두 자매가 봉기를 주도했다. 코끼리에 올라탄 용감한 자매가 베트남인들의 단결과 잃어버린 땅의 회복을 소리 높여 외치자 사람들이 그 밑으로 구름처럼 몰려들었다. 베트남의 잔 다르크였다.

지나간 베트남전쟁 때 호찌민 루트는 메콩강과 쯔엉선 산맥을 연해 구축돼 전쟁 승리에 결정적 역할을 했다. 이 전쟁에서 코끼리의 활약을 서술한 부분은 다음과 같다. "쯔엉선 산맥의 코끼리들은 주목할 만하다. 코끼리는 수송이나 전투 목적으로 길들여졌다. 프랑스군과 미군에 저항하는 동안 베트남은 물자 수송과 호찌민 루트 건설에 수천 마리의 코끼리를 사용했다. 이 코끼리는 3m 크기에 몸무게 4~5톤가량으로 시속 35~40㎞의 속도를 낼 수 있었다."[32)]

코끼리는 매우 충직한 동물이다. 그들은 무리 중 한 마리가 죽으면 죽은 몸을 코로 들어 올려 옮겨주고 걸을 때 코로 시끄러운 트럼펫 소리를 낸다. 그들은 물을 이용해 매장하는 곳의 흙을 부드럽게 한 다음 다리로 무덤을 판다. 그런 다음 죽은 코끼리를 그 구덩이에 밀어 넣고 흙과 나뭇가지로 덮어준다. 끝으로 무덤 위에 바나나를 심어주는데 바나나가 뿌리를 내릴 때까지 기다린 후 다른 서식지를 찾아 떠난다. 이처럼 코끼리는 게릴라전쟁으로 통일을 이룬 베트남과 오랜 역사를 같이 했다.

32) Hoang Khoi, The Ho Chi Mnh Trail(Ha Noi: The Gioi Publishers, 2002), p.24.

29. 동물폭탄과 북아프리카·중동전쟁

간접접근전략을 실전에 적용해 승리
여러 동물들이 자살폭탄으로 활용

북아프리카와 중동은 여전히 화염에 휩싸여 있다. 이곳은 바실 헨리 리델하트의 전략론을 이스라엘군이 적용한 실전무대이다. 부록에서 간접접근전략에 관한 두 장군의 논문을 소개하고 있다.

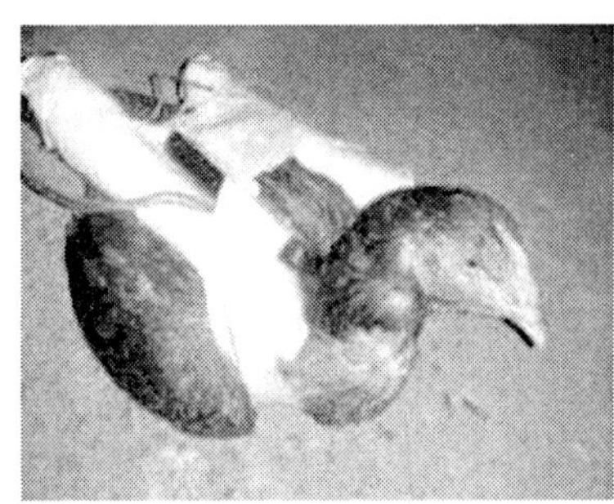

수니파 무장조직(IS)는 정부군 공격 시 암탉의 몸통에 사제 폭탄을 묶어 투입했다.

■ 북아프리카 전역에서의 간접접근전략

바실 헨리 리델하트의 전략론 부록 1은 영국군 에릭 도먼 스미드 장군의 글이다. 그는 1940~1942년 북아프리카 전역에서의 간접접근전략을 분석했다. 여기에서 그동안 몽고메리의 명성에 가려져 있던 영국군 8군의 두 지휘관 오코너와 오친레크의 간접접근전략을 상세히 다뤘다. 먼저 오코너는 이탈리아군을 상대로 사막캠프에 대한 간접접근전략을 구사했다. 1940년 12월 이집트 북서부 시디바라니 전투에서 이탈리아군을 격파했다. 여기에서 영국 제7기갑사단은 이탈리아군 배후로 기동해 증원군을 차단하고 퇴로를 봉쇄했다. 이어 1941년 1월 리비아 북동부 항구도시 토브룩을 점령한 후 맹렬하게 사막을 가로질러 베다 폼에 주둔하던 이탈리아 제10군을 몰아내는 데 앞장섰다.

스미드 장군은 이어서 오친레크의 토브루크에서 효과적인 방어전략을 소개했다. 로멜의 간접접근공격에 대한 사막에서의 바둑판식 방어를 통해 비록 전투에서는 패배했으나 전투력 손실을 최소화 할 수 있었다. 스미드 장군은 1942년 10월 몽고메리 장군의 엘 알라메인 전투 승리는 두 장군의 승리가 바탕이 됐다고 강조했다. 그리고 이러한 승리는 리델하트가 서술한 1부의 결론 2500년 역사에서 도출한 결론(10장)과 1918년 전략(14장) 및 전략과 전술의 진수(20장)에서 단서를 얻었다고 말한다.

에릭 장군은 논문을 마무리하면서 공세적 마음과 정신력을 강조한다. 간접성이란 적의 치명적 약점 중에서 심리적 약점을 찾는 것이다. 그 목적은 적 지휘부 심리를 교란시키고 아군 행동의 자유를 확보하는 것이다. 그는 간접접근 방식이야말로 전쟁에 이기는 확실한 방식임을 강조하면서 글을 마무리했다.

■ 중동전쟁에서의 간접접근전략

이어지는 전략론 부록 2는 아랍과 이스라엘의 1차 중동전쟁 당시 이스라엘군 총참모장 이가엘 야딘 장군의 글이다. 그는 먼저 기습과 목표 등 전쟁원칙을 언급한 다음 간접접근전략 목표를 제시하고 있다. 즉 "적 병참선을 차단하여 물리적 힘을 마비시키고, 퇴로를 차단하여 적 의지를 꺾고 사기를 파괴하는 것이다. 그리고 적 지휘 중심을 타격하고 병참선을 교란하여 지휘부와 예하부대를 절단하는 일이다."고 했다.

그리고 야딘은 "적 병참선 차단과 퇴로 봉쇄는 적 후방 깊숙한 곳이 더욱 효과적이다. 싸움을 시작하기 전에 미리 싸움의 승패를 결정하거나 유리한 조건을 조성하는 것이 중요하다."고 했다. 그는 이를 증명하기 위해 텐 플라그스 작전과 아이인스 작전 등 4개 작전 사례를 제시하고 있다. 텐 플라그스 작전은 1948년 10월 이스라엘군이 이집트군 보급을 차단하고 퇴각로를 봉쇄하면서 적 지휘 중심을 타격했다. 이때 이스라엘군은 이집트군 지휘관으로부터 리델하트의 간접접근전략 책을 전리품으로 획득했다. 이집트군이 뛰어난 전략을 이해했지만 전투 현장에서 활용하지 못한다면 한낱 지식일 뿐이었다.

뒤이어 갈릴리 포위 작전인 히람 작전을 개시해 갈릴리 고지를 점령하고 아랍해방군과 레바논 군을 레바논 영토로 몰아내었다. 그리고 최종 공세 아인작전을 그해 12월 말부터 1949년 1월까지 실시했다. 이 작전은 이스라엘군이 가자 지구 북쪽에서 남으로 공격해 이집트군 병참선을 차단함으로써 1차 중동전쟁을 승리로 이끌었다. 그러나 승리는 전쟁의 끝이 아닌 시작이었다. 아랍과 이스라엘의 갈등은 전쟁과 분쟁으로 이어졌다. 이곳은 첨단 신무기 개발과 시험장이었으며 동물을 폭탄이나 스파이로 활용했다.

■ 닭, 염소, 당나귀 등 동물폭탄

2차대전 때 소련군은 폭발물을 메고 탱크 밑으로 기어들어가도록 훈련된 일명 '가미카제 개'를 독일군 공격에 이용하기도 했다. 이스라엘에 맞서 아랍은 동물을 이용해 게릴라전을 펼쳤다. 레바논 민족저항전선은 당나귀 폭탄을 사용했다. 사막지대가 많은 중동에서는 낙타와 함께 당나귀가 중요한 운송수단이었다. 당나귀는 원래 성지 순례자들의 짐을 실어 날랐다. 그래서 경계심이 덜 한 틈을 타 당나귀가 끄는 수레에 폭탄을 설치했고 이스라엘군 진지에 이르면 폭탄이 터졌다. 이른바 자살폭탄의 시작이었다. 팔레스타인 무장단체 하마스도 가자지구 전투에서 폭탄을 매단 당나귀 몸에 이스라엘 국기를 그려 이스라엘군을 공격하기도 했다.

이라크전쟁 때도 미군은 바그다드 동물원 내 사담 후세인의 아들이 사육하던 사자를 구조하면서 타조도 함께 구조했다. 그런데 바그다드 거리를 뒤뚱거리며 달리는 타조를 미군이 자살폭탄 동물부대로 오인하기도 했다. 최근에는 수니파 무장조직 이슬람국가(IS)가 이라크 팔루자 안팎에서 정부군을 공격하려고 자살 폭탄 치킨을 사용했다. 암탉의 몸통에 사제 폭발물과 원격 조종 장치가 흰색 천으로 꽁꽁

묶여 있다. 이 닭들이 적의 진지에 충분히 접근했을 때 리모컨으로 그 닭에 부착된 폭발물을 터뜨린다는 것이다. 시리아에서는 IS 대원들이 폭발물을 염소 몸통에 고정하고 나서 이 염소를 시리아 북부 코바니 인근에 있는 쿠르드족 부대 인근에 풀어놓기도 했다.

당나귀 폭탄은 아프가니스탄 전쟁에서도 널리 활용됐고 이에 맞서 미군은 동물 로봇 개발에 박차를 가했다. 오늘날 동물 대신 인간이 자살폭탄 수단으로 등장한 현실이 안타깝다. 더구나 군사용 동물 로봇의 특징은 더욱 치명적 무기로 발전돼 무차별적인 인명살상이 우려된다.

30. 전쟁과 무공 군견들

바다와 지뢰밭 등 불구 어느 곳이든 장병과 함께
지구촌 곳곳의 전쟁에서 군견들은 용맹을 떨침

두 번의 세계대전과 베트남전쟁 속에서 군견들은 장병들을 위해 많은 희생을 치러야 했다. 전쟁이 일어나자 사람 다음으로 많은 개들을 징용했다. 장병을 대신해 총알받이가 되기도 하고 폭탄을 맨 채 적진에 뛰어들어 자폭하는 가미카제식 무기로 희생되기도 했다.

군견 니모는 탄손누트 공항 정찰 중 적군 기습으로 한 쪽 눈에 총을 맞고서도 장병들을 지켰다.

■ 1차 세계대전과 스터비, 랙스

1차 세계대전은 1914년 7월부터 1918년 11월까지 4년 3개월간 계속돼 3천 2백만 명의 인명손실이 있었다. 독일군의 무제한 잠수함전으로 미군은 1917년 4월부터 200만 명이 참전했고 수많은 군견들이 함께했다.

스터비는 유기견에서 병장이 된 군견이다. 미국 예일대학교에서 훈련을 받던 테리어 견종의 유기견이었다. 1918년 2월 스터비가 있던 미26사단은 프랑스 최전방에 배치됐다. 스터비는 독가스 공격을 위해 미군 참호에 몰래 들어온 독일군 스파이를 냄새로 찾아내 병사들을 구했다. 스터비는 부상자를 구조하고 위생병을 데려오는 등 많은 공을 세우며 전쟁영웅견이 됐다. 1926년 죽은 후 스미소니언 박물관에 박제로 보존됐다.[33]

군견 랙스는 미 1사단 병사 제임스 도노반이 천더미에서 발견해 누더기(rags)란 뜻의 랙스로 불렸다. 랙스는 최전선에서 후방지휘소까지 전문을 전달하는 전령견이자 화학공격을 탐지하는 화생방정찰견이었다. 1918년 10월 미군의 최종공세인 뫼즈-아르곤전역에서 독일군 가스공격으로 두 눈을 실명하기 전까지 많은 전공을 세우며 전쟁영웅이 됐다.

■ 2차 세계대전과 칩스, 스모키

2차 세계대전은 1939년 9월부터 1945년까지 5년 11개월 동안 진행된 인류 역사상 가장 많은 5천만 명 이상의 사상자가 발생한 참혹한 전쟁이었다. 1941년 12월 일본군의 진주만 기습으로 미군은 다시 참전했고 더욱 훈련된 군견들이 전장에 투입돼 곳곳에서 뛰어난 능력을 발휘했다.

서부 유럽에서 반격여건 조성을 위해 영·미 연합군은 이탈리아에 제2전선을 형성하기로 했다. 따라서 미 제7군 3사단은 1943년 7월 이탈리아 남쪽 시실리섬에 상륙했다. 이때 군견 칩스는 방어하던 이탈리아군 기관총 진지로 뛰어들어 위협을 제거했다. 그리고 공격 중 고립되자 위험을 무릅쓰고 탈출에 성공해 아군에게 구조를 요청해 장병들을 구출하는 공을 세웠다.[34]

태평양에서도 반격에 나선 맥아더의 미 제6군은 1944년 1월 필리핀 루존섬 서

---

33) 김소희, 『모든 개는 다르다』(서울: 페티앙북스, 2010), pp.329-330.

34) 앞의 책, pp.75-125.

북부 링가옌 만 인근에 비행장을 건설하려고 했다. 이때 군견 스모키는 10cm 폭의 굴에 들어가 전화선 연결 임무를 수행해 250명의 장병과 전투기 40대를 구했다. 그런데 스모키는 요크셔테리어 종으로 체고가 18cm에 무게는 고작 1.8kg 정도밖에 나가지 않아 군견이기에는 너무 왜소했으나 영리하게 임무를 수행했다. 그 공로로 8개의 종군 기념 청동상이 세워졌다.

■ 베트남전쟁과 항구적 자유작전 및 니모, 렉스, 트레오

20세기 두 번의 세계전쟁을 치룬 인류는 유엔을 통해 평화를 추구했다. 그러나 동서 이념 대결은 한반도를 잿더미로 만들고 인도차이나 반도를 30년 동안 화염으로 불태웠다. 군견들은 베트남전쟁 정글과 테러와의 전쟁터인 아프간 산악에서 놀라운 용맹을 발휘했다.

애꾸눈 군견 니모는 베트남전쟁에서 용맹을 떨쳤다. 1966년 베트남전쟁 당시 미 공군과 함께 사이공 탄손누트 공항 정찰활동 중 베트콩의 기습 공격을 받았다. 이때 니모는 오른쪽 눈에 총을 맞고도 어깨에 총상을 입은 장병들의 환부를 감싸며 적군의 접근을 제지하며 용감하게 싸웠다. 이후 한쪽 눈으로 1967년까지 임무를 수행한 후 미국으로 귀환했다. 니모는 미 군견 사상최초로 명예전역한 군견이 됐다. 베트남전에 군견 4500마리가 참전했다.

전사한 병사를 끝까지 지킨 렉스는 아프간 산맥을 누볐다. 9·11테러를 응징하기 위한 항구적 자유작전은 급조폭발물(IED)에 고전했다. 1만 9천 종류 폭발물 냄새를 수색·식별하는 탐지견이 나섰다. 미 해병대 소속 더스틴 리 상병과 렉스는 2006년 이라크 안정화작전에 폭발물 탐지 순찰팀에 배치됐다. 그런데 불행히도 더스틴 리는 적대세력에 의해 전사했다. 렉스도 많은 부상을 입었으나 지원군이 올 때까지 더스틴 리를 끝까지 지켰다.

군견 트레오는 탈레반과 맞서 싸웠다. 트레오는 영국군 소속으로 2008년부터 4년 동안 아프가니스탄에서 탈레반에 맞서 숨겨진 폭탄과 무기를 찾아내는 탐지견으로 활약했다. 많은 급조폭발물(IED) 탐색 임무를 성공적으로 수행해 수많은 영국군 목숨을 구한 공로로 디킨 메달과 영국군이 가장 명예롭게 생각하는 훈장인 빅토리아 십자장(Victoria Cross)을 수여받았다.

이처럼 군견들은 수많은 전투현장에서 장병들의 목숨을 지켜왔다. 퇴역 후에는 전쟁참전 전상장병들이 겪는 외상 후 스트레스 장애(PTSD)를 치료하는 심리치료견으로 그 역할을 충실히 하고 있다. 지난해 11월 건군 최초로 진돗개 두 마리 탐지견 파도와 추적견 용필이가 군견으로 양성됐다. 이제 토종 군견들이 한반도 평화와 세계평화 지킴이로 그 용맹을 떨칠 것이다.

Part Ⅱ. 36계에게 묻다

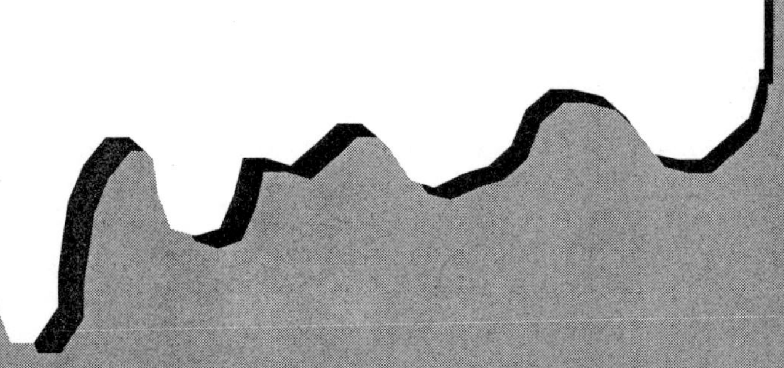

기원전 1250년 경 그리스는 트로이와 10년 전쟁을 트로이 목마로 승리했다. 역사상 최초의 기만술로 이겼다. 처음에 그리스군 아킬레우스는 트로이군 헥토르에게 수세에 몰렸다. 그리스군은 거대한 목마를 남기고 철수하는 기만전술을 폈다. 여기에 속아 넘어간 트로이군은 목마를 성 안으로 들여 놓고 승리 기쁨에 빠졌다. 새벽이 되어 목마 안에 숨어 있던 오디세우스 등이 빠져 나와 성문을 열어 주었고 그리스군이 쳐들어와 트로이성을 함락하였다.

기원전 8세기, 중국 대륙도 군웅들이 혼란과 분열의 춘추전국 시대에 접어들었다. 전장에서 수많은 전투를 통해 전술의 지혜가 모아졌다. 그중에서 36계가 기만술의 으뜸이다. 사자성어로 구성된 처음 두 단어는 상대 눈을 가리는 기만이며 나머지 두 단어가 노림수다.

■ 36계는 동양의 간접접근전술

36계는 전쟁상황에 따라 승전계로부터 패전계까지 6부로 나누어져 있고, 각 부는 6개 전술을 제시하고 있다. 1부 승전계(勝戰計)는 아군이 충분히 승리할 수 있는 형세에 있을 때 적을 압도해 상황을 유리하게 전개하는 전술이다. 만천과해(瞞天過海)부터 성동격서(聲東擊西)까지 주로 기만과 지연전을 다루고 있다.

2부 적전계(敵戰計)는 아군과 적군의 세력이 비슷해 서로 대치한 상황에서 적군을 기묘한 계략으로 미혹해 승리로 이끄는 전술이다. 무중생유(無中生有)로부터 순수견양(順手牽羊)까지 주로 교란전을 이야기하고 있다.

3부 공전계(功戰計)는 자신을 알고 상대방을 파악해 계책을 모의하고 적을 공격하면 백전백승한다고 말한다. 타초경사(打草驚蛇)로부터 금적금왕(擒賊擒王)까지 적을 유인해 공격하는 전술을 다루고 있다.

4부 혼전계(混戰計)는 혼전 중에 승리를 쟁취하기 위해 칼을 다듬고 날을 세워 사용하는 전술이다. 부저추신(釜低抽薪)부터 가도벌괵까지 연합작전 등을 제시한다. 5부 병전계(竝戰計)는 연합전선을 형성하고 있을 때 상황의 변화에 따라 병력을 운용하는 전술이다. 투량환주(偸梁換柱)부터 반객위주(反客爲主)까지 교란과 첩보전을 말한다. 6부 패전계(敗戰計)는 패배 직전까지 몰린 전투에서 기사회생해 승리를 이끌어내는 전술로 미인계(美人計)부터 주위상계(走爲上計)까지 다양한 전술을 다루고 있다.

■ 36계는 경영에도 창조적 지혜 제공

36계를 자세히 들여다보면 음양 조화를 이룬다. 각 전술 홀수는 양(陽)으로 나의 전투력이 적에 비해 상대적으로 우세한 경우다. 짝수는 음(陰)으로 불리한 상황에서 주도권을 잃지 않으려는 노력이다. 전략론이 서양의 간접접근전략이라면 36계는 동양의 간접접근전술이라고 평가할 수 있다.

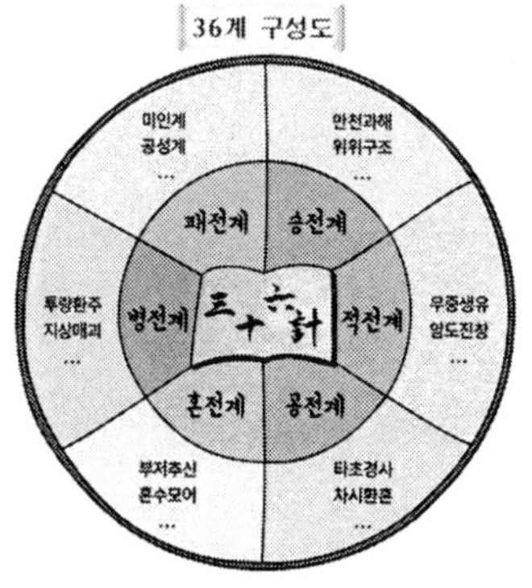

36계는 6부 36계책을 서로 연결해 놓았으며 전장상황에 따라 여러 계를 함께 적용해야 효과가 있다.

첨단무기와 장비로 싸우는 현대전에서 36계가 왜 필요한지 의문을 갖는 독자들도 있을 것이다. 그러나 장차전에서 인공지능(AI) 로봇이 군인을 대신하더라도 결국은 인간의 지혜에 따라 움직인다. 미군은 1973년 베트남전 패배 이후 전쟁론이나 손자병법을 필수과목으로 했고, 36계는 'Hide a Dagger Behind a Smile(미소 뒤 감춘 단검)'로 번역돼 보조교재로 활용하고 있다. 구글이나 스타벅스 등 세계적 기업 경영전략을 36계에 묶어 설명하면서 전쟁 사례를 들고 있다.

이번 「36계에게 묻다」 여정은 많은 전쟁사례를 통해 더 나은 전략적 식견을 갖추고, 당대(唐代) 시인 두보의 시(詩)를 접하면서 문학적 소양도 넓혀나가는 역할을 할 것이다.

Chapter 1

적보다 우세할 때 : 승전계

1. 만천과해와 위장

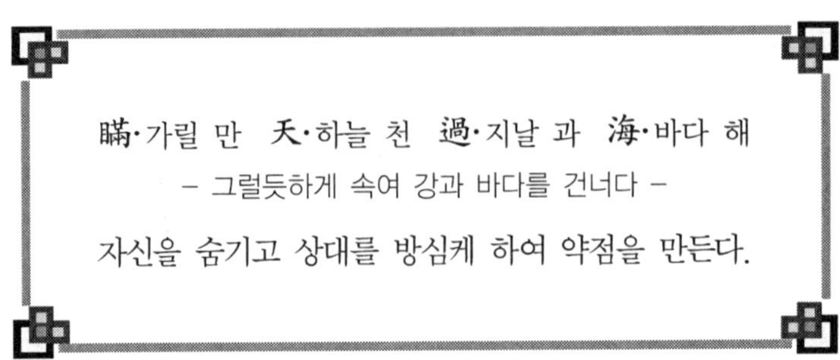

瞞·가릴 만 天·하늘 천 過·지날 과 海·바다 해

– 그럴듯하게 속여 강과 바다를 건너다 –

자신을 숨기고 상대를 방심케 하여 약점을 만든다.

소한이 지나면 추위가 더 매서워진다. 나무들은 생존을 위해 가을에 잎을 떨어뜨리고 앙상한 가지만 남겨 겨울을 지낸다. 국가 존망이 걸려 있는 전쟁에서 이기는 첫걸음은 적을 속이는 데 있다. 36계의 첫 사자성어가 만천과해(瞞天過海)인 까닭이다.

당 대종은 설인귀의 계책에 따라 요하를 건넜으나 고구려 정벌에는 실패했다.

■ 강점을 피하고 약점을 노려라

36계 제1부 승전계(勝戰計)는 아군이 충분히 승리할 수 있는 형세에 있을 때 적을 압도해 상황을 유리하게 전개하는 전술이다. 1계 만천과해(瞞天過海)부터 위위구조(圍魏救趙) 등을 거쳐 6계 성동격서(聲東擊西)로 이어진다. 강유(剛柔)·기정(奇正)·노일(勞逸)·허실(虛實)이 핵심이다.

승리하기 위해서는 상대의 실(實)을 피하고 허(虛)를 이용해야 한다. 이를 위해 나를 믿게 해 상대방의 허점을 노리는 속임수가 필요하다. 1계 만천과해는 '하늘을 가리고 바다를 건너다'라는 뜻이다. 이 성어는 '영락대전'의 '설인귀정요사략'에서 나온 것으로 645년 당태종이 고구려 침략 시 요하를 건널 때의 고사에서 유래됐다. 만(瞞)은 가득 차거나 가린다는 뜻으로서 다른 사람에게 실체를 숨기고 속이는 것이다. 천(天)은 황제나 임금을 뜻한다. 과해(過海)는 바다를 건너거나 지나는 것이다. 만천과해를 줄여 만과(瞞過: 속여서 넘김)라고도 한다. 상대방을 태만에 빠지게 하고 다른 쪽으로는 의심을 가지지 않도록 하여 상대 약점을 만들어 낸다.

경영과 군사전략 참고서인 'Hide a Dagger Behind a Smile(칼을 품은 미소)'에서 만천과해는 6세기 말, 수(隨) 문제(文帝)가 양쯔강 아래 진(陳)나라 공격 시 여러 차례 기만작전으로 진나라군을 방심시킨 후 승리한 사례를 들고 있다. 이러한 기만술은 손빈의 생존과 동물의 위장에서 엿볼 수 있다.

중국 병서 '삼십육계'의 첫 계략
645년 당태종이 고구려 침략 시 요하를 건널 때 고사에서 유래

■ 손빈과 동물의 위장

전국시대(기원전 475~221) 제(齊)나라 군사전략가 손빈은 만천과해로 빛을 발할 수 있었다. 어려서 손빈과 함께 병법을 배웠던 방연(龐涓)이 이웃 위(魏)나라 장수가 됐다. 방연은 자신이 손빈보다 능력이 부족함을 알고 늘 불안했다. 그는 손빈을 위나라로 불러내 제거할 음모를 꾸몄다. 방연은 손빈이 제나라와 내통해 위나라를 위협했다는 누명을 씌우고 무릎 아래를 잘라내 앉은뱅이로 만들었다. 당시 제나라와 위나라는 황하 유역의 패권을 겨룬 적국이었다.

방연은 시자로 하여금 손빈을 감시하도록 했다. 손빈은 돼지우리에서 오물을 먹는 등 미치광이 행세로 방연을 속였다. 시자는 손빈의 처지를 안타깝게 여겨 위나라를 탈출하도록 했다. 마침내 제나라로 탈출한 손빈은 손무(孫武)의 군사사상을 계승해 군사전략을 발전시킬 수 있었다.

인간뿐만 아니라 동물들도 보호색으로 위장해 오랜 세월 동안 생존을 유지해왔다. 여러 동물 중 변신의 귀재는 카멜레온이다. 카멜레온은 '땅 위의 사자'라는 뜻을 가지고 있으며, 주위 색에 따라 몸 색상을 바꾼다. 동물들은 흔히 카멜레온처럼 다른 동물의 공격을 피하고 자신을 보호하려고 주변 환경과 비슷한 색이나 모양으로 바꾼다. 송충이나 메뚜기는 녹색으로 푸른 잎 사이에서 눈에 잘 띄지 않는다. 들꿩은 계절에 따라 털 색깔을 바꾼다. 여름에는 다갈색, 겨울에는 흰색이 된다. 동물의 위장 지혜는 군인들의 위장복으로 진화했다.

적을 속이는 위장복과 위장망의 기만전술은 현재까지 계속

■ 기만과 위장전술 변화

19세기 이전까지 군인들은 적에게 위압감을 주려고 눈에 잘 띄는 화려한 색상의 군복을 착용했다. 그런데 무기 성능이 급격히 발달하면서 자신을 감추기 위해 위장복을 입게 됐다. 제2차 세계대전 중 소련군은 곤충의 위장술을 이용해 폭격당할 위기를 넘겼다. 1941년 8월, 독일군은 레닌그라드를 겹겹이 포위해 지상전을 펼쳤다. 소련군은 어떻게 시설을 위장해 독일 공군의 폭격을 피할 수 있을지 고민에 빠졌다. 이때 한 장군이 나비의 보호색과 위장술을 연구하는 곤충학자 보리스 시반비츠를 추천했다.[35)]

35) 위빙정 글, 정주은 옮김, 『전쟁이야기 속에 숨은 과학을 찾아라』(서울: 21세기 북스, 2014), pp.135-139. 자신을 보호 목적으로 상대방에게 위협을 주기 위해 색깔을 더욱 진하게 하기도 한다. 화려한 색깔의 독사나 전갈 및 거미 등이다. 나비 중에는 공격을 받으면 날개에 줄 모양의 무늬가 생기는 나비도 있다. 색깔뿐만 아니라 모양까지도

시반비츠는 나비 날개 무늬와 색상을 본뜬 위장망 디자인을 제안했다. 즉시 소련군은 나비 보호색 위장망으로 군사 시설물들을 덮었다. 소련군 기지를 공격하려던 독일 폭격기 조종사들은 목표를 찾을 수 없었다. 결국, 독일군 공격은 실패했고 소련군은 반격에 나섰다. 그 후 적을 속이는 위장복과 위장망의 만천과해는 계속됐다.

바꾸어 주변 물체나 다른 동물처럼 위장을 한다. 나뭇잎나비는 나무에 앉으면 마치 나뭇잎처럼 보여서 쉽게 구분이 어렵다. 대벌레는 언뜻 보면 나뭇가지처럼 생겼다.

2. 위위구조와 꾀어 냄

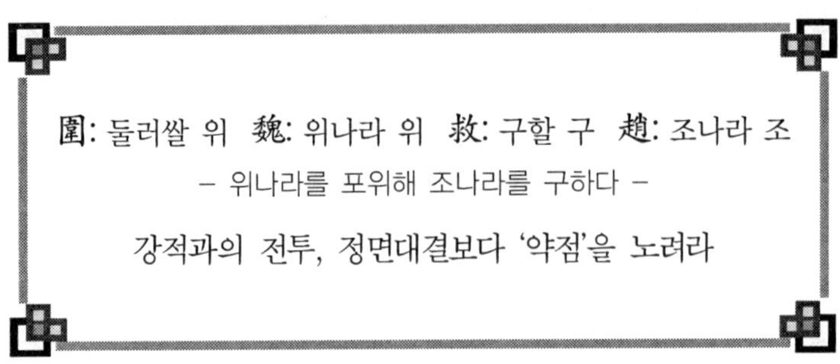

圍: 둘러쌀 위 魏: 위나라 위 救: 구할 구 趙: 조나라 조

– 위나라를 포위해 조나라를 구하다 –

강적과의 전투, 정면대결보다 '약점'을 노려라

2017년 1월 20일 출범한 트럼프 정부의 국방장관 제임스 매티스는 걸프전 당시 7해병여단 1대대장으로 참전했다. 그는 손자병법과 삼십육계까지 달달 외워 마음껏 인용한다고 한다. 걸프전도 위위구조(圍魏救趙) 전략을 적용했다.

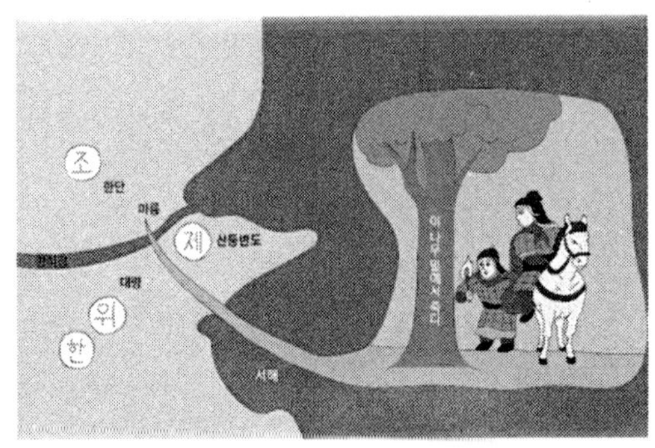

방연은 무모한 정면공격을 하다가 손빈의 유인책에 넘어가 패전했다.

■ 계릉 거미줄에 걸려든 위나라

승전계 2계 위위구조는 '위나라를 포위해 조나라를 구하다'라는 뜻이다. '圍'는 수단이며 '救'는 목적이다. 기원전 4세기 중국은 춘추시대(기원전 770~476)에 이어 전국시대(기원전 475~221)로 한·조·위·제·초·연 사이에 전쟁이 끊이지 않았다. 여러 나라가 황하 유역을 벗어나 중원의 넓은 영토로 뻗어 나가는 시대였다. 위는 황하 이남(수도는 대량, 오늘날 허난성 카이펑: 開封), 조는 황하 북쪽(수도는 오늘날 허베이성 한단: 邯鄲), 제는 산둥반도 일대(수도는 오늘날 산둥성 쯔보: 淄博)에 위치했다. 기원전 353년 위나라가 조나라를 치니 조나라는 제나라에 원조를 요청했다. 조나라 수도 한단은 여러 나라 상인들의 왕래가 잦았고 무슨 물건이든 자유롭게 거래하던 가장 큰 상업도시였다.

제나라는 조나라에 직접 군사를 보내지 않았다. 오히려 위나라 수도 대량을 공격해 계릉전투에서 승리하자 위나라는 조나라에서 철수했다. 제나라군이 대량을 공격한 책략은 조공으로 적을 유인해 위군 주력을 계릉에서 섬멸할 의도였다.『Hide a Dagger Behind a Smile』에서는 위위구조가 아니라 위위구한의 사례를 들었다.

위나라가 조나라를 공격하자
제의 손빈, 협곡에 병사 매복

■ 위위구한(圍魏救韓): 유인격멸 마릉전투

계릉전투 12년 뒤(기원전 341) 위나라와 조나라가 한나라로 쳐들어갔다. 한나라는 급한 사정을 제나라에 알렸고 제나라는 전기를 장수로 삼아 위나라 수도 대량을 향했다. 전기의 군사자문관 손빈은 손자병법 시계편의 '용병은 기만술(詭道·궤도)이며, 할 수 있지만 할 수 없는 것처럼 보이게 해야 한다(能而示之不能 用而示之不用)'와 병세편 '적을 움직이게 하여 기다리기만 하면 된다(以利動之 以卒待之)'는 전술을 적용했다.

위나라 방연은 제나라군을 밤낮없이 추격했다. 손빈은 마릉 협곡 입구에 1만 명을 매복시켰다. 마릉은 조나라와 위나라 중간지점에 있는 곳으로 진입은 용이하나 진출은 어려운 사지(死地)였다. 한 번 걸려들면 살아남기 힘든 지역이었다. 손빈은 큰 나무를 하얗게 깎아 '방연은 이 나무 밑에서 죽는다(龐涓死天此樹之下·방연사요차수지하)'고 적었다.

방연이 밤에 나무 밑에 도착해 이 글을 보려고 부싯돌로 불을 밝히자 제나라 사수들이 일제히 활을 당겼다. 손빈은 마릉에 매복해 있다가, 동문수학한 의형제였으나 중상모략으로 그의 다리를 불구로 만든 철천지원수 방연의 군대를 한 번 싸움으로 섬멸했다. 방연은 자신이 속은 것을 알고 자결했고 손빈의 명성은 천하에 알려졌다.

훗날 역사는 반복됐다. 기원전 231년 진시황이 죽고 초나라 항우와 한나라 유방이 자웅을 겨룰 때였다. 유방의 참모 장량은 개미가 단 것을 좋아하는 습성을 이용해 '항우가 오강에서 스스로 목숨을 끊다(項羽烏江自刎)'라는 글귀를 바위에 만들었다. 전투에서 대패하고 오강을 건너려던 항우 역시 이 글을 보고 자결했다. 위위구조의 유인격멸은 걸프전에서도 재현됐다.

위가 한을 공격하자, 한은 제에 긴급 구원 요청
추격하는 위의 방연군 섬멸시켜

■ 걸프전과 매티스

베트남전에서 패배한 미군은 철저하게 패인을 분석했다. 클라우제비츠의 『전쟁론』과 동양 고전인 『손자병법』, 『36계』 등을 필독서로 선정해 연구했다. 미군은 1991년 걸프전에서 쿠웨이트 수복을 위해 위위구조 전략을 펼쳤다. 다국적군은 방어 준비가 잘된 쿠웨이트 정면을 공격하지 않고 서부 사막지대에서 직접 이라크 남부로 진격했다. 그 후 유프라테스강에 도달한 지점에서 진로를 동쪽으로 바꿔 바스라시를 목표로 삼았다. 그러면서 쿠웨이트를 완전 포위해 이라크 주력을 격멸했다.

걸프전에 참전했던 매티스는 2003년 이라크 전쟁에 해병 제1사단장으로 다시 참전했다. 그는 무려 7,000권을 독파한 독서광으로 세계 전쟁사를 모두 꿰고 있다. 그는 파병 전 부하들에게 도서 목록을 나눠주며 "무기를 잡기 전에 머릿속을 정돈하라"고 했다. 당시 부사단장은 트럼프 정부의 국토안보장관 내정자 존 켈리, 5연대장은 오바마 정부의 합참의장 조셉 던퍼드였다. 전쟁을 아는 강골 무인들이 미국 안팎을 지키고 있다.

3. 차도살인과 모략

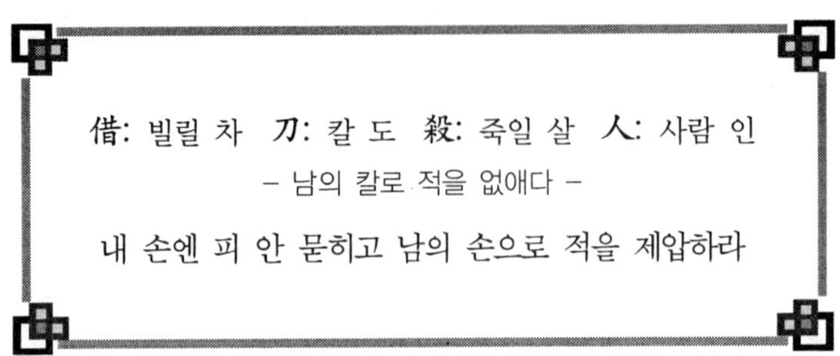

借: 빌릴 차 刀: 칼 도 殺: 죽일 살 人: 사람 인

– 남의 칼로 적을 없애다 –

내 손엔 피 안 묻히고 남의 손으로 적을 제압하라

제2차 세계대전 초 소련군이 독일군에게 3개월 만에 모스크바를 내준 까닭은 무엇일까? 스탈린이 히틀러의 모략에 속아 군사전략가 투하첸스키를 스파이 혐의로 처형해 버렸기 때문이다. 이른바 차도살인(借刀殺人)계였다.

진(晋)나라 군은 호랑이 가죽으로 진(秦)·채(蔡)나라 군을 물리쳤고, 김유신은 소 허리에 매단 북으로 고구려 군을 속였다.

■ 남의 칼로 적을 없애다

승전계 3계 차도살인은 '남의 칼을 빌려(借力) 적을 제거(殺人)한다'라는 뜻이다. 借는 사람(人)이 남의 힘이나 돈을 빌리는 것을, 刀는 칼과 함께 병력·장비·물자를 말한다.[36]

36) 김종환, 『책략』(서울: 신서원, 2000), pp.647-648

殺은 '도구'인 수(殳)와 '지네' 따위 동물을 뜻하는 글자로 '죽이다·없애다'란 뜻으로 쓰인다. 人은 병력과 전투의지다. 남의 손을 통해 내가 목적한 상대방을 없애는 간접접근전술이다.

借刀는 『병경백자(兵經百字)』의 79번째 차(借·이용하기)에서 인용됐다. 여기에 '借法乃巧 蓋艱於力 則借敵之力 難於誅 則借敵之刀'가 있다. 대체로 힘에 있어서 곤란함이 있으면 적의 힘을 이용하고, 죽이는 데 어려움이 있으면 적의 병기를 이용하라는 뜻이다. 이 병서는 명말청초 게훤(1613~1695)이 저술했다. 그는 그물을 짜 천하를 가두어 적과 싸워 이기는 모든 전쟁 기술을 100개 글자로 표현했다. 상권 지부(智部)는 모(謀)·계(計) 등 책략을 세우는 28개 방법을, 중권 법부(法部)는 장(將)·연(練) 등 군대 지휘 44개 방법을 서술했다. 하권 연부(衍部)는 차(借)·공(空) 등 병법을 사용하는 28개 술책과 교전방법이다.[37)]

『칼을 품은 미소』는 적을 직접 공격하는 것보다 제3자의 역량을 이용하는 것이 자원이 덜 요구되는 효과적 수단이라고 했다. 고대 전쟁에서는 호랑이 가죽이나 소 힘을 빌린 차도살인으로 승리한 사례가 있었다.

■ 호랑이 가죽(虎皮)과 소북(牛鼓)을 빌리다

중국 춘추시대에 오늘날 시안의 진(晋)나라와 양쯔강 상류 초(楚)나라가 패권 장악을 위해 힘겨루기를 했다. 기원전 632년 진(晋)나라 장수 서신은 말머리에 호랑이 가죽을 씌워 초나라를 지원하던 진(秦)과 채(蔡)나라 군을 공격했다. 적은 공포심으로 쉽게 무너졌다. 초나라 연합군의 측면이 무너지자 진(晋)나라 장수 난지는 초나라 주력을 유인하기 위해, 전차에 나뭇가지를 매달고 많은 먼지를 일으키며 후방으로 이동했다. 초나라군이 진(晋)나라군을 추격하자 진(晋)나라 장수 원진이 초나라군 측면을 공격해 크게 승리했다.

다른 차도살인 사례는 삼국시대에도 있었다. 신라 김유신은 삼국통일전쟁 당시 고구려군을 기만하기 위해 소를 이용했다. 662년 나당연합군이 평양성을 공격하

37) 게훤 저·김명환 역, 『병경백자』(서울: 글항아리, 2014), pp.188–189

던 중 식량이 부족하자 김유신은 식량을 구해 돌아왔다. 이때 고구려군은 김유신 복귀로를 차단했다. 김유신은 병력이 열세했지만, 고구려군에게 전투력이 강함을 알리려는 기만책을 강구했다. 식량을 운반하던 소 허리에 북을 묶고 꼬리에는 북채를 매달아 소가 움직이면 북소리가 나도록 했다. 그리고 숙영지에 풀과 장작을 쌓아놓고 불을 질러 연기가 가득하게 했다. 고구려군은 신라군의 규모가 큰 것으로 여겨 공격을 주저했다. 김유신은 밤을 틈타 병력을 이끌고 임진강을 무사히 건넜다.

김유신이 소 허리에 북을 매달아 고구려군을 제압한 지혜는 훗날 삼국통일의 원동력이 됐다. 이처럼 고대 명장들은 호랑이나 소의 힘을 빌려 승리를 얻었으나 스탈린은 오히려 히틀러의 거짓에 속아 유능한 지휘관을 잃고 말았다.

히틀러, 스탈린에 거짓 정보 흘려 전략가 투하첸스키 숙청시키게 해
소련군 전투력 급속하게 무너져 3개월 만에 손쉽게 모스크바 점령

■ 히틀러, 차도살인으로 적 지휘관 제거

1941년 독소전쟁 개전 초기에 소련군은 독일군에 처절하게 패배했다. 가장 큰 이유는 스탈린이 명망 있는 소련군 고위 장교들을 숙청했기 때문이다. 1936년 겨울 히틀러는 투하첸스키 원수를 제거할 계획을 세웠다. 장차 서유럽 공격 때 스탈린의 신뢰를 얻어 독일 배후를 편안하게 하고 소련 침공 시 유능한 지휘관을 미리 제거하기 위함이었다.

히틀러는 정보부의 하이드리히에게 투하첸스키와 그의 동료들이 독일 장교들과 주고받은 편지를 위조하도록 했다. 편지에는 투하첸스키의 쿠데타 계획이 독일군의 지지를 받고 있으며 독일 지원을 요청한다는 내용이 담겨 있었다. 그리고 이들이 국가 기밀을 독일에 넘기고 그 대가를 받았다는 내용도 포함됐다. 이 거짓 정보는 독일 내 소련 정보원에게 넘겨졌고 스탈린은 이들을 반역죄로 처형해 버렸

다. 결국, 소련군의 전투력은 급속하게 약화됐고 독일군 침공에 속수무책으로 무너졌다.

4. 이일대로와 협상

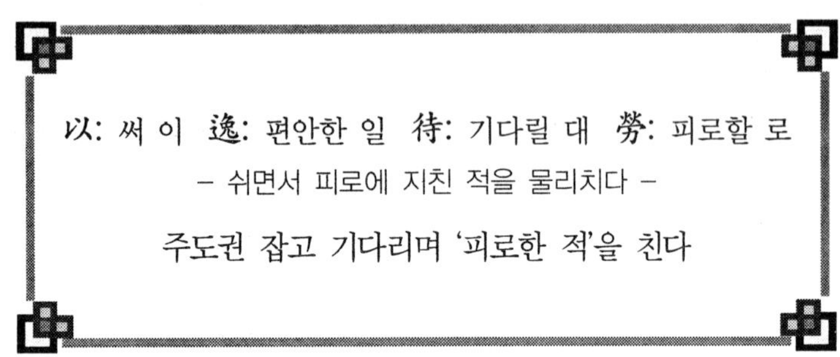

以: 써 이 逸: 편안한 일 待: 기다릴 대 勞: 피로할 로

– 쉬면서 피로에 지친 적을 물리치다 –

주도권 잡고 기다리며 '피로한 적'을 친다

국제사회는 북한 핵 제재의 고삐를 다시 죄고 있다. 중국의 북핵 담당 우다웨이(武大偉) 한반도사무특별대표는 우리 측 대표단에게 북핵 문제를 보는 중국의 입장을 '이일대로(以逸待勞)'라 했다. 이처럼 36계는 국제정치에서도 인용되고 있다.

■ 적을 지치게 만든 다음 공격

승전계 4계 이일대로는 '쉬면서(以逸) 적군이 지칠 때를 기다려서(待勞) 친다'는 뜻이다. 적을 곤경에 빠뜨리고 곤란한 상황으로 몰아넣기 위해서 반드시 먼저 공격할 필요는 없다. 편안하게 휴식을 취해 전력을 비축하고 나서 피로해진 적을 상대하면 된다. 待는 무작정 기다리는 것보다 적극적으로 주도권을 장악한다는 의미다.

이 계는 『손자병법』 군쟁편 '以治待亂 以靜待譁 此治心者也 以近待遠 以佚待勞 以飽待飢 此治力者也(이치대란 이정대화 차치심자야 이근대원 이일대로 이포대기 차치력자야)'에서 유래됐다. '엄정한 다스림으로 혼란스러움을 대하고, 고요함으로 시끄러움을 대하는데 이것은 마음을 다스린다. 가까운 곳에서 먼 곳을 대하고 쉬면서 피곤함을 대하며 배불리 먹고 굶주린 자를 대한다. 이로써 힘을 다스리는 것이다'라는 뜻이다. 佚과 逸은 '편안하다'는 뜻으로 같이 쓰인다.

손빈의 역습 '마릉전투' 손빈의 제나라군 솥 줄이며 철수
추격하던 魏 방연에 '최후의 일격'

『칼을 품은 미소』는 기원전 342년 마릉전투에서 손빈이 방연을 유인 격멸한 사례를 든다. 손빈은 철수하는 것처럼 가장해 방연이 제나라군을 가볍게 여기도록 하면서 그를 마릉으로 유인했다. 위나라 방연은 제나라 손빈에게 12년 전 계릉전투에서도 졌었다.

또한, 첫날은 밥 짓는 솥을 10만 개, 둘째 날은 5만 개, 셋째 날은 3만 개로 줄이면서 군사력이 급격히 감소하는 것처럼 보이도록 했다. 방연 군은 밤낮없이 추격하느라 지쳤고, 손빈 군은 마릉계곡에서 매복하면서 충분한 휴식으로 전투력을 보존했다. 결국, 방연은 손빈의 역습으로 최후를 맞았다. 이일대로 전술은 군사뿐만 아니라 국제정치 협상용으로도 사용됐다.

남·북 베트남 '테이블 전쟁' 테이블 위치 정하는 데만 9개월
북베트남 미군 철수 물고 늘어져

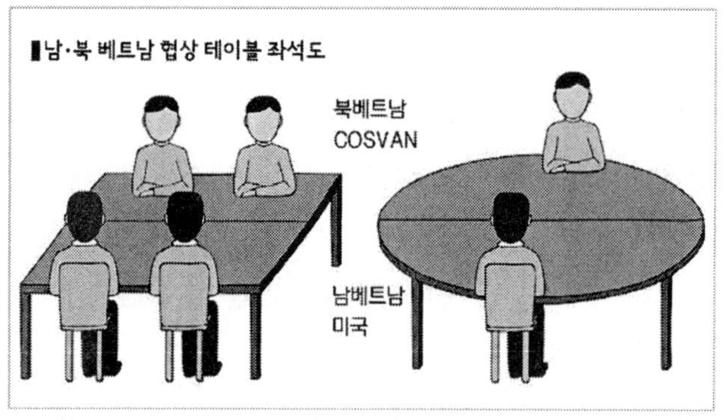

베트남전쟁 종식을 위한 평화협상은 미군철수를 노린 테이블전쟁이었다.

■테이블 전쟁 파리평화협상

제2차 세계대전 후 분단된 남북 베트남의 전쟁이 시작됐다. 1964년 미군이 참전하면서 국제전으로 확대됐고 종전까지 전쟁과 평화협상이 반복됐다. 1968년 5월 미국과 북베트남의 첫 협상이 개시됐지만, 회담 진전은 매우 부진했다. 회담 대표들이 협상 테이블 위치와 형태 합의에 이르는 데 장장 9개월이나 소요됐다. 북측과 남측은 대표단이 이용하는 책상의 형태를 둘러싸고 논쟁을 반복했다.

북측은 남베트남민족해방전선을 포함한 모든 대표가 평등하게 협상할 수 있도록 원형 테이블을 사용하자고 주장했고, 남쪽은 직사각형 테이블을 고집했다. 결국, 북베트남과 남베트남 정부 대표는 원형 테이블에 앉고, 다른 대표들은 원형 테이블 주변에 배치된 사각형 테이블에 앉아 협상을 진행했다. 테이블 전쟁은 1973년 1월 27일 파리평화협정 조인까지 8년 8개월 동안 계속됐다. 북베트남의 협상전략은 미군 철수를 집요하게 물고 늘어진 이일대로였다. 협상 테이블이 곧 전쟁터였다. 이 전술은 태평양을 건너 캠프 데이비드 산장으로 갔다.

캠프 데이비드 평화협정 카터가 이끌어낸 13일의 중재
이스라엘·이집트 간 분쟁 종식

■캠프 데이비드 산장의 13일

베트남에서 겨우 발을 뺀 미국은 중동 분쟁의 수렁에 다시 빠졌다. 이스라엘과 아랍의 30년 증오를 종식하기 위한 첫걸음이 1978년 9월 17일 캠프 데이비드 평화협정이다. 카터 대통령의 중재로 이집트 사다트 대통령과 이스라엘 베긴 총리의 회담이 시작됐다. 이때 카터의 숨은 계략이 있었다. 워싱턴으로부터 100여 ㎞ 떨어진 산장은 바깥세상과 완전히 격리됐다.

카터는 사다트와 베긴의 중재자로서 조용하고 평화스러운 분위기 조성에 힘썼다. 미국 입장을 얘기하기보다는 두 사람의 의견을 듣고 상대방이 받아들일 때까지 조율했다. 넓은 별장에 자전거 2대만 배치하고 거의 24시간 동안 영사기가 돌려졌다. 공식 회담보다는 아침 산책을 같이하거나 알리와 스핑크스의 복싱 경기를 함께 봤다. 산장 인근 게티즈버그 나들이 길에는 링컨과 남북전쟁 이야기를 하면서 마음을 서로 털어놓을 때까지 기다렸다.[38)]

회담이 결렬 위기에 이르자 세 사람이 같이 찍은 사진에 사다트 손자·손녀의 이름을 적어 놓아 인간적 친밀감을 느끼도록 했다. 이 사실은 카터가 틈틈이 써둔 검은색 일기장 18권에 고스란히 남아 있었다. 중동 평화를 위한 산장의 13일은 평화조약 체결을 위한 이일대로였다.

38) 지미 카터, 중앙일보 논설위원실 역, 『카터 회고록』(하), (서울: 중앙일보사, 1983), pp.7-97.
지미 카터, 박정화 편집, 『마더 릴리언의 위대한 선물』(서울: 에버리치홀딩스, 2011), pp.262-267.

5. 진화타겁과 화공

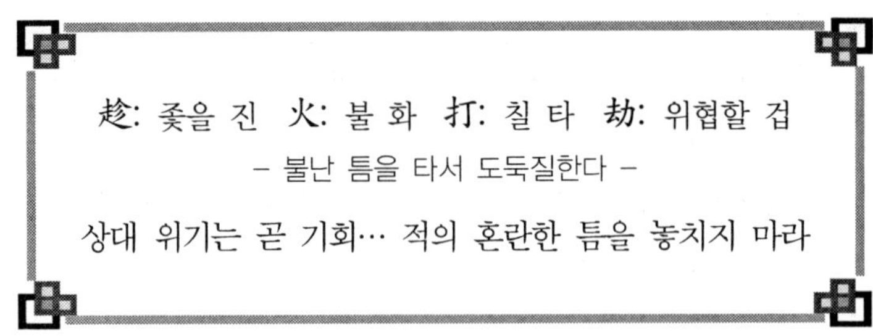

趁: 좇을 진 **火**: 불 화 **打**: 칠 타 **劫**: 위협할 겁

– 불난 틈을 타서 도둑질한다 –

상대 위기는 곧 기회… 적의 혼란한 틈을 놓치지 마라

정월대보름 날 활활 타오르는 들불 축제는 희망을 기원하지만, 반면 잠깐만 방심하면 초가삼간을 태우기도 한다. 불은 희망과 열정, 재앙과 공포의 속성을 모두 지녔다.

태평양전쟁에서 이오지마 동굴에 숨어있는 일본군을 향해 미군이 화공을 펼치는 모습

■ 불난 틈에 공격하다

승전계 5계 진화타겁은 불난 틈을 타서(趁火) 도둑질한다(打劫)는 뜻이다. 적 위기를 최대한 이용해 공격하는 전술이다. 趁은 틈을 타거나 편승하는 것이며 火는 적의 곤란함과 번거로움이다. 打는 동작을 劫은 위협하거나 빼앗는 것을 말한다.

이 계는 손자병법 시계편에서 유래됐다. 원문은 '利而誘之 亂而取之 實而備之 强而避之(이이유지 난이취지 실이비지 강이피지)'다. 적이 이로움을 탐하면 이로움을 보여줘 꾀어내고, 적이 어지러우면 이를 틈타서 취하고, 적이 충실하면 공격하지 말고 대비하며, 적이 강하면 피하라는 것이다. 자신의 힘을 사용하지 않고 다른 힘을 빌리는 차도살인(借刀殺人)과 달리, 상대를 무력화시키면서 자신의 세를 이용해 승리를 얻는다.

『칼을 품은 미소』는 와신상담(臥薪嘗膽)으로 유명한 오나라와 월나라의 전쟁 사례를 들었다. 오나라는 양쯔강 하류 상하이 일대, 월나라는 남쪽 사오싱시에 있었는데 원수처럼 지냈다. 기원전 498년 오왕 부차에게 패한 월왕 구천은 3년 동안 부차의 말을 사육하는 모욕을 견뎠다. 구천은 풀려 난 후에도 부차에게 금과 미녀를 보내면서 한편으로는 군사력을 증강했다. 기원전 482년 오나라는 제나라와 오랜 전쟁을 치러 국력이 약해지고 심한 가뭄이 들었다. 월왕 구천은 이 기회를 놓치지 않고 오나라를 멸망에 이르게 했다.

오·월 이야기는 손자병법 구지편 '오월동주(吳越同舟)'로 이어진다. 원문은 '夫越人與吳人 相惡也 當其同舟而濟 而遇風 其相救也 如左右手(부월인여오인 상오야 당기동주이제 이우풍 기상구야 여좌우수)'다. '월나라 사람과 오나라 사람이 서로 미워하지만 같은 배를 타고 건너갈 때 폭풍을 만나면 좌우의 손처럼 서로 돕는다'라는 뜻이다. 진화타겁의 불은 위기나 재난을 비유하는 뜻으로 쓰였으나 전쟁에서 불은 직접적인 공격수단으로 사용되어 왔다.

오왕 부차에게 패한 월왕 구천
모욕 견디며 와신상담 힘 길러
심한 가뭄 든 오나라 급습 승리

■ 화공전술 발전

전국시대 말인 기원전 284년 오늘날 요동 지역에 있던 연(燕)나라는 산둥반도 일대의 제(齊)나라를 침공해 대부분의 성을 점령했다. 제나라 장수 전단(田單)은 역습을 준비하면서 백성들로부터 소 1,000여 마리를 징발했다. 전단은 붉은 천에 용 그림을 그려 소등에 입혔다. 그리고 날카로운 칼을 뿔에 매단 뒤 소꼬리에는 기름에 적신 삼과 갈대를 묶었다. 병사들 얼굴에는 위장을 하고 성벽에는 여러 개의 구멍을 동시에 뚫을 수 있도록 준비했다. 어린아이와 늙은이들에게는 놋쇠나 꽹과리 등 소리를 낼 수 있는 물건들을 휴대시켰다.

밤이 되자 전단은 성벽에 커다란 구멍을 뚫고 소꼬리에 불을 붙여 그 구멍으로 소들을 들여보냈다. 꼬리에 불이 붙은 소들은 뜨거워서 미친 듯이 연나라 방어진지로 내달았고 제나라군은 그 뒤를 뒤따랐다. 동시에 어린이와 늙은이들은 한꺼번에 놋쇠와 꽹과리를 쳐 요란한 소리를 냈다. 방심하고 있던 연나라군은 순식간에 혼란에 빠져 지휘계통이 마비됐고, 병사들은 소의 뿔에 매달린 날카로운 칼에 찔려 죽고 소 발바닥에 밟혀 죽었다. 이른바 '화우지계(火牛之計)'다.

불을 이용한 공격은 신라 시대에도 있었다. 서기 512년 신라 장군 이사부는 우산국을 공격하면서 나무를 깎아 만든 커다란 사자 입에 불을 붙이고 화살을 쏘았다. 우산국(于山國·현 울릉도) 사람들은 혼비백산해 신라에 복속되고 말았다.

오랜 세월이 지나 19세기 중엽 석유가 발견되면서 전쟁터에서 가공할 화공 전술로 발전했다. 제2차 세계대전 때 퍼시 호바트 장군이 처칠 전차를 개조해 만든 크로커다일 전차들은 75㎜ 전차포 외에 전방 운전병 해치 옆 경사 장갑판 위에 화염방사기를 장착했다. 이 전차는 장갑 연료 트레일러를 끌고 다녔는데 노르망디 상륙작전을 성공으로 이끄는 데 크게 기여했다. 1945년 태평양전쟁의 막바지 이오지마 전투에서 동굴의 일본군을 향해 화염방사기에서 내뿜는 화염은 지옥불이었다. 진화타겁의 요점은 내분을 조심하라는 것이다. 이 교훈을 잊고 서로 다툴 때 자신의 몸에 불이 붙어 태워지는 인화소신(引火燒身)이 될 수 있다.

6. 성동격서와 기만

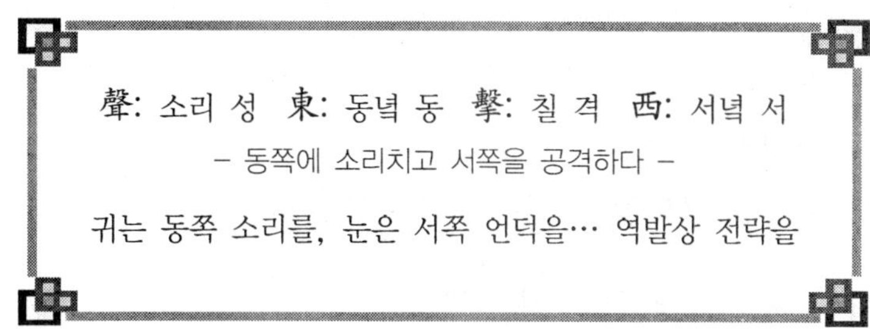
聲: 소리 성　東: 동녘 동　擊: 칠 격　西: 서녘 서
- 동쪽에 소리치고 서쪽을 공격하다 -
귀는 동쪽 소리를, 눈은 서쪽 언덕을… 역발상 전략을

우수(雨水)는 눈이 녹아 비가 되는 날이다. 이때 얼음 깨지는 소리에 놀라 언덕이 무너지는 것을 보지 못할 수 있다. 귀는 동쪽 소리를 듣고 눈으로는 서쪽 언덕을 눈여겨보아야 한다.

■동쪽으로 공격하는 듯 서쪽으로 공격

승전계 6계 성동격서는 동쪽에 소리치고(聲東) 서쪽을 공격(擊西)한다는 뜻이다. 적을 교란하기 위해 동쪽에서 싸울 뜻이 있는 것처럼 하다가 실제로는 서쪽에서 공격한다는 의미다. 聲은 악기를 손으로 쳐서 귀로 들을 수 있는 소리를 뜻한다. 東은 알곡을 가득 담아 양 끝을 묶어 놓은 자루 모양을 형상화한 글자로 본뜻은 자루다. 擊은 다양한 수단을 손으로 던지는 행위다. 西는 대바구니를 엮은 바구니 모양을 그렸다.

성동격서는 동서고금을 막론하고 전쟁에서 가장 많이 활용되므로 출처도 다양하다. 이 계는 당나라 재상 두우의 『통전(通典)』 병육(兵六)에 나오는 '말로는 동쪽을 공격하고 실제로는 서쪽을 공격한다(聲言擊東 其實擊西)'에서 유래됐다. 명나라 초 유기의 『백전기략』 81번째 성전(聲戰)에도 나온다. '전쟁에 있어 聲이라 함은 허장성세를 의미한다. 동쪽을 공격하는 듯이 하면서 서쪽을 공격하고(聲東擊西), 이쪽을 공격하는 듯하면서 저쪽을 공격해, 적으로 하여금 도무지 어느 곳을 방어해야 할지 모르게 만들어야 한다. 이렇게 하면 아군이 공격하고자 하는 지점은 적이 미처 수비하지 못하는 곳이 될 것이다'라고 했다.

명말청초 게훤은 『병경백자(兵經百字)』 84번째 聲(소리 이용하기)에서 구체적 활용 방법을 말했다. '적이 밤중에 병영 밖에서 자고 있을 때 멀리서 횃불과 북소리로 적을 속이고 실제로는 징과 포격으로 적을 압박한다. 적 전방과 퇴로를 억압하고 좌우 양쪽 길에 병사를 매복시켜 적으로 하여금 달아나게 하고서 그들을 섬멸하는 것이다.' 이를 잘 구현했던 사례가 관도전투다.

■ 여러 계로 조조군 관도전투 승리

『칼을 품은 미소』는 후한 말(200년) 조조와 원소의 관도전투 사례를 들었다. 조조는 삼십육계가 나오기 오래전에 36계의 여러 계책을 사용했다. 한 왕조 쇠퇴 후 원소와 조조가 중원의 패권을 차지하려고 황하 관도 일대에서 대결했다. 원소의 10만 대군은 본거지인 업성(鄴城)에서 남하해 여양에 도착했다. 원소군 선봉 안양은 황하를 건너 조조의 전진 기지인 백마성을 공격했다.

이에 조조는 하남 북부 관도에 주력을 두고 연진에서 황하를 도하하는 것처럼 꾸몄다. 만천과해다. 원소가 이에 속아 연진을 공격하자 조조는 이 틈을 타 백마성을 포위한 안양군을 격멸했다. 조조군이 다시 백마에서 연진으로 패한 것처럼 철수하자 이를 뒤쫓던 원소군은 기습을 당해 큰 피해를 봤다. 이일대로다.

다시 원소 주력이 관도의 조조군을 향해 총공세를 펼쳤다. 조조군 5,000명은 밤을 틈타 원소군 보급기지 오소를 기습해 군량미를 모두 불태워 버렸다. 진화다겁이다. 사기가 저하된 원소군은 관도 전투에서 7만 명을 잃었다. 기만과 기습 및 양동 작전이 어우러진 성동격서였다. 조조는 7년 동안 원소 잔여 세력을 멸하고 중국 북방을 통일했다.

■ 승전계로 남산을 공격

지금까지 1부 승전계를 알아보았다. 독자들이 한 번에 6계 모두를 기억하기는 어렵다. 따라서 각각의 계를 가상현실(VR) 속에서 한 장면으로 그려보자.

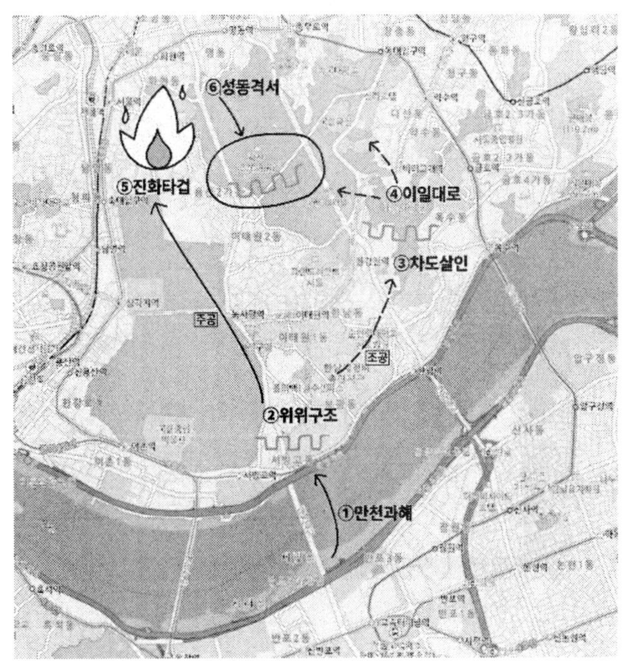

승전계는 한강 이남에서 남산으로 공격하는 모습을 연상하면 된다.

남산 팔각정 일대에 적 1개 대대 규모가 방어하고 있다. 이를 목표로 1개 연대가 반포한강공원 남단에서 공격을 개시한다. 주공은 반포대교에서 녹사평역 방향이며 조공은 우측 매봉산을 향한다. 먼저 1계 만천과해로 주공은 도하 수단을 이용해 한강을 건너간다. 이때 주공이 한강 대안상 적의 강력한 방어로 한남동 일대에서 진출이 지연된다. 그러자 조공이 투입돼 주공을 돕는 2계 위위구조, 3계 차도살인으로 조공 목표 매봉산을 공격함으로써 주공 방향을 기만한다.

조공이 동쪽에 있는 국립극장 방향으로 공격을 계속해 방어부대를 피로하게 만드는 것은 4계 이일대로다. 이때 주공 일부는 5계 진화타겁으로 남산도서관 일대에 화공을 펼침으로써 방자의 시선을 끌어 기만한다. 이 틈에 주공은 6계 성동격서로 팔각정 서쪽 능선으로 신속하게 공격해 최종 목표 남산을 점령한다. 각각의 계를 전장 상황에 따라 상호 연결하면서 목표를 탈취할 수 있다.

Chapter 2

적과 비슷할 때 : 적전계

7. 무중생유와 게릴라전

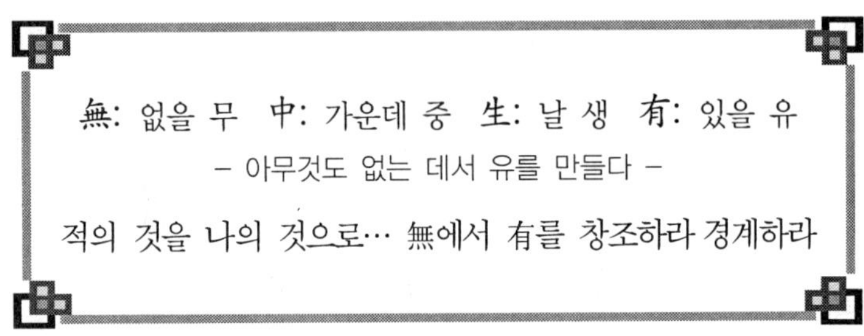

無: 없을 무　中: 가운데 중　生: 날 생　有: 있을 유

– 아무것도 없는 데서 유를 만들다 –

적의 것을 나의 것으로… 無에서 有를 창조하라 경계하라

요즈음 경제가 어렵다고 한다. 그러나 가진 것이 거의 없었던 40년 전에 우리는 '수출 100억 불, 국민소득 1,000불'을 처음으로 달성했다. 이것은 초등학생들의 글짓기 제목이기도 했다. 모두 '하면 된다. 안 되면 되게 하라'라는 신념으로 헐벗고 굶주렸던 시절을 이겨낸, 무에서 유를 창조한 무중생유였다.

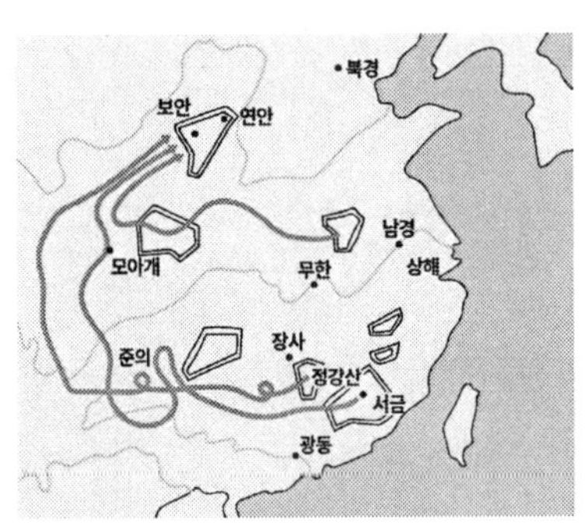

홍군이 368일간 게릴라전으로 싸웠던 대장정 로드

■ 무에서 유를 창조

36계 2부 적전계는 아군과 적군의 세력이 비슷해 서로 대치한 상황에서 적을 기묘한 계략으로 유인해 승리를 이끄는 전술이다. 7계 무중생유(無中生有)부터 암도진

창(暗渡陳倉) 등을 거쳐 12계 순수견양(順手牽羊)으로 이어진다. 핵심은 교란(攪亂)·기만(欺瞞)·유인(誘引)이다.

7계 무중생유는 노자가 전국시대 초기(기원전 403~343)에 지은 『도덕경』에서 유래됐다. 여기에는 당시 사람들의 세계관과 인생관이 담겨 있다. 상편에 해당하는 1장에서 37장까지는 도경(道經), 하편인 38장에서 81장까지는 덕경(德經)으로 불린다. 덕경 41장에 서술된 원문은 '反者道之動 弱者道之用 天下萬物 生於有 有生於無(반자도지동 약자도지용 천하만물 생어유 유생어무)'다. 서로 반대되는 방향으로 변화하는 것이 도의 운동이요, 유약한 것이 도의 작용이니 천하의 온갖 사물과 사건은 유에서 생겨나고 유는 무에서 생겨난다는 뜻이다.

무중생유가 전쟁에서 활용된 것은 기원전 208년 제갈량이 적벽대전에서 10만 화살을 얻은 사례나 755년 당나라 안사의 난 때 장순이 화살을 구한 사례가 잘 알려져 있다. 이 계는 이일대로와 성동격서가 함께 어우러져 게릴라전에 적용됐다.

제갈량·장순, 적 속여 화살 구해
마오쩌둥, 현지인 포섭 병력 유지

■ 마오쩌둥의 게릴라전

『칼을 품은 미소』는 마오쩌둥의 게릴라전 사례를 들었다.[39]

1934년 10월 16일 루이진(瑞金)에서 시작해 이듬해 10월 18일 우치에 이르기까지 368일간에 걸쳐 1만 여 킬로미터 걸은 홍군의 긴 여정은 무중생유 그 자체였다.

마오쩌둥은 '작은 불씨가 광야를 태운다. 장기전이지 단기전이 아니다. 약한 것으로 강한 것을 이긴다. 인민군대의 힘은 민중에 의거한다. 향촌으로 최후의 도시를 이긴다. 빠른 것이 큰 것을 이긴다'라는 전술을 구사했다. 그리하여 홍군 8만 5,000명이 장제스의 100만 대군을 이겼다. 계속되는 국민당군의 추격으로 병력이 줄어들자 현지 주민들을 포섭해 병력을 유지한 무중생유였다.

39) 카이한 크리펜도프 글, 김태훈 옮김, 『36계학』(서울: 생각정원, 2013), pp.134-136.

그들은 24개의 깊고 넓은 강을 건너고 눈이 녹지 않는 해발 4천 미터 이상의 산 18개를 넘었다. 이들은 자기 짐과 쌀가마니·탄환주머니·소총 등 40㎏의 짐을 각자 지니고 걸었다. 1945년 일본이 패망하자 마오쩌둥과 장제스는 중국 패권을 놓고 내전을 벌였다. 홍군은 단결된 반면 국민당군은 무능하고 부패했다. 결국, 장제스는 살아남은 60만 병력을 데리고 타이완으로 도주해야 했다. 대장정(Red Road)의 무중생유는 베트남 30년 전쟁에도 그대로 적용됐다.

북베트남군, 미군 타이어로 샌들 제조

■ 포탄파편·타이어로 전투물자 생산

제2차 세계대전 후 베트남은 한반도처럼 남북으로 갈라졌다. 프랑스는 베트남을 다시 지배하려고 병력 38만 7,000명을 보냈다. 호찌민은 마오쩌둥이 대장정을 통해 장제스 군대를 이기는 모습을 지켜봤다. 동양의 나폴레옹인 보응우옌잡 장군은 정글에서 디엔비엔푸로 곡사포 200문을 한 번에 2센티미터·하루 8백 미터씩 4개월 동안 100㎞를 옮겼다. 1954년 난공불락으로 여겨졌던 디엔비엔푸를 55일 만에 점령했다.

프랑스군이 철수한 다음 미군이 다시 베트남전쟁에 개입했다. 당시 세계 최강 미군은 전략폭격기와 항공모함 등 최신 무기와 압도적 병력을 투입했다. 북베트남군은 남베트남민족해방전선(일명 베트콩)과 연합했다. 남베트남으로 향하는 정글 속 호찌민 루트 1만 7천 여 ㎞를 자전거로 달렸다. 포탄 파편을 깎아 부비트랩을 만들었다. 1975년 4월 30일 남베트남 대통령궁 담장을 무너뜨린 북베트남군 탱크병의 군화는 미군 트럭 타이어를 잘라 만든 샌들이었다. 북베트남군 역시 무중생유였다.

약한 자가 강한 적을 이기는 다윗과 골리앗의 싸움은 예나 지금이나 여전히 존재한다. 많은 병력과 첨단 무기와 장비가 승리를 보장하지 않는다. 화살이 떨어지면 적으로부터 가져오고 군화가 닳으면 타이어를 잘라 동여매는 지혜가 필요하다. 오늘날 무중생유는 물질보다 강한 정신력이다.

8. 암도진창과 기습

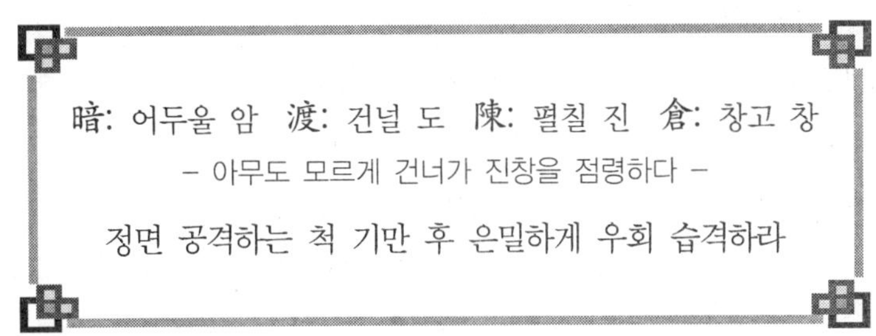

暗: 어두울 암 渡: 건널 도 陳: 펼칠 진 倉: 창고 창

- 아무도 모르게 건너가 진창을 점령하다 -

정면 공격하는 척 기만 후 은밀하게 우회 습격하라

중국을 찾는 여행객들은 오랜 역사와 웅장한 자연에 놀라워한다. 장가계나 계림 곳곳에는 높은 산허리를 가로질러 만든 나무다리 잔도(棧道)가 산재한다. 한(漢)나라 유방은 이 잔도를 불태워 항우를 속였다.

중국 장가계나 계림 등에 있는 절벽을 가로지르는 나무다리 잔도

■잔도를 수리하고 진창으로 몰래 건너가다

적전계 8계 암도진창은 아무도 모르게 건너가(暗渡) 진창(陳倉)을 점령한다는 뜻이다. '암도'는 협곡을 건너기 위해 만든 다리인 잔도를 몰래 건너가는 것으로 진창 점령을 위한 수단이나 방책이다. 진창(오늘날의 바오지(寶鷄) 시)은 시안 서쪽의 도시로서 군량과 마초(馬草) 창고가 있는 군수기지였다. 중국 서부와 동부를 연결하

는 관문인 이곳을 거쳐 티베트·쓰촨·간쑤에서 시안·베이징·상하이로 갈 수 있다.

암도진창은 사마천이 지은 『사기』의 회음후 열전(淮陰侯 列傳) 한신 편에 등장한다. 회음후는 회음(오늘날의 화이안(淮安)) 땅에 봉해진 후(侯·지방 제후)라는 뜻이다. 사마천은 한나라의 전성기인 무제(기원전 141~87) 때의 역사가다. 『사기』에는 중국 상고시대부터 무제까지 3,000년의 역사가 담겨 있다. 이 책은 본기 12편과 세가 30편, 열전 70편 등 모두 130편으로 구성됐다. 그중 열전에는 왕은 아니지만, 역사에 뚜렷한 업적을 남긴 인물들의 이야기가 실려 있다.

독자들은 36계를 통해 여러 중국 고전을 접하게 된다. 지금까지 알아본 7개 전술만 보더라도 영락대전·병경백자·손자병법·한비자·육도삼략·노자 등에서 인용됐다. 36계의 각 전술과 함께 여러 병서와 중국 역사를 살펴보는 묘미가 덤으로 있다. 진(秦)나라 이후 두 번째 통일제국인 한나라는 장량의 암도진창계로 건설됐다.

잔도 없애 항우 안심시키고 힘 키운 유방
잔도 복구하는 척하며 항우군 속이고
우회 후 진창 점령 漢 건국 발판 마련

■잔도를 불태워 漢 제국 건설

기원전 207년 진 왕조는 반란에 휩싸였다. 유방과 항우는 전략적 요충지인 관중을 차지하려고 서로 경쟁했다. 항우의 본거지인 팽성(오늘날의 쉬저우(徐州))은 황하 하류의 곡창지대였다. 항우는 유방의 야심을 경계해 관중 땅을 8개로 나누고 그중 가장 먼 서쪽 오지로 그를 밀어냈다. 유방이 쫓겨 간 파촉(巴蜀)은 쓰촨(四川)과 간쑤(甘肅) 지방의 옛 이름이다. 항우는 파촉과 팽성 사이를 3개 지역으로 구분해 장한·사마흔·동예에게 각각 맡겼다. 이른바 중립지대로 파촉에서 중원으로 나오려면 반드시 이 세 곳을 지나야 했다.

유방의 참모 장량은 파촉으로 가면서 험한 벼랑의 잔도를 모두 태워야 한다고 했다. 화소잔도(火燒棧道)다. 유방이 복수를 위해 동쪽으로 돌아올 생각이 없음을 일부러 드러내야 항우가 안심하기 때문이었다. 이후 유방은 파촉에서 군사력을 증강하면서 번쾌로 하여금 잔도 120㎞를 수리하게 했다. 장한은 이들이 잔도를 복구하려면 많은 시간이 걸릴 것으로 보고 경계를 소홀히 했다. 이 틈에 유방은 잔도를 우회, 진창을 기습 공격해 점령했다. 그리하여 기원전 202년 유방은 항우를 물리치고 한나라를 세웠다. 오늘날의 유럽 지도도 암도진창 전술인 노르망디 상륙작전으로 그려졌다.

미·영 연합군, 노르망디 상륙전서 사용

■진창 파리로 가다, 노르망디 상륙

제2차 세계대전 말에 미·영 연합군은 한판 승부수를 던졌다. 상륙작전 지역을 기만하는 '불굴의 용기(fortitude)' 작전이었다. 연합군은 이를 통해 독일군이 상륙지역을 오인하게 하거나, 최소한 적의 병력을 분산시킴으로써 즉각적인 반격 능력을 떨어뜨리려 했다. '불굴의 용기' 작전은 다시 나누어지는데 '북 포티튜드' 작전은 연합군이 노르웨이를 거쳐 덴마크로 진출, 소련과 연결 통로를 확보하고 독일 북쪽으로 쳐들어갈 것처럼 보이기 위한 것이었다. 이를 위해 영국 폭격기들은 노르웨이 해안선에 배치된 독일군 감시초소와 공군기지를 폭격해 독일군을 묶어 두었다.

'남 포티튜드' 작전은 연합군이 영국 도버해협을 건너 프랑스의 파드칼레에 상륙하는 것처럼 기만을 했다. 수만 대의 모형 탱크와 트럭을 켄트 주변 항구 공터에 보이도록 배치하고, 상륙 주력이 배치된 지역은 위장천막을 쳐 독일공군의 정찰을 방해했다. 일부러 패튼 장군의 위치를 노출하는 무전 신호도 흘렸다. 독일군은 파드칼레에 19개 이상의 사단을 배치하고 센 강과 루아르강 사이에는 18개 사단만 배치했다. 결국, 연합군 100만 명은 노르망디에 상륙해 1944년 8월 25일 파리에 입성했다. 노르망디가 암도, 파리가 진창이었다.

9. 격안관화와 기회

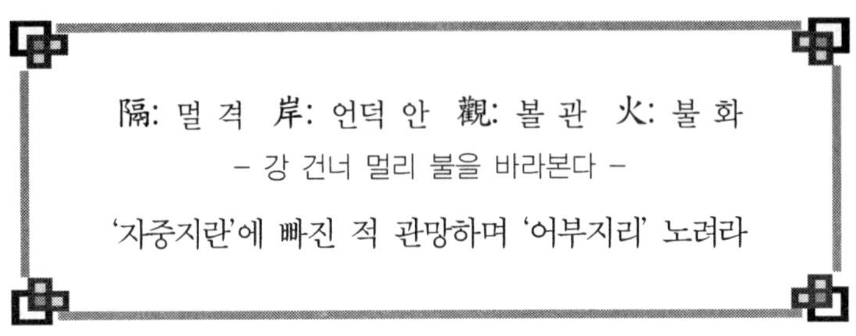

隔: 멀 격 岸: 언덕 안 觀: 볼 관 火: 불 화

– 강 건너 멀리 불을 바라본다 –

'자중지란'에 빠진 적 관망하며 '어부지리' 노려라

36계에서 공격수단으로 등장하는 단어가 火와 刀다. 그만큼 상대방에게 위협적 수단이다. 그러나 함부로 사용하면 근심(禍)이 되므로 기회가 올 때까지 기다리는 양회(養晦)가 요구된다.

정기룡은 소 떼들의 등에 실은 검부나무에 불을 붙여 왜구을 섬멸했다.

■ 불로 공격하거나 때를 기다리다

적전계 9계 격안관화는 강 건너 멀리(隔岸) 불을 바라본다(觀火)는 뜻이다. 상대에 내분이 일어나면 강 건너 불 보듯 하며 기다리는 어부지리(漁父之利) 전술이다. 이 고사는 『전국책』 '연이(燕二)'에서 유래했다. 전국시대에 조나라가 연나라를 공격하려 했다. 연나라 소대는 조나라 혜왕에게 도요새(鷸·휼)와 조개(蚌·방)의 싸움에서 지나가던 어부만 이익을 본 것처럼, 두 나라가 싸우면 진나라에만 도움이 될 뿐이라고 하자 조나라는 공격을 하지 않았다. 이렇게 자기들은 얻는 게 없고 3자에게 이득을 안겨주는 것을 휼방상쟁(鷸蚌相爭)이라고 한다.

격안관화는 당나라 승려 건강이 쓴 '투갈제기'의 한 구절 '隔岸紅塵忙似火 當軒青嶂冷如冰(격안홍진망사화 당헌청장냉여빙)'에서 유래됐다. 강 건너 속세인들은 불길처럼 바쁘게 움직이는데 산중 절 앞 높고 푸른 산봉우리는 얼음처럼 차갑다는 뜻이다. 그리고 『손자병법』 군쟁편의 '以治待亂 以靜待嘩(이치대란 이정대화)'와 맥이 통한다. 정돈된 상태에서 적의 어지러움을 기다리고 정숙한 상태에서 적의 소란함을 기다린다는 것이다.

이 계는 상황에 따라 2개 전술을 구사한다. 불이 났을 때 치거나 위협하는 것, 불리할 때 공격을 미루고 기회를 엿보는 것이다. 첫째는 임진왜란 때 소 떼의 등에 나무를 싣고 불을 붙여 왜군을 물리친 사례다.

상대 내분 땐 강 건너 불 보듯 하면서도
내부의 힘 기르면서 공격 기회 엿봐야
덩샤오핑 개방·개혁 취하며 내실 다져

■ 불붙은 소로 왜군을 이기다

1592년 4월 구로다 나가마사의 왜군 1만여 명은 진해만 안골포에 상륙한 후, 김해와 금산을 거쳐 한양으로 향했다. 경상우방어사 조경은 맹장 정기룡 등과 함께 추풍령을 방어했다. 왜군 선봉대는 매복해있던 조선군의 기습 공격을 받고 철수했다. 돌격대장 정기룡은 왜군의 야간 공격에 대비해 방어 준비를 했다. 밤에 장병 1인당 횃불 5개를 일제히 피워 방어 병력 숫자가 많은 것처럼 보이도록 했다. 또한, 소 10마리에 호랑이 가죽을 씌워 꼬리에는 기름 솜 10근(6kg)씩을 매달고 등에는 검부나무를 한 짐씩 실어놓았다.

이윽고 자시(밤 11시부터 새벽 1시)가 되자 왜군이 은밀히 추풍령 중턱까지 올라왔다. 정기룡은 미리 준비해 둔 10마리 소의 꼬리와 등에 불을 붙였다. 뜨거움에 놀란 소들은 왜군 쪽으로 쏜살같이 내달았다. 아울러 요즈음 박격포인 청동제 화포 대완구(大碗口)를 쐈다.

좁은 산길로 밀집 공격해 오던 왜군은 조선군의 공격으로 1,000여 명이 사상했다. 구로다는 조선군 병력이 1,200여 명에 불과한 것을 알고 2차 공격을 시도했다. 정기룡은 다시 소와 돌격대를 이용해 왜군 1,000여 명을 죽였다. 왜군의 계속된 공격으로 총지휘관 조경이 부상하고 사상자가 늘어나자 정기룡은 추풍령에서 철수했다. 그러나 소 떼를 이용한 이 전투로 일본군 3군의 함경도 방향 진출을 지연시켰다. 격안관화 둘째 사례는 덩샤오핑의 도광양회다. 인내하며 때를 기다려 오늘날 중국 발전의 틀을 닦았다.

■ 떨쳐 일어날 기회를 엿보다

중국은 1980년대 개혁·개방정책을 취하면서 미국과 대등한 실력을 갖출 때까지 몸을 낮추고 힘을 기르는 것을 뼈대로 삼았다. 덩샤오핑은 '도광양회(韜光養晦·재주를 감추고 때를 기다리며 몰래 힘을 기른다)'로 내실을 다졌다. 이 성어는 그가 1992년 발표한 외교지침 24자의 일부다. '沈着應付 韜光養晦 善於守拙 絶不當頭(침착응부 도광양회 선어수졸 절부당두)'로 침착히 대처하고 때가 되기 전엔 자기를 노출하지 않으며 우둔한 듯 보이도록 하고 남보다 먼저 나서지 말라는 뜻이다. 이는 국제적으로 영향력을 행사할 수 있는 경제력과 국력이 생길 때까지 침묵을 지키면서 전술적으로는 협력하는 외교전략이었다.

이후 20여 년 동안 도광양회는 중국 대외정책의 상징이었다. 그러나 2002년 후진타오를 중심으로 4세대 지도부가 들어서면서 도광양회는 새로운 외교노선으로 대체됐다. 화평굴기·유소작위·부국강병이다. 2008년 베이징 올림픽 이후 굴기(崛起·떨쳐 일어남)가 거칠다. 우리의 사드 배치를 두고 중국 국가 이익만 내세운 변질된 불꽃이 우려스럽다. 강 건너 불을 바라만 볼 것이 아니라 잘 다스리는 지혜로운 외교안보전략이 절실하다.

10. 소리장도와 위장평화

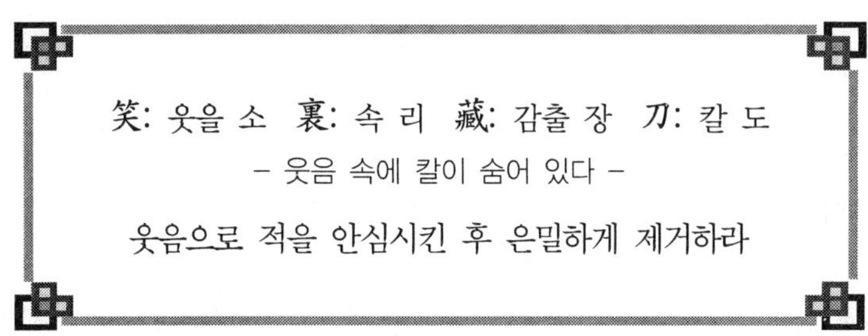

笑: 웃을 소 裏: 속 리 藏: 감출 장 刀: 칼 도

– 웃음 속에 칼이 숨어 있다 –

웃음으로 적을 안심시킨 후 은밀하게 제거하라

매년 2월에는 키리졸브·독수리(Key Resolve and Foal Eagle)연습이 시작된다. 바다의 요새 칼빈슨함 항모전단과 최정예 특수전부대 데브그루 등이 한반도에 전개됐다. 북한이 늘 거짓 미소에 핵과 미사일 등 칼을 숨겨 도발하는 데 대비하기 위해서다.

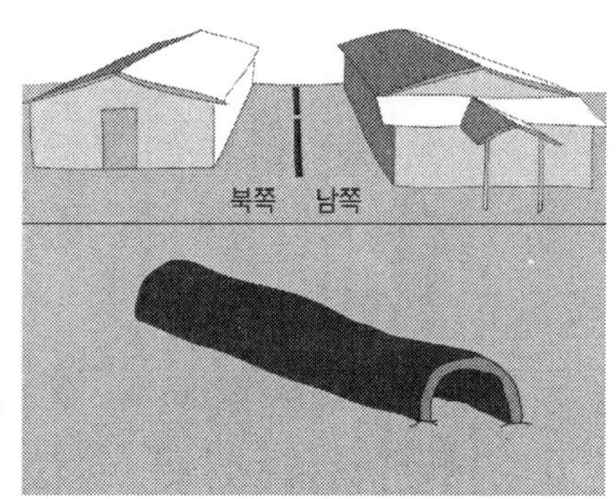

북한은 땅 위 판문점에서는 평화회담을 하면서 그 밑에서는 땅굴을 파고 있었다.

■ 웃음 속에 칼을 숨기다

적전계 10계 소리장도는 웃음 속(笑裏)에 칼이 숨어 있다(藏刀)는 뜻이다. 刀는 한쪽 날을 가졌으며 손잡이가 있는 칼을 본뜬 글자다. 3계 차도살인과 소리장도가 합하여 검(劍)이 된다. 劍은 刀에 刀가 더해진(僉) 글자로 날이 양쪽에 다 있는 칼을 뜻한다. 이 전술은 먼저 상대를 안심시킨 후 은밀히 제거할 계책을 세우고 준비가 되면 곧바로 움직여 제압하는 것이다.

소리장도의 출처는 백거이가 쓴 시 '천가도'다. 그는 당나라 시인이자 검객으로 문무를 겸비했다. '그대 보지 못했는가? 이의부의 무리가 즐겁게 웃는데 웃음 속의 칼이 몰래 사람을 해치는 것을(君不見李義府之輩笑欣欣 笑中有刀潛殺人·군불견이의부지배소흔흔 소중유도잠살인).' 이의부는 당 고종의 간신이었다. 『구당서(舊唐書)』에서도 '의부의 웃음 속에는 칼이 있다(義府笑中有刀)'고 했다. 그는 겉으로는 늘 미소를 띠었지만, 뒤에서는 중상모략의 칼을 갈았다.

이의부 빰치는 간신이 당나라 재상 이임보다. 그가 탄생시킨 구밀복검은 인간의 겉과 속이 다름을 일깨워주는 말이다. 사람들은 그를 가리켜 '입에는 꿀을 발랐지만 뱃속에는 검을 품고 있다(口有蜜 腹有劍)'고 했다. 김정은이 2013년 장성택을 처형하면서 덮어씌웠던 혐의인 양봉음위(陽奉陰違·보는 앞에서 순종하는 체하고 속으로는 딴마음을 먹음)도 '소리장도'와 통한다. 진나라와 위나라 전쟁에서는 칼을 감춘 미소가 두 사람의 오랜 우정을 갈랐다.

진 공손앙, 위 오성 정면공격 힘들자
공자인에게 어린 시절 우정 앞세워 "평화 원한다" 속여
포로로 잡아 성 점령

■ 우정에 감춘 칼에 성을 내주다

『칼을 품은 미소』는 기원전 342년 진(秦)나라와 위나라의 전쟁 사례를 들었다. 진나라 공손앙은 병력 5만 명을 이끌고 위나라 관문인 황하 효산 일대의 오성을 공격했다. 오성은 지세가 험준해 정면공격으로 함락하기는 어려웠다. 이 성을 방어하던 장수 공자인은 공손앙과 어린 시절 친하게 지냈던 사이였다. 공손앙은 공자인에게 전쟁보다 평화조약 체결을 원한다는 서신을 보내고 철군하는 모습을 보여 주었다.

공자인은 공손앙의 선의를 믿고 병력 300명만 데리고 평화회담장에 갔다. 그러나 진나라군은 회담 후 연회가 끝나기 전에 위나라군 병력을 모두 포로로 잡았다. 진나라군은 위나라군의 옷을 뺏어 입고 오성을 향해 나아갔다. 성문을 지키던 위나라군은 공자인과 수행단이 협상에서 돌아오는 줄 알고 성문을 열었다. 진나라군은 무방비 상태의 오성을 빼앗고 요충지 효산 일대를 점령했다. 위나라는 이렇게 칼을 품은 미소에 당했다. 평화를 가장한 북한의 두더지 미소가 4개 땅굴에 새겨졌다.

북, 겉으론 평화회담 하며 땅굴 도발

■ 땅굴 두더지 미소

제2차 세계대전 후 자유민주 진영과 공산 진영 간에 무한 핵무기 경쟁이 계속됐다. 1971년 초 미국은 중국·소련 방문을 통해 화해 무드를 조성했다. 한반도에서도 세계적인 화해 분위기에 따라 1972년 7·4남북공동성명이 발표됐다. 그러나 그 시기 북한은 판문점 회담장 아래로 땅굴을 파고 있었다. 김일성은 이미 1971년 9월 25일에 전 휴전선 아래에 지하 침투로를 구축하라는 두더지작전 지시를 내렸다.

1974년 11월 15일 서부전선 비무장지대 고랑포에서 제1땅굴이 발견됐다. 1975년 3월 19일 철원 동북방 중부전선 비무장지대 안에서 제2땅굴을 또 찾았다. 땅굴은 폭 2.1m·높이 2m로 시간당 북한군 2만여 명이 남쪽 여러 출구로 나올 수 있게 돼 있었다. 1978년 10월 17일 발견된 제3땅굴은 판문점 공동감시구역 유엔군 기지로부터 불과 2㎞ 떨어진 지점에 있었다. 북한은 땅굴 3개가 발견됐음에도 침투로 구축을 멈추지 않았다. 그로부터 12년이 지난 1990년 3월 3일 양구 동북방 동부전선 비무장지대 안에서 제4땅굴이 발견됐다.

제5땅굴은 지하가 아닌 남한의 땅 위 곳곳에 구축돼 있다. 북한은 핵과 장거리 미사일을 개발하고, 사회 곳곳에서 내부 교란을 획책하는 양날의 칼을 감춘 소리장도로 위협하고 있다. 우리는 북한의 거짓 미소를 어떤 칼로 막을 것인가? 톈진으로 돌아간 중국 크루즈선의 3,400명 관광객을 아쉬워 말아야 한다. 미소와 바꾸는 안보는 없다.

11. 이대도강과 희생

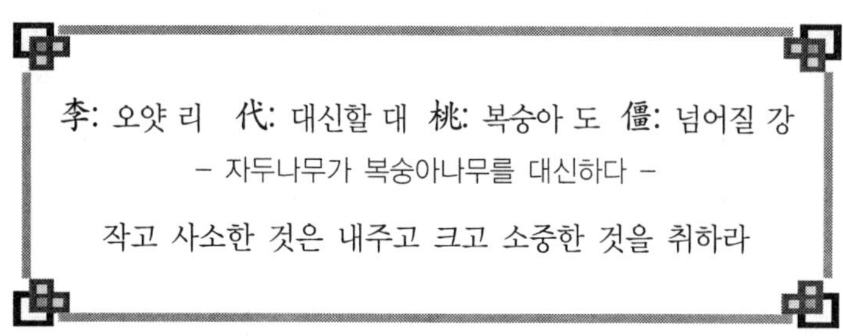

춘분에는 봄의 기운을 흠뻑 머금은 화사한 꽃들이 주변에 가득하다. 기온이 더 오르면 자두와 복숭아 꽃잎이 떨어지고 열매를 맺기 시작한다. 열매를 위해 꽃잎이 희생하는 이대도강이다.

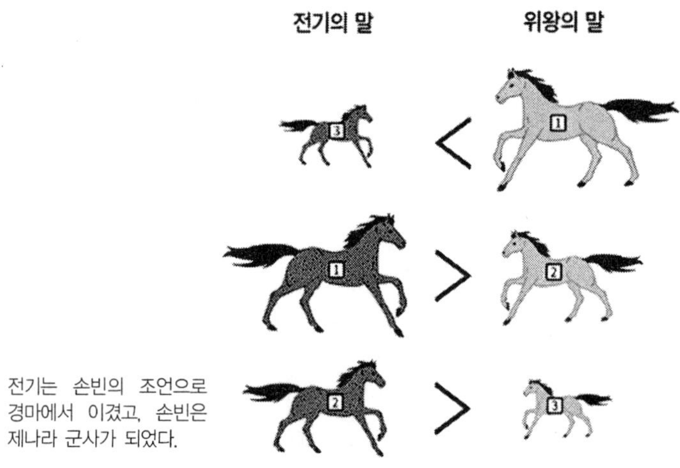

■ 자두나무가 복숭아나무 대신 넘어지다

적전계 11계 이대도강은 자두나무(李: 오얏나무라고도 함)가 복숭아나무를 대신(代桃)해서 넘어진다(僵)는 뜻이다. 이 고사의 원전은 송나라 곽무천이 편찬한 『악부시집(樂府詩集)』 상화가사 계명(鷄鳴)편에 나오는 시 구절이다. 이 시집에는 진나라에서 당나라까지 산발적으로 기록돼 전해지던 총 5,290편의 악부시가 수록돼 있다. 상화(相和)란 앞사람의 선창에 노래나 악기 연주로 화답하는 것이다.

여기에 "복숭아나무가 우물가에 자라났고(桃生露井上), 자두나무는 그 옆에서 자라났네(李樹生桃旁). 어느 날 벌레 한 마리 다가와 복숭아나무 뿌리를 갉아먹었네(蟲來齧桃根), 옆에 있던 자두나무가 복숭아나무를 대신해 자신의 몸을 주었네(李樹代桃僵). 한낱 나무들도 몸을 바쳐 대신하는데(樹木身相代), 인간의 형제들이 서로를 잊어서야 되겠는가(兄弟還相忘)"라고 돼있다. 원래는 동고동락하는 형제의 우의를 비유했는데 나중에는 근본 목적(桃) 달성을 위해 작은 것(李)을 희생하는 전술로 발전했다.

유사한 의미로 장기의 전술인 주졸보차(丢卒保車: 졸을 버려서 차를 지킨다)가 있다. 큰 것을 위해 작은 것을 버린다는 뜻이다. 이때 전체 국면을 보는 것이 중요하다. 이대도강의 사례는 사마천이 쓴 『사기』의 손자·오기열전에도 실려 있다.

제나라 장수 전기, 손빈의 '삼사법 조언' 듣고
하급 말 져주고 상·중급 이겨 마차 경기 승리

■ 전기장군 말 경주와 삼사법

기원전 4세기 중엽, 제나라 장수 전기는 여러 공자들과 마차 경주로 내기하기를 좋아했다. 어느 날 손빈이 살펴보니 말들은 상·중·하 등급으로 나누어져 있었고, 같은 등급의 말은 달리는 속도가 비슷했다. 손빈은 전기에게 말했다. "장군의 하급 말과 상대방 상급 말을 겨루게 하고, 상급 말은 상대방 중급 말과, 중급 말은 상대방 하급 말과 겨루게 하십시오." 전기는 손빈의 말을 듣고 왕과 여러 공자들에게 금을 건 내기 마차 경주를 제안했다.

전기는 3번의 시합에서 첫 번째는 지고 두 번째와 세 번째 경기를 이겨 많은 금을 받았다. 이 전술은 군사적으로 세 필의 말을 실력에 따라 상대 말에 맞춰 대결시킨다는 삼사법(三駟法)으로 발전했다. 전기는 손빈의 비범함을 알아보고 제나라 위왕에게 그를 추천해 군사(軍師)로 삼게 했다. 손빈은 전기와 함께 위나라 방연을 계릉과 마릉전투에서 연이어 물리쳐 제나라를 강대국으로 만들었다.

이대도강은 군사적으로 작은 손실을 감수하고 큰 승리를 거둔다는 의미다. 적이 우세하고 아군이 불리할 때 그 형세를 역전시키기 위해서는 지금 일부 희생을 감수하고 나중의 승리를 기약해야 한다. 제2차 세계대전 초기 영·불 연합군은 덩케르크 철수의 치욕을 노르망디 상륙으로 되갚았다.

2차 세계대전 독일군에 고립된 영·불 연합군
칼레·불로뉴 방어선으로 덩케르크 철수 성공
훗날 노르망디 상륙작전으로 치욕 되갚아

■작은 패배로 큰 승리를 얻다

1940년 5월 독일군 중부기갑집단군사령관 보크는 프랑스와 벨기에 국경지대 방어선을 돌파하고 영국해협을 향해 서쪽으로 밀고 나갔다. 영·불 연합군은 둘로 갈라졌고 영국군은 퇴로를 차단당한 채 북부해안에 고립됐다. 영국군 사령관인 육군 원수 고트 경은 덩케르크 항구와 인근 해안으로 철수 병력을 집결시켰다. 그는 남쪽 측면인 칼레와 불로뉴를 희생해 독일군 탱크들이 해안에 접근하지 못하도록 저지한 뒤 에스코강 방어선을 설정했다. 칼레와 불로뉴는 자두나무였고 덩케르크는 복숭아나무였다.

다행히 히틀러가 룬드슈테트에게 지상군 진격을 중지하라는 명령을 내려 독일군은 덩케르크 전방 16㎞ 지점에서 멈췄다. 이 틈에 영·불 연합군은 탱크·대포·중화기 등 모두를 포기한 채 몸만 간신히 탈출했다. 5월 28일부터 6월 2일까지 계속된 다이나모 작전에서 프랑스군 12만 명이 포함된 33만여 명은 무사히 영국으로 철수했다. 독일군이 4일 덩케르크를 점령했을 때는 부러진 복숭아나무만 있었다.

고트가 칼레와 불로뉴를 희생하고 덩케르크로 철수한 이대도강 전략은 영국 육군을 구했으며 훗날 노르망디 상륙작전의 기반을 마련했다. 사드로 잃는 조그만 손실을 안보라는 큰 복숭아나무에 비할 수는 없다. 2017년 7월에 상영한 영화 '덩케르크'에서 고트 장군의 이대도강을 엿볼 수 있다.

12. 순수견양과 허점

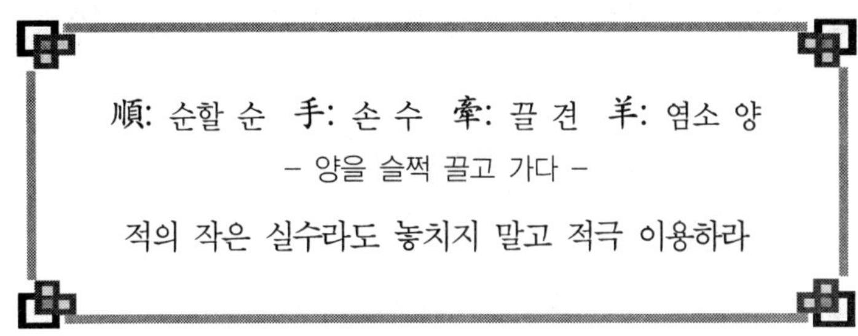

順: 순할 순　手: 손 수　牽: 끌 견　羊: 염소 양

– 양을 슬쩍 끌고 가다 –

적의 작은 실수라도 놓치지 말고 적극 이용하라

하늘이 맑은 청명(淸明) 봄나들이 코스로 대관령 양떼목장이 눈길을 끈다. 부드러운 능선에서 양들이 한가로이 풀을 뜯고 있는 모습이 정겹다. 양은 고대부터 전쟁을 앞둔 의식의 제물이나 전투 식량으로 활용됐다.

■ 미세한 허점을 이용하라

적전계 12계 순수견양은 손에 잡히는(順手) 양을 슬쩍 이끌고 간다(牽羊)는 뜻이다. 기회를 틈타 양을 끌고 가듯 아무리 작은 이익이라도 놓치지 않는다는 말이다. 36계에 뱀과 호랑이 등 여러 동물 중 양이 가장 먼저 나오는 것은 중국인들이 옛날부터 양을 가장 큰 재산으로 생각해 왔기 때문이다. 양은 부자의 척도였고, 양고기는 고기 중 으뜸이었다. 1940년대까지 세금을 거둘 때 양 보유수가 기준이었다. 전술적으로 양은 약점을 노출시킨 지역이나 허점을 말한다.

순수견양은 『고금잡극(古今雜劇)』에 수록돼 있는 원나라 작가 관한경의 '선편탈료(蟬鞭奪料)'에서 유래했다. 원문은 "我也不聽他說, 被我把右手帶住他馬, 左手楸着他眼札毛, 順手牽羊一般拈了過來了(아야불청타설 피아파우수대주타마 좌수추착타안찰모 순수견양일반념료과래료)"다. '나도 그의 말을 듣지 않은 체했다. 내 오른손은 그의 말을 잡고, 왼손은 그의 눈썹을 끌어당겼다. 마치 가는 길에 양을 끌고 가듯이 그도 나에게 붙잡혀 끌려 나왔다'는 뜻이다.

그리고 순수견양은 '微隙在所必乘 微利在所必得(미극재소필승 미리재소필득)'을 말한다. 이것은 적이 조그마한 틈이라도 보이면 놓치지 않고 적극 이용해 승기를 만들어낸다는 의미다. 만약 작은 실수나 허점이 없다면 만들어내야 한다. 이 전술은 적벽대전에 버금가는 비수대전(淝水大戰: 페이수이강 전투)의 승패를 갈랐다.

전진군 90만 대군 이끌고 동진 침략해오자
동진 사석 "비수에서 물러나주면 결전" 제안
일시 후퇴 전진군에 "패해서 후퇴" 유언비어
큰 혼란에 빠진 전진군 밀어붙여 격퇴시켜

■ 동진, 비수에서 전진을 이기다

3세기 중엽 삼국을 다시 통일한 사마씨의 서진(西晉)은 양쯔강 이남 동진(東晉)으로 줄어들었다. 오호십육국(304~439) 중 저족(氐族: 티베트계 소수 민족)의 전진(前秦)이 황하 유역을 지배했기 때문이다. 383년 전진 왕 부견은 양쯔강 지류인 비수 상류의 전략적 요충지 수양을 점령했다. 동진의 장수 사석은 비수 건너편 팔공산에 병력을 배치했다. 전진군 90만 명에 비해 동진군은 5만 명에 불과해 상대가 되지 않았다.

사석은 다윗의 지혜를 빌렸다. 부견이 스스로를 과대평가하고 상대방을 얕잡아 보는 것을 이용하기로 했다. 부견에게 편지를 보내 "전진군이 비수에서 약간 물러나 주면 동진군이 건너가 결전을 내겠다"는 제안을 내놓았다. 부견은 동진군이 도하할 때 중간쯤에서 기습 공격할 의도로 일시적 후퇴를 명령했다. 그런데 전진군에 미리 침투해 있던 동진의 스파이들이 전진군이 졌다는 유언비어를 퍼뜨렸다. 동진군은 혼란에 빠진 전진군을 격멸했고 부견도 부상해 전진의 몰락을 초래했다.[40] 이처럼 순수견양은 불리한 상황에서 적에게 허점을 만들어 유리한 상황으로 반전시킴으로써 승리를 얻어냈다.

40) 비수대전은 『이위공문대』 5장 '부견과 모용수'편에서는 '사현지파견(謝玄之破堅)'의 사례로 인용됐다.

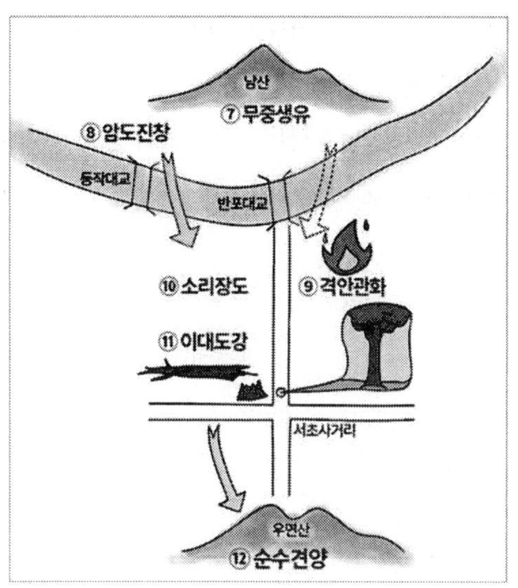

적전계로 남산에서 우면산 방향으로 반격할 때 무중생유부터 순수견양까지 이어지는 전술이다.

■ 적전계로 우면산 공격

지금까지 2부 적전계를 알아보았다. 1부 승전계는 반포대교 남단으로부터 남산을 목표로 공격하는 상황을 그렸다. 적전계는 방향을 돌려 남산에서 방어하던 부대가 공세로 전환해 우면산 방향으로 반격하는 모습을 가상현실로 그려보자.

먼저 7계 무중생유(무에서 유를 창조)는 공격부대가 방어 때 손실된 전투력을 신속히 복원한다. 8계 암도진창(아무도 모르게 건너가 진창을 점령)은 공격부대가 반포대교 방향에서 도하작전을 하는 것으로 기만 후 동작대교 방향에서 공격한다. 9계 격안관화(강 건너 불을 바라봄)는 반포대교 남단 한강공원 일대 포격으로 화공을 펼쳐 방어부대의 혼란 상황을 지켜본다.

10계 소리장도(웃음 속에 칼을 숨김)는 국립중앙도서관 일대 서리풀 공원에서 잠시 공격을 멈춰 방어부대를 어리둥절하게 만든다. 11계 이대도강(자두나무가 복숭아나무를 대신해서 넘어짐)은 공중 폭격으로 서초 고갯길 옆 몽마르뜨 공원 자두나무가 서초사거리 보호수인 수령 880년인 향나무를 대신해 쓰러졌다.[41] 12계 순수견양(손에 잡히는 양을 슬쩍 이끌고 감)은 이러한 방어부대의 혼란한 틈을 타서 공격부대는 우면산 목표를 점령한다.

독자들은 각각의 계를 독립적으로 보지 말고 여러 계를 함께 묶어야 한다. 이런 능력이 모여 예측 불허 전장 상황에서 신속한 조치가 가능하겠다.

41) 이 향나무 '천년향'은 18mfh 수령이 879년으로 추정되는 서울에서 가장 오래된 향나무이자 보호수다.

Chapter 3

적을 끌어낼 때 : 공전계

13. 타초경사와 억지전략

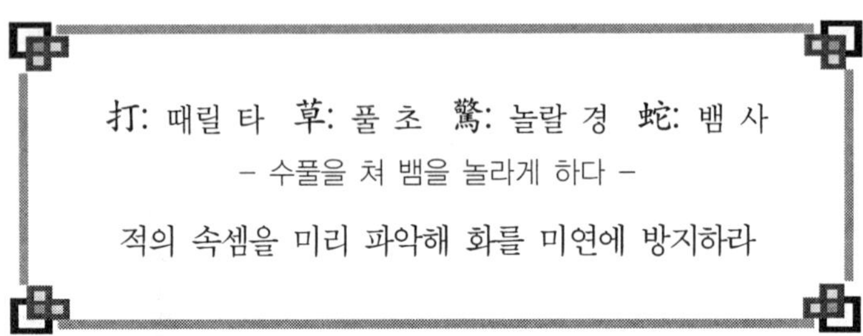

打: 때릴 타 草: 풀 초 驚: 놀랄 경 蛇: 뱀 사

- 수풀을 쳐 뱀을 놀라게 하다 -

적의 속셈을 미리 파악해 화를 미연에 방지하라

해마다 3월이면 대규모 한미연합 훈련인 독수리 훈련과 함께 연합지속지원훈련이 실시된다. 북한의 중장거리 탄도미사일 발사와 화학무기 사용에 대한 예방적 선제타격 훈련 등을 다양하게 실시한다. 안보 위협에 대한 경고로서 타초경사다.

예방적 선제공격과 억지전략은 타초경사 전술의 효과적 수단이다.

■ 수풀을 쳐 뱀을 놀라게 하다

36계 3부 공전계(攻戰計)는 반드시 나를 알고 상대를 알아야 하는 전술이다. 전투에서 공격 기회를 주도적으로 만들어내라는 뜻이다. 13계 타초경사(打草驚蛇)부터 조호이산(調虎離山) 등을 거쳐 18계 금적금왕(擒賊擒王)으로 이어진다. 핵심은 중심격파(中心擊破)·차세(借勢) 등이다.

13계 타초경사는 수풀을 쳐(打草) 뱀을 놀라게(驚蛇) 하는 것이다. 상대 반응을 살피거나 미리 경고한다는 의미다.[42] 이 표현은 당(唐)나라 학자 단성식(段成式)의 수필집 『유양잡조(酉陽雜俎)』에 실려 있다. 이 책은 30편 20권으로 구성됐는데 뱀이나 호랑이 등 동물의 독특한 특성들이 가득 담겨 있다.

『칼을 품은 미소』는 당나라 때 뇌물을 탐하는 영주의 사례를 들었다. 고을 사람들이 영주의 부패를 직접 연관시키지 않고 부영주 1명을 고발하는 탄원서를 냈다. 영주가 부패했다는 증거가 부족해서 직접 공격은 화를 자초할 수 있기 때문이었다. 영주는 탄원서를 읽으면서 자신의 과오를 알리는 내용임을 알고 붓을 들어 8자를 적어 답했다. "여수타초 오이경사(汝雖打草 吾已驚蛇: 너는 비록 풀밭을 쳤지만 나는 이미 놀란 뱀과 같도다)". 놀란 뱀이 모습을 드러내듯 스스로 잘못을 인정한 표현이었다. 일본의 전설적인 무사 미야모토 무사시는 『오륜서(五輪書)』에서 타초경사를 '움직이는 그림자'에 비유했다.[43]

■ 적의 의도를 미리 알아내다

이 병서는 17세기 중엽 일본 전국시대 때 집필됐다. 주요 소재는 칼싸움에서 상대를 먼저 베는 검법이다. 자연의 땅·물·불·바람·하늘 5개 특성을 바탕으로 심신을 단련하는 전술을 제시했다. 그는 3장 '불의 장'에서 타초경사를 "대규모 전투에서 적군의 상황을 헤아리기 어려울 때는 아군을 움직여 선제공격하는 척한다. 그런 후 어떠한 전술로 대응하는지 살펴 적군의 의도를 파악한다. 그런 다음 적절한 대응책을 마련해 적군을 쓰러뜨리는 것"이라고 했다.

그리고 형세를 파악해 선제공격하거나 적을 심리적으로 동요시켜 의지를 꺾을 것을 강조했다. 여기에서 핵심은 적 속셈을 미리 알아내는 것이다. 이 전술은 적의 강점이나 전술을 잘 모를 때 전면 공격보다 정찰과 연속적 소규모 공격을 통해

42) 이런 행위를 겁박(劫迫)이라고 한다. '위협하고 핍박하다'의 뜻으로 상대를 자신의 뜻대로 따르도록 강요하는 것을 의미한다. 겁은 '힘'의 뜻인 力과 去가 더해진 글자다.

43) 김경준, 『내 나이 마흔, 오륜서에서 길을 찾다』(서울: 원앤원북스, 2012), p.171.

이를 파악하는 것이 중요하다. 오륜서에 담긴 여러 지혜는 다음 기회에 살펴보기로 하겠다. 타초경사는 군사적으로 징후가 명확히 포착될 경우 예방적 선제공격이나 억지전략에 적용되고 있다.

이스라엘, 이라크 원자로 가동 움직임에 기습 폭격
인접 아랍국 핵 보유 징후 보이면 즉각적 군사행동
모사드는 이란 핵 관련 시설 파괴 등 핵 보유 방해

■ 예방적 선제공격과 억지전략

이스라엘은 중동의 화약고에서 생존하기 위해 안보에는 어떠한 양보도 하지 않는다. 1981년 6월 이스라엘군은 이라크의 오시락 원자로를 기습 폭격했다. 그해 7월로 예정된 원자로 가동에 앞선 예방적 선제공격이었다. 원자로가 가동된 후 폭격할 경우 방사능 오염이 우려됐기 때문이다. 2007년 9월에는 시리아 핵시설로 의심되는 건물을 폭격했다. 이스라엘은 인접 아랍 국가들이 핵을 보유할 징후가 보이면 안보에 중대한 위협으로 인식하고 즉각 군사행동에 나섰다.

이스라엘 비밀정보기관 모사드는 미국 CIA·영국 MI6과 함께 2000년대 이란에서 핵과학자 암살과 관련 시설 파괴 등 공작 활동을 통해 이란 핵능력 완성을 방해했다. 2010년에는 컴퓨터 바이러스 스턱스넷으로 이란 나탄즈 원심분리기 시설과 부셰르 원전에 막대한 피해를 줬다.

수풀을 쳐 뱀을 놀라게 하는 억지전략이 통하지 않으면 최후 수단으로 독사를 죽일 때 머리를 치는 타두살사(打頭殺蛇)가 있다. 북한의 계속되는 도발을 응징하기 위해서는 우리의 결연한 의지가 필요하다. 그리고 중국 언론은 사드 배치를 놓고 '살계경후(殺鷄儆猴: 닭을 죽여 원숭이를 훈계하다)'란 표현을 썼다. 곡예장의 원숭이가 재주를 부리지 않자 주인이 닭의 목을 쳐 공포로 원숭이를 길들였다는 고사에서 나온 말이다. 중국이 변한 것이 아니라 우리가 잘못 본 탓이다.

14. 차시환혼과 실리

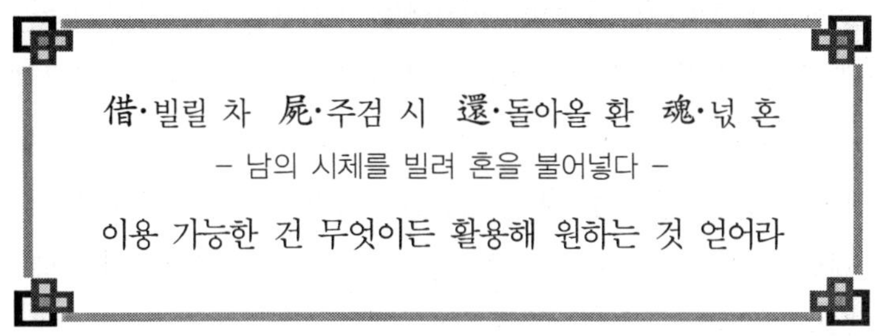

借·빌릴 차 屍·주검 시 還·돌아올 환 魂·넋 혼

– 남의 시체를 빌려 혼을 불어넣다 –

이용 가능한 건 무엇이든 활용해 원하는 것 얻어라

김정은의 잘못된 행동들이 무척 우려스럽다. 2017년 2월 김정남을 제거하면서 인류에게 사용 금지된 화학무기인 신경작용제 VX를 사용했다. 이러한 체제 반대 세력 암살은 차시환혼 전술을 구사하는 여러 수단 중 하나다.

호찌민은 자신의 죽음을 빌려 베트남 독립과 자유라는 혼을 불어넣었다.

■ 타인의 시체를 빌려 뜻을 이루다

공전계 14계 차시환혼은 남의 시체를 빌려서(借屍) 혼을 불어넣는다(還魂)는 뜻이다. 屍는 겉으로 드러나는 명분이며 魂은 안으로 얻고자 하는 실리다. 역사적으로 많은 사람이 권력을 얻어야 할 때 타인의 시체를 빌려 뜻을 이루었다. 전쟁에서는 적이 생각지 못한 전술을 사용해 주도권을 잡는 전술로도 활용됐다.

'차시환혼'은 원나라 악백천(岳伯川)의 잡극 '여동빈도철괴리(呂洞賓度鐵拐李)'에서 유래됐다. 여동빈과 철괴리는 도교의 여덟 신선에 속하는데 여동빈이 철괴리로 환생하는 이야기다. 도(度)는 깨닫거나 번뇌에서 해탈한다는 뜻이다. 잡극의 줄거리는 다음과 같다. 장생불사의 도를 닦은 이현이라는 사람이 죽으면서 제자에게 7일 이내 돌아올 테니 시신을 보존하라고 했다. 그런데 제자는 6일째 되던 날 어머니가 위독하다는 소식을 들었다. 제자는 효(孝)와 의리 사이에서 고민하다 이현의 시신을 불태워 버리고 어머니에게 갔다. 이현의 혼이 7일째에 돌아왔을 때는 이미 자신의 시신은 사라지고 없었다. 그는 할 수 없이 죽은 거지의 몸을 빌려 환생한 후 신선이 됐다.

이런 내용을 담은 사찰 벽화에서 철괴리는 철지팡이를 짚고 손에 호로(葫蘆)를 든 추한 모습으로 그려져 있다. 호로는 액(厄)을 막아주는 선약(仙藥)이 담긴 호리병이다. 철괴리는 거지 몸을 빌려 환생했으나 철종은 세도정치에 휘말린 꼭두각시였다.

조선 말 안동 김씨들, 헌종 승하하자
철종 허수아비왕으로 앉히고 세도정치

■ 살아있는 시체로 세도정치

조선 말은 세도정치가 뒤흔든 차시환혼이었다. 근대 조선을 꿈꾸던 정조의 갑작스러운 죽음으로 권력은 안동 김씨들에게 넘어갔다. 1849년 6월 헌종이 후계자 없이 23년의 짧은 생을 마감했다. 경종 이후 지속적인 당쟁과 세도정치를 거치면서 헌종의 6촌 이내 왕족은 단 1명도 남아있지 않았다. 대왕대비 순원왕후는 '강화도령'으로 불리는 원범을 헌종 후계자로 지명했다.

더벅머리 총각 원범은 얼떨결에 조선 25대 왕 철종이 됐다. 안동 김씨 세도정치는 허수아비 왕을 방패 삼아 극성을 부렸다. 안동 김씨들에게 뇌물을 주고 벼슬을 청탁하는 사람이 들끓었고 매관매직이 성행했다. 세도정치에서 파생된 정치 기강 문란과 부정부패의 폐해는 고스란히 힘없는 백성 몫이 됐다. 철종 시대에 진주와 전주 등 삼남 지방에서 대규모 농민항쟁이 일어난 것은 정치의 부패가 백성들의 삶을 더욱 힘들게 만들었기 때문이다. 그 결과 조선은 분열되고 일제 지배를 받게 됐다.

반면 베트남은 호찌민의 "단결하라"는 유언을 차시환혼의 명분으로 삼아 독립전쟁에서 승리했다.

베트남, 호찌민 "단결하라" 유언 명분
전 국민 하나로 묶어 독립전쟁서 승리

■자유와 독립 혼으로 단결

1945년 8월부터 시작된 베트남전쟁은 호찌민 전쟁이었다. 호찌민은 1969년 9월 3일 심장마비로 사망했다. 그가 죽은 후 전쟁 지도부의 반목과 대립이 예상됐다. 미국 정부의 동아시아 담당자는 '하노이의 여러 세력이 권력을 잡기 위해 서로 다투고 있다'고 언급했다. 이들이 친중·친소파로 분열돼 일관된 전쟁 수행이 어려울 것이라고 분석했다.

그러나 이러한 분석과는 달리 하노이 지도자들은 일치된 모습을 보였다. 정치국 제1서기 레 두안과 수상 팜 반 동 및 국방장관 보 응우옌 잡 등 11명은 단결했다. 이들은 농촌과 산골을 돌아다니며 재건에 힘썼다. 밖으로는 미국과 평화회담을 통해 미군 철수를 노렸다. 안으로는 군사력 건설에 매진해 1972년 4월 춘계 대공세 이후 평화협정을 체결했다.

호찌민은 죽어서도 베트남 통일을 지켜보겠다고 했다. 베트남 민족에게 호 아저씨·큰아버지로 불리는 그에게는 오직 하나의 명분 "쯔엉선 산맥이 불타 다 없어지는 한이 있더라도 우리는 반드시 독립과 자유를 쟁취해야 한다"뿐이었다. 그가 사망했을 때 남긴 유산은 옷 몇 벌과 지팡이 하나뿐이었다. 차시환혼 명분이 지혜로우면 나라가 살고 사사로운 실리만 쫓으면 나라가 망한다.

15. 조호이산과 세력 약화

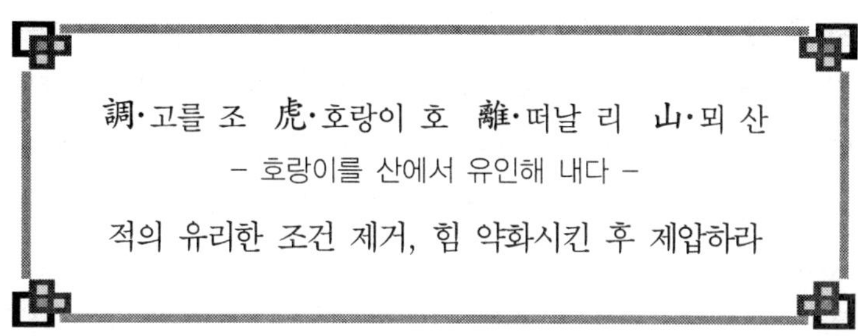

調·고를 조 虎·호랑이 호 離·떠날 리 山·뫼 산

- 호랑이를 산에서 유인해 내다 -

적의 유리한 조건 제거, 힘 약화시킨 후 제압하라

2017년 1월 백두산 호랑이 두만이가 100년 만에 백두대간 품으로 돌아갔다. 봉화 백두대간 수목원 호랑이 숲 보금자리에서 적응훈련 중이다. 호랑이가 산을 떠나면 토끼가 되는 노림수가 조호이산이다.

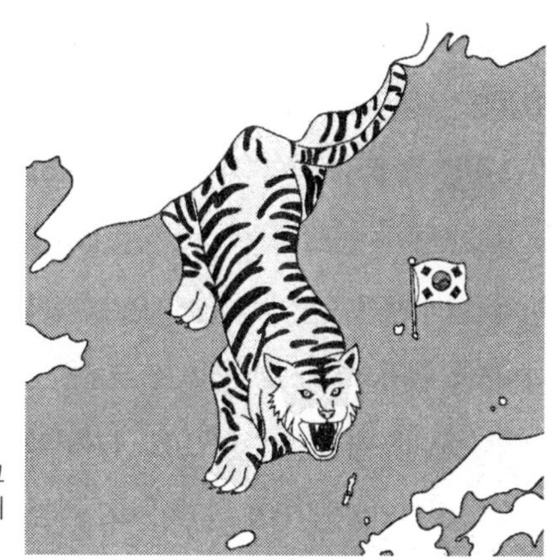

한반도의 형상은 대륙을 딛고 해양을 향해 포효하는 호랑이 모습이다.

■강한 적의 유리한 조건을 제거

공전계 15계 조호이산은 호랑이를 유인해(調虎) 산에서 끌어낸다(離山)는 뜻이다. 調는 강적을 그들에게 불리한 지역으로 유인하는 것이며 虎는 강적이다. 離는 떠나도록 하는 것, 山은 강적이 점거하고 있는 유리한 지형이나 조건을 말한다. 이 말은 춘추시대 관중(기원전 725~645)이 쓴 『관자』에서 유래됐다. 이 책 24권 86편에는 정치의 근본 원리와 군사전략 원칙 등이 담겨 있다. 관중은 재상으로서 환공을 보필해 제(齊)나라를 최강국으로 만들었다.

조호이산 전술은 위정자의 자세와 통치방법을 서술한 2편 「형세」를 기초로 만들어졌다. 여기에 '蛟龍得水而神可立也(교룡득수이신가입야) 虎豹託幽而威可載也(호표탁유이위가재야)'라고 했다. 교룡은 물을 얻어야 신령한 위엄을 세울 수 있고, 호랑이와 표범은 심산유곡에 머물러야 위엄을 떨칠 수 있다는 말이다. 유는 깊고 그윽한 삼림인데 호랑이가 여기를 떠나도록 만들어야 그 위엄이 사라진다는 전술로 발전했다.

그 이유는 『관자』 7편 「해언」 '형세해(形勢解)'에 구체적으로 설명돼 있다. 여기에 '虎豹居深林廣澤之中(호표거심림광택지중) 則人畏其威而載之(즉인외기위이재지)'라고 했다. 호랑이와 표범은 깊은 산림과 넓은 늪지에 살아야 사람이 그 위세를 두려워하며 존중한다는 뜻이다. 이탈리아 통일은 전투함을 유인해 내는 조호이산으로 시작됐다.

가리발디 장군, 나폴리군 상대 헛소문
전투함 이동케 해 전투력 약화시킨 후
시칠리아 손쉽게 점령 통일 기반 다져

■ 호랑이를 유인해 이탈리아 통일

이탈리아 북서부 알프스산맥 산자락에 토리노가 있다. 이곳에 가면 이탈리아 통일의 주역인 알프스 호랑이 가리발디 장군 동상이 곳곳에 있다. 그는 1859년 에마누엘레 2세가 이끄는 이탈리아 통일전쟁에 참가했다. 그는 1860년 5월 의용병인 붉은셔츠부대원 1,000명을 이끌고 시칠리아섬 서부 해안 마르살라에 상륙했다. 이때 가리발디는 나폴리군이 전투함을 갖고 있다는 사실을 알았다. 그는 이들을 유인하기 위해 교황을 공격하려 한다는 허위 소문을 퍼뜨렸다. 나폴리군은 가리발디에게 속아 교황을 보호하기 위해 마르살라 항구에 있던 전투함을 로마로 보냈다. 이로 인해 나폴리군은 전투력이 약화됐고 붉은 셔츠부대는 한 명의 손실도 없이 쉽게 시칠리아를 점령했다.

가리발디는 이어 이탈리아 남부 칼라브리아와 나폴리 지방을 점령한 후 이곳을 빅토르 에마누엘레 2세에게 봉헌해 통일의 기반을 다졌다. 가리발디는 조호이산 전술로 나폴리군 전투함을 시칠리아에서 떠나도록 해 이길 수 있었다. 20세기 초 일본은 이 전술을 본떠 한반도 지도 모양을 토끼로 바꿈으로써 한민족의 호랑이 기운을 빼앗으려 했다.

■ 일제의 한민족 호랑이 기세 빼앗기

110년 전인 1907년 7월 24일 일본은 대한제국과 정미7조약을 맺었다. 을사늑약으로 외교권을 빼앗은 후 대한제국 정부에 일본 관리들이 진출했다. 고종은 강제 퇴위되고 일제가 법령제정권과 행정권 등을 차지했다. 일제는 순종을 황제 자리에 앉히고 창경궁을 창경원으로 이름을 바꿨다.

이보다 앞선 1903년 일본 지질학자 고토 분지로는 한반도 형상은 중국을 향해 네 발을 모으고 일어선 토끼 모양이라고 말했다. 이러한 일제의 우리 민족정기 말살 시도에 여러 애국지사가 맞섰다. 육당 최남선은 1908년 『소년』지 창간호에 한반도 형상을 호랑이로 그려 이 주장에 대항했다. 1921년 12월 민족운동가 남궁억은 우리나라의 형상을 일본을 향해 포효하는 맹호로 표현한 '조선지리가'를 작사했다.

최근 '독도는 일본 땅' 주장이 심각하다. 2017년 2월 일본 정부는 영토 왜곡 교육을 의무화하는 학습지도요령을 공식 고시했다. 1904년 러일전쟁 때 강제로 영토에 편입해 놓고는 자신들이 독도의 주인이라고 역사교과서를 통해 교육하고 있다. 한반도의 지정학적 기세는 대륙과 해양을 향해 동시에 포효(咆哮)하는 호랑이였다. 나라가 어려울 때 백두대간 두만이의 울음소리가 큰 힘이 된다.

16. 욕금고종과 국익

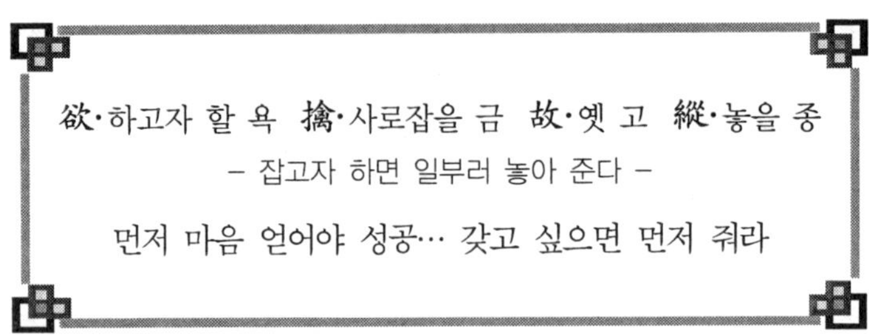

欲·하고자 할 욕 擒·사로잡을 금 故·옛 고 縱·놓을 종

– 잡고자 하면 일부러 놓아 준다 –

먼저 마음 얻어야 성공… 갖고 싶으면 먼저 줘라

1951년 4월 화사한 벚꽃이 지고 철쭉이 움틀 때, 중공군의 6차 공세는 실패로 돌아가고 전선은 38도선 원점으로 돌아갔다. 휴전협상이 시작됐고 포로 송환 합의가 가장 큰 쟁점이었다. 이승만 대통령은 반공포로를 풀어 주고 한미상호방위조약을 체결하는 욕금고종의 기지를 발휘했다.

거제도 수용소 포로들은 교회 앞 '자유의 여신상'에서 자유의 품을 그렸다.

■ 잡으려면 일부러 놓아 준다

공전계 16계 욕금고종은 잡고자 하면(欲擒) 일부러 놓아 준다(故縱)는 뜻이다. 欲은 하고자 하는 뜻이며 擒은 사로잡는다는 말이다. 잡는 것(擒)은 목적이고 놓아주는 것(縱)은 수단이다. 이 전술은 노자의 『도덕경』 36장에 나온다. '將欲歙之 必固張之(장욕흡지 필고장지) 將欲弱之 必固强之(장욕약지 필고강지) 將欲廢之 必固興之(장욕폐지 필고흥지) 將欲奪之 必固與之(장욕탈지 필고여지)'다. 장차 오므리고 싶으면 반드시 그것을 펴주고, 장차 약하게 하고 싶으면 반드시 그것을 강하게 만들어준다. 장차 없애고 싶으면 반드시 그것을 일으켜 세우고, 장차 그것을 빼앗고 싶으면 반드시 그것을 준다는 뜻이다.

노자 사상을 계승한 귀곡자도 『본경』 10편 '모려(謀慮: 은밀하게 계책을 세움)'에서 '去之者從之 從之者乘之(거지자종지 종지자승지)'라고 했다. 누군가를 제거하려면 반드시 그가 하고 싶은 대로 하도록 내버려 두었다가 방심이 극에 이를 때 일거에 제거한다는 뜻이다. 상대를 우쭐하게 만든 뒤 때를 기다리고 있다가 결정적인 시기가 왔을 때 일거에 뒤엎는 전술이며, 상대방의 마음을 얻을 때까지 기다리는 경우에도 활용된다. 『칼을 품은 미소』는 제갈량이 맹획을 일곱 번 놓아주고 마음을 얻은 사례를 들었다.

도덕경 36장에 있는 전술… 귀곡자도 설파
제갈량, 맹획 7번이나 잡고 풀어줘 '내 사람'으로

■일곱 번 놓아주고 마음을 얻다

225년 5월 삼국시대 초기 촉나라 제갈량은 중국 남서쪽 남만정벌에 나섰다. 첫 전투에서 남만 왕 맹획을 포로로 잡았다. 제갈량이 원한 것은 군사적으로 남만을 정복하는 것이 아니라 그들이 마음으로 승복하도록 하는 것이었다. 그래서 잡힌 맹획에게 항복해 촉나라에 충성하라고 설득했지만, 그가 승복하지 않자 풀어주었다. 맹획은 다시 공격을 준비했다. 그런데 이번에는 맹획의 부하가 그를 붙잡아 제갈량에게 바쳤다. 맹획은 항복 요구를 거절했고 제갈량은 그를 다시 풀어주었다.

그 다음 맹획의 동생 맹우가 공격했으나 포로가 되었고, 부하 동주가 맹획을 잡아 제갈량에게 넘겼으나 또 풀어주었다. 남만군대는 일곱 번째 전투에서 거의 전멸하고 말았다. 결국, 맹획은 진심으로 촉나라에 충성할 것을 맹세하고 지배에 승복했다. 제갈량은 그에게 남만 자치권을 부여하고 북벌에 나설 수 있었다. 넓은 땅을 지배하는 것보다 사람 마음을 얻는 것이 더 중요했기 때문이었다. 이승만 대통령은 반공포로를 놓아주고 한미 상호방위조약을 얻었다.

이승만 대통령, 반공포로 석방 한미군사동맹 끌어내

■반공포로 석방 노림수

1951년 5월 미국 정부는 전쟁을 조기에 종결하려 했고 공산 측도 6차 공세 이후 막대한 인적·물적 손실을 입어 양측은 휴전 협상에 들어갔다. 1951년 12월부터 논의되기 시작한 포로 문제는 1953년 6월에야 송환 합의에 이르렀다. 전선에서는 치열한 소모전이 이어졌고 거제도 포로수용소에서는 또 다른 포로전쟁이 계속됐다.

국군과 유엔 포로는 10만여 명, 북한군과 중공군 포로는 17만여 명이었다. 휴전 협상에서 포로 문제의 걸림돌은 송환 거부 포로 처리에 대한 유엔군과 공산 측의 대립이었다. 1953년 6월 18일 새벽, 이승만 대통령은 반공포로 2만 7,000여 명을 기습적으로 석방했다. 휴전협상에서 유엔군과 공산 측이 한국 정부의 반대를 무시하고 송환 거부 포로 처리에 합의했기 때문이었다.

반공포로 석방에는 이승만의 숨은 의도가 있었다. 대내적으로는 '이승만 정부는 미국의 괴뢰정부'라는 공산주의자들의 선전을 불식시키고, 대외적으로는 휴전 후 안전보장과 경제원조를 확보하는 것을 염두에 뒀다. 가장 큰 노림수는 휴전 전 미국과 군사동맹조약을 체결하는 것이었다. 1953년 10월 1일 한미상호방위조약이 체결돼 오늘에 이르는 것은 욕금고종의 결실이다.

반공포로가 석방된 6월 18일이 '반공의 날'임을 아는 이는 드물다. 반공은 이념보다 생존을 위한 안보의식이다. 욕금고종이 던지는 인생의 지혜는 갖고 싶으면 먼저 주라는 것이다. 승리든 성공이든 먼저 마음을 얻어야 한다.

17. 포전인옥과 유인

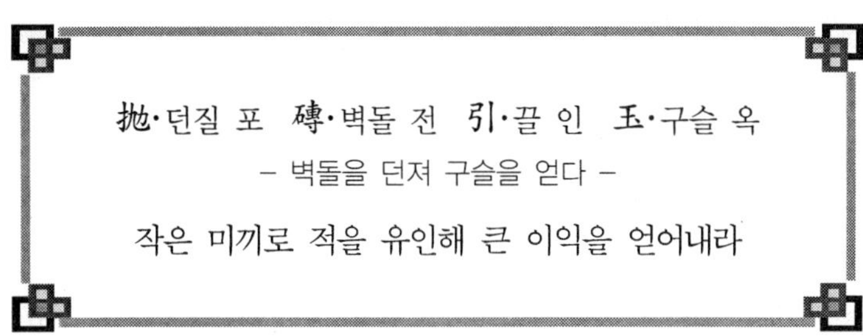

트럼프 대통령의 거침없는 말에는 숨은 의도가 있다. 그의 '거래의 기술'은 작은 대가를 지불하고 커다란 이익을 얻는 데 있다. 전투에서 상황이 불리하거나 적의 정황이 안개 속에 있을 때 작은 희생으로 큰 승리를 얻는 포전인옥 전술이 유용하다.

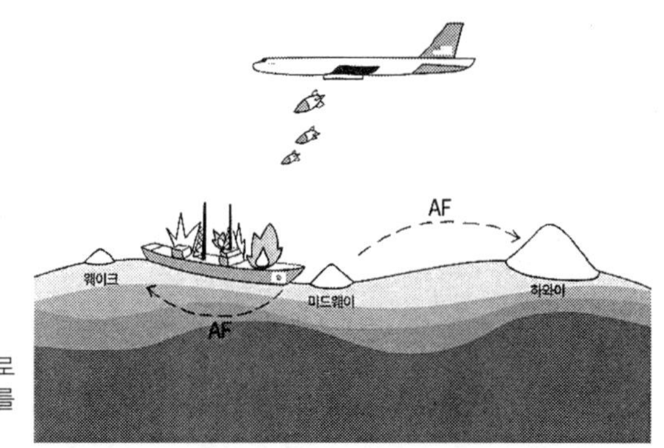

미 해군은 허위무전 벽돌로 일본 해군을 격침해 전세를 역전시켰다.

■ 벽돌을 던져 구슬을 얻다

공전계 17계 포전인옥은 벽돌을 던져서(抛磚) 구슬을 얻는다(引玉)는 뜻이다. 抛는 '던지다', 磚은 '벽돌', 引은 '가져오다', 玉은 '구슬'을 의미한다. 벽돌은 작은 이익을 가져오는 미끼이며 구슬은 큰 승리다. 따라서 벽돌을 버리는 것은 수단이고 구슬을 가져오는 것은 목적이다. 이 전술은 11세기 초 송나라 고승 도원이 쓴 『경덕전등록』 권10에 나온다. 원문은 '抛磚引玉 尙得墜子(포전인옥 상득추자)'이며 벽돌을 던져 옥구슬을 끌어들이려 했으나 오히려 귀걸이 정도만 얻었다는 뜻이다. 추자는 귀에 걸면 귀걸이, 목에 걸면 목걸이가 되는 장식품이다.

포전인옥에 관한 다른 일화는 『역대시화(歷代詩話)』에 실려 있다. 당나라 조하는 시적 재능이 매우 뛰어났다. 이때 상건이라는 시인이 조하의 시를 매우 좋아했다. 상건은 조하의 시흥을 이끌어내기 위해 소주(蘇州) 영암사에 미완성 시구 두 구절을 적어놓았다. 조하는 예상대로 두 구절 시를 덧붙여서 오언율시 한 수를 완성했다. 상건은 자신의 낮은 시재(詩才)를 이용해 뛰어난 문재(文才)를 지닌 조하의 글을 이끌어낸 셈이다. 이를 두고 사람들이 "벽돌을 던져서 옥구슬을 끌어들였다"고 말한 것이 포전인옥의 유래다.

이처럼 이 전술은 일상생활에서 좋은 의견과 아이디어를 얻는 것에 비유되고, 군사적으로는 적을 유인하고 정보를 알아내는 데 활용됐다. 작은 미끼를 던지고 거기에 걸려든 적을 공격해 더 큰 승리를 얻어내는 전술이다. 거란군은 포전인옥으로 당나라군을 유인해 격멸했다.

거란 손만영, 당나라 영주 점령
"식량 부족으로 포로 석방한다"
당군 속여 유인 서협석곡서 격퇴

■ 당나라군 유인 격멸

서기 696년 거란의 손만영은 흉년이 들자 당나라에 반기를 들고 영주(오늘날 차오양)를 점령했다. 당 황제 무측천은 장현우와 조인사로 하여금 영주를 되찾고 거란을 평정하도록 했다. 거란군은 당나라군의 우세한 전투력에 영주를 내주고 포전인옥 전술을 모색했다. 손만영은 영주에서 잡은 당나라군 포로들을 풀어주면서 식량 부족 때문에 석방한다고 했다. 풀려난 포로들이 돌아와 거란군은 식량 부족으로 굶주리고 있다고 했다. 손만영은 휘하 병졸 중에서 늙고 허약한 자들을 일부러 당나라 군영으로 도망치게 해 이 사실을 믿게 만들었다.

당나라군 장현우는 투항한 거란군을 앞세우고 손만영을 공격하기 위해 가다가 서협석곡에서 참패를 당했다. 다음 해 3월 손만영은 장현우가 쓴 것처럼 꾸민 거짓 편지를 조인사에게 보내 당나라군을 유인하여 무찔렀다. 거란군은 식량 부족이라는 가짜 벽돌을 던져 당나라군을 이겼다. 미군은 태평양전쟁에서 일본군 함대 위치 파악을 위해 허위무전이라는 벽돌을 던졌다.

美 허위무전으로 日 함대 위치 파악
미드웨이해전서 전세 뒤집어 승리

■ 허위무전 벽돌로 미드웨이 해전 승리

1937년 일본은 중일전쟁을 일으킨 후 전쟁이 예상보다 길어지자 부족한 자원을 확보하기 위해 동남아시아를 침략했다. 미국은 일본에 석유 수출을 금지했고 일본군은 1941년 12월 진주만을 기습했다. 미 해군은 1942년 4월 말부터 일본군 암호를 부분 해독하기 시작했다. 그들은 일본군이 태평양 해역에서 대규모 공세를 취할 것이라는 징후를 포착했다. 그러나 이 작전이 언제 어디서 전개될 것인가는 몰랐다. 일본군 암호에 자주 등장하는 AF가 공격 목표로 판단됐으나 어느 곳을 뜻하는지는 알 수가 없었다.

태평양함대 사령관 니미츠 제독은 각종 정보를 분석한 결과 하와이 인근 미드웨이섬일 것이라고 판단했다. 5월 중순 첩보대 장교 야스퍼 홈스가 기만작전을 구상했다. 미드웨이와 오하우섬 중간에 깔린 해저 케이블로 '미드웨이섬 해수 정화장치 고장으로 식수 부족'이라는 긴급 위장 보고를 평문으로 하게 했다. 일본 함대의 위치(구슬)를 찾아내기 위해 허위무전을 보낸 것이다. 이 전문은 일본군 점령지인 웨이크섬의 통신부대에 감청됐고, 일본군은 본국 보고 때 미드웨이를 지칭하는 암호 AF를 그대로 사용했다. 드디어 미 해군 통신정보대는 AF가 미드웨이임을 알아냈다. 1942년 6월 미군은 미드웨이해전에서 전투기를 이용한 바다 위 공중전으로 전세를 뒤집었다. 미군의 허위무전 벽돌 한 장이 일본 해군을 격침한 것이다.

18. 금적금왕과 중심

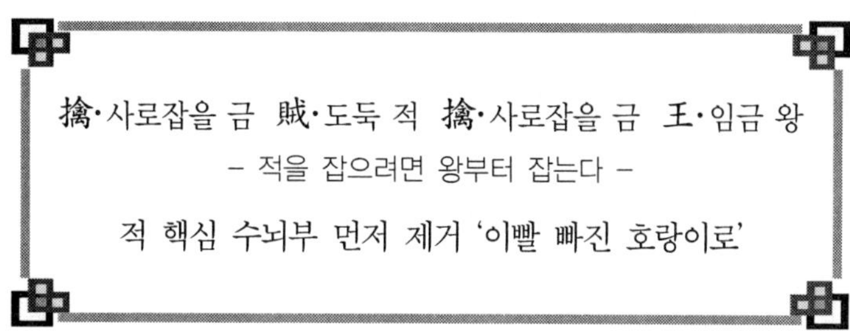

擒·사로잡을 금 賊·도둑 적 擒·사로잡을 금 王·임금 왕
– 적을 잡으려면 왕부터 잡는다 –

적 핵심 수뇌부 먼저 제거 '이빨 빠진 호랑이로'

김정은의 좌충우돌 도발 노림수를 꺾어야 한다. 특수전사령부는 올해 유사시 북한군 전쟁지도부 제거 임무를 수행할 특수임무여단을 창설할 예정이다. 적 장수를 잡으려면 먼저 그 말을 쏘는 전술이 금적금왕이다.

■ 적을 잡기 전에 먼저 왕부터 잡는다

공전계 18계 금적금왕은 '적을 잡으려면(擒賊) 먼저 왕을 잡는다(擒王)'라는 뜻이다. 이 말은 중국 당나라 시인 두보(712~770)의 「출새곡(出塞曲)」 가운데 '전출새(前出塞)'라는 시에서 유래했다. 원문은 '활을 당기려면 강한 활을 당기고(挽弓當挽强) 화살을 쓰려면 마땅히 긴 것을 써야 한다(用箭當用長). 사람을 쏘려면 먼저 그 말을 쏘고(射人先射馬) 적을 잡으려면 먼저 그 왕을 잡아라(擒賊先擒王)'다. 적 장수를 잡으면 적 전체 병력을 무너뜨릴 수 있으므로 싸움에서는 우두머리를 먼저 잡는 것을 목표로 해야 한다는 뜻이다. 두보는 배를 타고 양쯔강 일대를 떠돌아다니는 표박(漂泊)을 하면서 이 시를 썼다. 그는 남이 나를 침략하거나 내가 남을 침략하는 것을 반대하는 평화주의자였다. 여기에서 적(賊)은 공격이나 방어 목표를, 왕(王)은 지휘관이나 사기 등을 말한다.

『칼을 품은 미소』는 화살 한 발로 포위를 푼 사례를 들었다. 756년 중국 지원현에서 윤자기가 반란을 일으켜 현감이었던 장순을 포위했다. 장순은 야간 기습 공격으로 윤자기군 대부분을 살상했다. 그런데 윤자기를 찾을 수 없자 궁수들에게 잔적들을 향해 화살 대신 나뭇가지를 쏘게 했다. 그러자 윤자기는 장순이 화살이 모두 떨어졌다고 판단하고 역습을 지시했다. 이 모습을 본 장순은 진짜 화살로 윤자기의 왼쪽 눈을 맞혀 반란을 진압할 수 있었다. 북한의 대남도발에서 대통령 암살 시도도 금적금왕 전술이었다.

장순, 나뭇가지 화살 꾀로 적장 찾아
진짜 화살로 왼쪽 눈 맞혀 반란 진압

북한의 암살 테러

1968년 1월 21일 청와대 뒷산까지 침투했다가 붙잡힌 북한 게릴라 김신조는 "박정희 목을 따러 왔다"고 소리쳐 국민들을 경악하게 했다. 이에 정부는 경제건설과 군사력 건설을 병행하도록 정책을 변화시켰다. 자주국방을 위해 향토예비군을 창설하고 방위산업을 육성하는 등 싸우면서 건설하는 노력을 기울였다.

1974년 8월 15일 장충동 국립극장에서 총성이 울렸다. 광복 제29주년 기념식에서 조총련계 재일교포 문세광이 박정희 대통령을 저격했으나 실패하고 영부인 육영수 여사가 흉탄에 쓰러졌다. 북한은 겉으로 위장평화 공세를 취하면서 한국 심장부를 향해 총탄을 쏜 것이다.

대통령 암살 시도는 계속됐다. 1983년 10월 9일 미얀마(당시 버마)의 아웅산 묘소에서 강력한 폭발이 있었다. 북한 김정일이 전두환 대통령과 수행원들을 대상으로 자행한 테러였다. 공식·비공식 수행원 17명이 사망하고 14명이 중경상을 입었다. 그 후 북한의 직접적인 금적금왕 시도는 없었으나 방심은 금물이다. 북한의 테러는 예측 불허다.

유사시 북한군 지도부 제거 임무
특수임무여단 창설 금적금왕 일환

■ 공전계와 지리산 호랑이 사냥

독자들은 36계 중 절반 여정으로 18계까지 왔다. 승전계·적전계·공전계를 피아 전력과 상황에 따라 적절히 혼용하는 지혜가 요구된다. 공전계 전술 종합 학습장은 지리산이다. 호랑이 사냥 산행은 지리산 서쪽 남원에서 노고단을 거쳐 남쪽 구례로 향한다. 호랑이는 한반도에 기원전 7000년경부터 살았으나 1921년 경주 대덕산에서 잡힌 것을 끝으로 사라졌다.

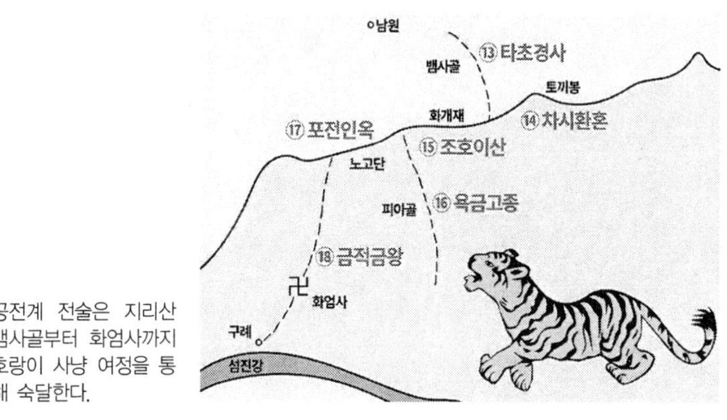

공전계 전술은 지리산 뱀사골부터 화엄사까지 호랑이 사냥 여정을 통해 숙달한다.

13계 타초경사(수풀을 쳐 뱀을 놀라게 함)는 골짜기가 뱀처럼 심하게 굽이친 것에서 유래된 뱀사골계곡에서 야영을 한다. 14계 차시환혼(남의 시체를 빌려서 혼을 불어넣음)은 뱀사골계곡을 올라가 토끼를 먹이로 호랑이를 토끼봉으로 유인한다. 15계 조호이산(호랑이를 산에서 끌어냄)은 호랑이가 몰이꾼들 소리를 듣고 화개재를 지나 피아골로 피하게 만든다. 피아골에서는 16계 욕금고종(잡고자 하면 일부러 놓아 줌)으로 잡은 호랑이 새끼를 놓아 주어 어미 호랑이를 유인한다. 17계 포전인옥

(벽돌을 던져서 구슬을 얻음)은 다시 노고단에서 호랑이 새끼로 어미 호랑이를 잡는다. 18계 금적금왕(적을 잡으려면 먼저 왕을 사로잡음)은 화엄사 구층암 암자에서 단소 가락으로 수컷 호랑이를 홀려 잡는 전술이다. 호랑이 사냥을 마치고 구례로 향하는 사냥꾼 배낭엔 공전계가 있었다.

Chapter 4

적과 비슷하거나 불리할 때: 혼전계

19. 부저추신과 사기 저하

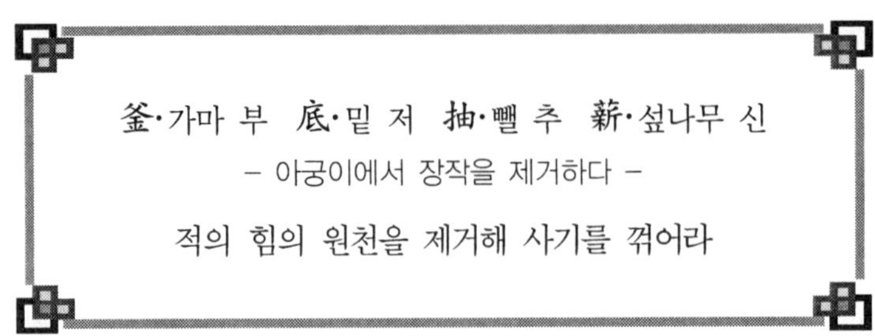

음력 5월 초 단오는 모내기 끝내고 풍년을 기원하는 제자를 지낸다. 그리고 남자들은 씨름을 하고 부녀자들은 그네를 탔다. 씨름에서 손으로 상대방 다리를 앞으로 당기다가 갑자기 손을 빼면서 윗몸으로 밀면 상대방은 중심을 잃고 쓰러진다. 솥에서 장작을 꺼내는 부저추신이다.

부저추신은 사기를 저하시키는 심리전 전술로 발전했다.

■ 아궁이에서 장작을 꺼내다

36계 4부 혼전계(混戰計)는 혼전 중에 승리를 쟁취하기 위한 전술이다. 19계 부저추신(釜底抽薪)부터 24계 가도벌괵으로 이어진다. 핵심은 심리전과 차단이다. 19계 부저추신은 끓는 솥 밑에서(釜底) 장작을 꺼낸다(抽薪)는 뜻이다. 이 말은 기원전 139년 회남왕 유안이 한무제에게 헌사한 『내서』(오늘날 회남자로 알려져 있음) 정신훈에 나온다. 유안은 당시 천하의 뛰어난 인재들을 모아 군주의 치세에 필요한 내용들을 저술하게 했다. 정신훈은 군주가 지나친 욕심을 갖지 않아야 재앙을 피할 수 있다는 내용이다.

여기에 '以湯止沸 沸乃不止 誠知其本 則去火而已矣(이탕지비 비내부지 성지기본 즉거화이이의)'라고 했다. '끓는 물을 끓어오르는 물에 부어봐야 그 끓어오름이 멈추지 않는다. 물이 끓어오르는 근본 원인을 아는 사람은 단지 솥 아래의 불을 제거할 뿐이다'라는 뜻이다. 이것은 전투의지를 약화시키는 심리전으로 발전했다. 패왕별희(霸王別姬)의 소재가 된 '사면초가(四面楚歌)' 고사는 심리전의 고전적 사례다. 항우가 유방에게 쫓겨 해하(垓下)에서 포위됐다. 수년간 전쟁터를 떠돌던 초나라 군사들은 사방에서 들려오는 고향 노래에 눈물을 흘리며 앞다퉈 진영을 탈출했다. 항우는 포위망 돌파를 시도하다가 스스로 목숨을 끊었다. 부저추신은 유림외사에도 등장한다.

한나라군, 초나라 항우군 둘러싸고
초군 고향 노래불러 의지 약화시켜

■ 화(禍)의 근본을 제거하다

『유림외사(儒林外史)』는 중국 고전소설을 대표하는 작품이다. 명나라의 '삼국지연의·수호전·서유기·금병매', 청나라의 '홍루몽'과 더불어 중국 6대 기서(奇書)로 불린다. 이 소설의 작가 오경재는 강희제부터 건륭제에 이르는 청 왕조 전성기에 살았다. 그는 이 소설을 통해 강력한 전제 군주 통치하의 민족 간 갈등과 관료 집단의 부패 등을 이야기했다. 그리고 타락한 지식인과 부자들의 실상을 56회에 걸쳐 문학적으로 형상화했다.

부저추신은 5회에 나오는데 줄거리는 다음과 같다. 어느 고을에서 금전 문제로 다툼이 일어났다. 채권자들이 당사자인 엄대위 집에 갔으나 그는 없었다. 그의 동생 엄대육이 겨우 그들을 설득해 돌려보낸 뒤 해결 방안을 처남들과 상의했다. 처남 왕덕은 "모르는 척하면 채권자들이 가만히 있지 않을 것이므로 '끓는 솥 밑에서 땔감을 빼내듯(如今有個道理 是釜底 抽薪之法)' 화근을 없애야 한다. 중개인을 보내 채권자들과 합의서를 제출해 일을 끝내는 방법이 최선"이라고 했다. 이처럼 개인 간 다툼에서도 부저추신을 모색했다. 베트남전쟁 시 북베트남은 미군이라는 땔감을 빼내기 위해 노래와 컬러텔레비전을 활용했다.

북베트남군, 케산 분지서 미군 상대
"가족에게 돌아가세요" 심리전 방송

■ 케산전투와 심리전

미군은 호찌민 루트 차단을 위해 베트남 중부 라오스 국경지대 케산에서 모험을 걸었다. 미 해병 6개 대대 5,600명과 북베트남군 304·325사단 등 2만 명의 한 판 승부였다. 1968년 1월 21일부터 시작해 77일간 계속됐던 전투는 스포츠 중계처럼 미국 전역에 생중계됐다. 저녁 6시 뉴스는 미국 안방이 베트남 전장으로 변하는 시간이었다. 저녁 시간대 베트남전 보도에서 케산이 차지하는 비중이 절반에 가까웠다. 시민들에게 1만 4,000㎞ 떨어진 곳에서 피 흘리며 싸우는 병사는 자기 자식이나 옆집 아들이었다.

북베트남은 미군의 사기 저하를 노렸다. 800m 고지군으로 둘러싸인 케산 분지에 북베트남군 심리전 방송요원 '하노이 한나'의 감미로운 음성이 울려 퍼졌다. "투웅(가을 향기)입니다. 그대들은 남의 나라 전쟁에서 아무런 의미 없이 죽어가고 있습니다. 오늘도 그대들 걱정에 잠 못 이루는 그리운 가족 품으로 돌아가세요." 그녀의 촉촉한 음성은 전장의 총포 소리를 뚫고 미군 병사 귓가에 젖어들었다. 미군 철수를 노린 북베트남의 추신지비(抽薪止沸: 장작을 꺼내 끓는 물을 식힘)였다. 케산전투에 쏠렸던 세계의 눈은 10일 후 뗏 공세로 옮겨졌다. 씨름에서 버티던 다리 힘을 빼고 상체를 밀어 넘기는 전술이었다.

20. 혼수모어와 혼란

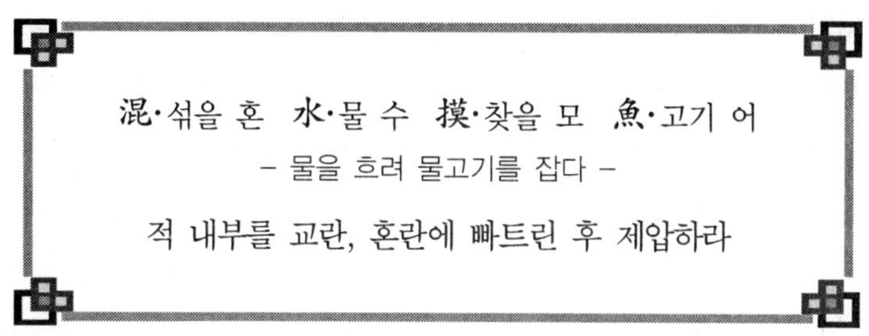

混·섞을 혼 水·물 수 摸·찾을 모 魚·고기 어

- 물을 흐려 물고기를 잡다 -

적 내부를 교란, 혼란에 빠트린 후 제압하라

오랜 가뭄 뒤 단비가 내리면 실개천 물고기는 맑은 물을 찾아 상류로 향한다. 이때 한 사람은 그물 손잡이를 잡고 한 사람은 발로 물을 흐려 물고기 시야를 가려 그물로 들어가게 한다. 이러한 물고기 잡는 방법이 혼수모어 전술로 발전했다.

로안 국장이 자신의 가족을 살해한 범인을 사살하는 모습은 인권 탄압으로 해석돼 반전 분위기를 고조시켰다

■물을 흐려 놓고 고기를 잡는다

혼전계 20계 혼수모어는 물을 흐려 놓고(混水) 고기를 잡는다(摸魚)는 뜻이다. 물을 뒤섞어 흐리게 해 아무것도 보이지 않게 해놓고 고기를 잡는 것으로 적군 내부를 교란시켜 승리를 얻는 전술이다. 이 전술은 가장 오래된 병서 『육도』에서 유래됐다. 기원전 10세기 중엽 주나라 문왕이 위수 북쪽 낚시터에서 태공망 여상을

만나 치세와 전략을 논했다. 여상은 낚싯줄과 미끼에 따라 천하를 얻거나 인재를 모으는 방법이 다르다고 했다. 그는 '緡隆餌豐 大魚食之(민륭이풍 대어식지)'라고 했다. 훌륭한 인재를 얻는 것을 낚싯줄이 굵고 미끼가 크면 큰 물고기가 무는 것으로 비유했다. 緡은 '낚싯줄', 隆은 '크다', 餌는 '미끼'라는 뜻이다.

여상은 육도 29장 병징(兵徵:승패의 징후)에서 물을 흐려 고기를 잡을 좋은 때를 다음과 같이 말했다. 약한 군대의 징후는 '相語以不利 耳目相屬 妖言不止 衆口相惑 不畏法令 不重其將(상어이불리 이목상속 요언부지 중구상혹 불외법령 부중기장)'이다. 자기 군대의 불리한 점을 서로 이야기하고, 서로 모여 웅성거리고, 유언비어가 그치지 않고, 위아래가 서로 속이고, 법령을 두려워하지 않고, 장수를 존경하지 않으면 나약한 군대라는 뜻이다. 히틀러는 제2차 세계대전 막바지에 패색이 짙어지자 전세를 뒤집기 위해 가짜 미군을 투입하는 혼수모어를 시도했다.

히틀러, 영어 능통자로 특공대 선발
가짜 미군 편성해 미군 후방에 투입
통신망 교란시키고 거짓 정보 흘려

■땅 위 물고기로 후방을 교란

1944년 12월 중순 아이젠하워는 총공세를 계획했다. 독일군은 미·영 연합군 병참기지인 벨기에 북부 앤트워프 항구로 반격을 가했다. 그리고 연합군의 틈새인 라인강 하류와 자르 지역 사이 아르덴으로 주력을 투입했다. 또한, 히틀러는 스코르체니 중령이 지휘하는 제150기갑여단 특공대 2,000여 명을 편성해 그라이프 작전을 펼쳤다.

특공대는 영어 능통자로 편성했으며 포로가 된 미군들의 영어 발음이나 껌을 씹을 때 모습까지 모방하도록 했다. 독일군 특공대는 미군 복장과 장비로 미 제1군 후방지역에 침투했다. 이들은 연합군 지휘통신망을 교란하고 뫼즈강의 여러 교량을 확보해 교두보를 장악했다. 그리고 가짜 지뢰 지대 표시를 하거나 길 표지판

을 거꾸로 돌려놔 연합군 공격을 지연시켰다.[44]

또한, 미군 부대에 몰래 잠입, 거짓 정보를 흘려 혼란에 빠트렸다. 연합군은 미군 헌병들로 변장한 이들을 색출하기 위해 미국인만 아는 질문을 던졌다. 독일군은 뫼즈강을 연한 디낭에서 공격이 저지되고 바스토뉴 점령에 실패하면서 운명의 최후 대공세는 막을 내렸다. 특공대 2,000여 명 대부분은 전사하거나 포로가 됐다. 베트남전에서도 북베트남은 1968년 1월 말 혼수모어 공세를 취했다.

■사진 한 장이 전세를 뒤집다

북베트남은 1968년 1월 21일 케산전투에서 19계 부저추신으로 미군 철수를 노렸다. 10일 후 남베트남 모든 지역에서 뗏(tết·베트남의 신년 명절) 공세를 감행했다. 이날은 베트남 민족이 전투를 잠시 멈추고 설 연휴를 보내는 날이었다. 남베트남 응우옌 반 티에우 대통령은 36시간 동안 일방적 휴전을 선포했고, 남베트남군 절반 이상이 휴가를 갔다. 북베트남군과 민족해방전선 대원 7만여 명은 36개 주요 도시와 25개 군사시설 등에 물고기처럼 스며들었다. 남베트남군 복장을 입거나 가짜로 장례식을 하는 것처럼 꾸민 후 관에 무기와 탄약을 숨겨 운반했다.

미 대사관을 둘러싼 여섯 시간의 교전 상황이 여과 없이 미국 안방으로 생중계됐다. 미국 시민들은 케산전투와 뗏 공세 모습을 본 후 정부가 자신들을 속였다는 것을 알았고, 반전 여론이 폭발했다. 에디 애덤스 기자가 찍은 사진 한 장은 전 세계에서 반전 분위기를 고조시켰다. 남베트남 치안국장 응우옌 곡 로안이 민족해방전선 간부를 붙잡아 권총으로 즉결처분했다. 자신의 가족을 죽인 데 대한 처벌이었다. 그러나 이를 찍은 사진은 사람들에게 무차별적 인권 탄압으로 받아들여졌다. 뗏 공세는 군사적으로는 비록 패배했으나 정치적으로는 승리를 거뒀다.

44) 온창일 등, 『세계전쟁사』(서울: 황금알, 2004), pp.384-388.

21. 금선탈각과 속임수

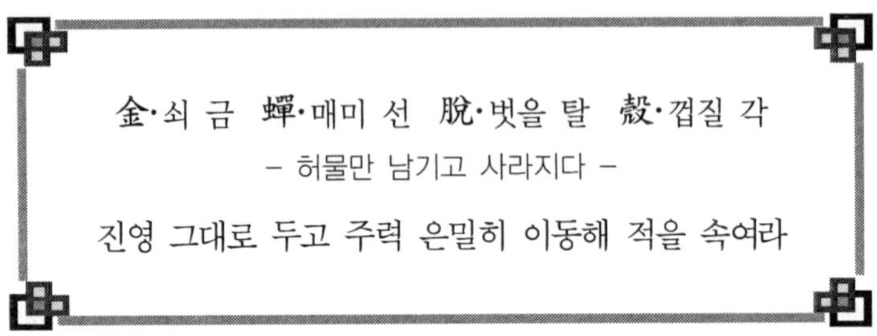

金·쇠 금 蟬·매미 선 脫·벗을 탈 殼·껍질 각

– 허물만 남기고 사라지다 –

진영 그대로 두고 주력 은밀히 이동해 적을 속여라

하지(夏至)가 되면 암컷 매미에게 구애하는 수컷 매미들이 나무들 위에서 울어댄다. '금선탈각'은 허물만 남기고 사라지는 매미처럼 전쟁에서 소리를 내지 않고 은밀히 사라지는 전술이다.

빈 티엔 둥은 하노이에 있는 것처럼 위장하고 실제 남베트남 전장을 지휘했다.

■ 껍질만 남기고 사라지다

혼전계 21계 금선탈각은 매미(金蟬)가 허물을 벗는다(脫殼)는 뜻이다. 『회남자』의 '정신훈'에는 '蟬蛻蛇解 游於太淸(선태사해 유어태청)'이란 표현이 나온다. 무릇 해탈한 사람은 매미가 껍질을 벗고 뱀이 허물을 벗는 것처럼 벗어나 자유로운 세계인 태청(太淸)에서 노닌다는 뜻이다.

또한, 원나라 혜시가 지은 『유규기(幽閨記)』의 '문무동맹(文武同盟)'에는 '曾記得兵書上有閨 金蟬脫殼之計(증기득병서상유규 금선탈각지계)'라는 표현이 있다. '일찍이 병서 안에 금선탈각의 계책이 있었던 것으로 기억한다'라는 뜻이다.

금선탈각은 은밀히 퇴각할 때 활용된다. 곧 '存其形 完其勢(존기형 완기세), 友不疑 敵不動 巽而止蠱(우불의 적부동 손이지고)'다. '진지의 원래 모습을 보존하고 아군의 방어하는 태세를 유지한다. 그래야 우군도 의심하지 않고, 적도 함부로 움직이지 않는다'는 뜻이다. 이를 틈타 은밀히 주력을 이동시켜 위기를 벗어날 수 있다. 제갈량이 북벌 도중에 죽으면서 이 전술을 마지막으로 사용했다.

북벌 나선 제갈량 죽음 앞두고 은밀하게 철수 지시
촉군, 사마의 추격에 제갈량 목상으로 속이고 반격

■나무로 만든 사람으로 속이다

제갈량은 227년부터 234년까지 다섯 차례 북벌을 시도했으나 끝내 장안(오늘날 시안) 앞 위수를 건너지 못했다. 234년 8월 한중을 출발한 그는 오장원에서 피로가 누적돼 죽음에 이르렀다. 설상가상으로 촉나라군은 위나라군의 지연전으로 식량 보급마저 차단돼 더 이상 버틸 수 없었다. 그는 죽음을 앞두고 은밀한 철수작전을 지시했다.

위나라군 장수 하후패는 오장원에 주둔하던 촉나라군이 보이지 않자 사마의에게 알렸다. 제갈량이 죽었다고 판단한 사마의가 추격하자 촉나라군은 말머리를 돌려 반격했다. 이때 촉나라군의 깃발에는 '한승상 무향후 제갈량'이라고 쓰여 있었다. 그리고 사륜거 위에 제갈량이 윤건을 쓰고 부채를 든 채 앉아 있었다. 사실은 목상(木像)이었다. 사마의는 제갈량이 살아 있으면서 자신을 속였다고 생각하고 급히 말을 돌려 도망쳤다. 촉나라군 장수 강유가 사마의를 뒤쫓았고 위나라군은 대패했다. 죽은 제갈량이 살아있는 사마의를 금선탈각으로 물리친 셈이다. 베트남

전쟁에서 반 티엔 둥은 금선탈각의 속임수로 승리했다.[45)]

북베트남 반 티엔 둥, 하노이에 있는 것처럼 위장
실제로는 남베트남 전장 몰래 지휘해 승리 이끌어

■ 매미로 변한 반 티엔 둥

9년 동안의 협상 끝에 1973년 파리평화협정이 조인됐다. 미군의 완전 철수를 겨냥한 노림수였다. 그러나 남베트남에는 매미가 허물을 남기듯 공산당원 9,500명과 북베트남에서 침투시킨 요원 4만 명 등 전체 인구 0.5% 정도의 공산분자들이 사회 곳곳에서 암약하고 있었다. 이들은 민족·평화주의자로 위장하고 시민단체와 종교단체, 대학가와 언론계를 장악했다. 조직적인 반미운동과 남남갈등을 조장하며 혼란을 부추겼다.

1974년 12월 북베트남은 이러한 남베트남의 극심한 혼란을 틈타 전면전을 결정했다. 북베트남군 총사령관 반 티엔 둥은 금선탈각 전술을 썼다. 하노이에 허물을 남기고 은밀히 남베트남으로 이동했다. 하노이에서는 둥의 이름으로 메시지를 남베트남으로 발신했다. 하노이 사령부 앞에는 매일 아침 똑같은 시간에 둥의 승용차가 멈춰 섰다. 그와 외모가 매우 비슷한 병사가 둥 장군 역할을 맡았다.

하노이 주재 정보원이나 공관원들은 그가 하노이에 있다고 보고했다. 미 CIA도 그가 남베트남에서 북베트남군을 지휘하고 있는 것을 전혀 몰랐다. 하노이가 고의로 흘리는 거짓 정보에 끌려다녔다. 북베트남군은 북위 17도 선에 있는 군사분계선을 넘어 공격하고 '반메투오트 대신 북쪽 플레이쿠를 공격한다'는 위장 명령을 내렸다. 결국, 1975년 3월 10일 전략적 요충지 반메투오트에서 총공세를 허용하고 말았다. 남베트남군은 4,000명의 병력만 배치해 놓고 있었고, 북베트남군 3만 명이 숨어든 사실을 까맣게 모르고 있었다.[46)] 남베트남은 수천 킬로미터 떨어진 하노이의 매미 울음소리 허물에 속아 나라마저 내줬다.

45) 쌍진롱 글, 박주은 옮김, 『마흔 제갈량 지혜』(서울: 다연, 2011), pp.466-468.

46) 마이클 매클리어 글, 유경찬 옮김, 『베트남 10000일의 전쟁』(서울: 을유문화사, 2002), pp.570-573.

22. 관문착적과 차단

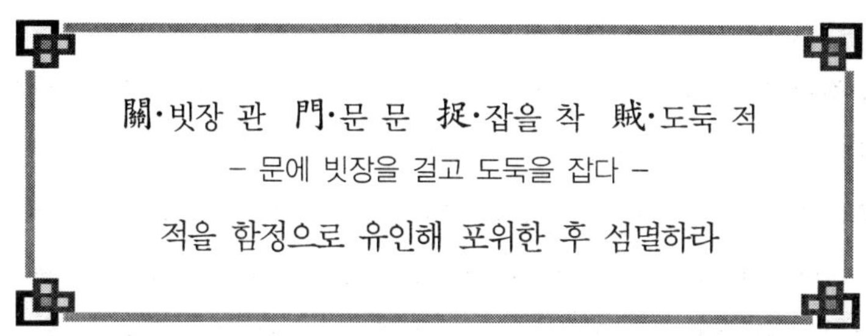

關·빗장 관 門·문 문 捉·잡을 착 賊·도둑 적

– 문에 빗장을 걸고 도둑을 잡다 –

적을 함정으로 유인해 포위한 후 섬멸하라

매년 6월 호국보훈의 달은 뜨겁다. 나라를 위해 몸 바친 장병과 순국선열들께 감사와 존경을 보낸다. 오늘날의 평화는 국군과 유엔군 참전 용사들의 '관문착적' 덕분이다.

미군과 남베트남군은 호찌민 루트의 관문을 차단하기 위해 라오스와 캄보디아를 공격했으나 실패했다. 이것은 남베트남 패망을 촉진시켰다.

■ 문에 빗장을 치고 도둑을 잡다

혼전계 22계 관문착적은 문에 빗장을 치고(關門) 도둑을 잡는다(捉賊)는 뜻이다. 이 전술은 중국의 민간 속어인 관문타구(關門打狗: 문을 걸어 잠그고 적을 때려잡음)에서 유래했다. 關은 문을 닫아거는 빗장의 모습이며 捉은 손을 뻗치고 따라붙는 것을 형상화한 글자다. 관문착적은 중국 고대 병법에서 적을 함정으로 유인해 포위한 후 섬멸하는 위대진(圍袋陣: 에워싸 자루에 담음)과 위섬전(圍殲戰·에워싸 섬멸)으로 활용됐다. 그리고 이 전술은 직접 공격하지 않고 스스로 무너지게 하는 위사불타(圍師不打)로도 응용됐다. 기원전 260년 진(秦)나라 백기는 조(趙)나라 조괄군 40만을 장평에서 포위했다. 조나라군은 식량이 떨어지고 지원을 받지 못하자 결국 항복했고 대부분 생매장당했다.

관문착적의 성공은 관문의 장소와 의지에 달려 있다. 『오자병법』에 '一人投命 足懼千夫(일인투명 족구천부)'라는 구절이 있다. 죽음을 두려워하지 않는 한 명이 1천 명을 두렵게 한다는 뜻이다. 이순신 장군은 이를 인용해 명량(鳴梁: 진도 울돌목) 해전을 앞두고 '一夫當逕 足懼千夫(일부당경 족구천부)'라 했다. 한 명의 장부가 길목을 잘 지키고 있으면 천 명의 적을 막을 수 있다는 뜻이다.[47] 그러나 아무리 튼튼한 장벽도 내부 분열이 있으면 쉽게 무너진다.

진나라 백기, 조나라 조괄군 포위
외부 차단 식량 떨어지게 해 승리

■ 내부 분열이 장벽을 허물다

인류는 강과 산을 경계로 삼았다. 네 것을 차지하기 위한 싸움이 커지면서 강산을 잇는 인위적 장벽을 쌓기 시작했다. 돌무더기 장벽으로는 달에서도 보인다는 만리장성이 으뜸이다. 기원전 3세기 진시황 때 축조하기 시작해 18세기 청나라 때까지 이어졌다. 성벽 길이는 지선까지 합치면 6,000㎞에 이른다. 그러나 튼튼했던 장벽을 바탕으로 강성했던 명나라는 이자성이 주도한 대규모 농민반란 등으로 내부에서부터 무너졌다.

프랑스도 마찬가지였다. 독일과의 국경지대에 요새와 벙커를 촘촘히 연결한 마

47) 이인식, 『융합하면 미래가 보인다』(서울: 21세기북스, 2014), pp.206-207.

지노선만 믿었다. 그 뒤에서 폴 레노 총리는 독일군의 침공 정보를 알고서도 "전쟁만은 안 된다"고 외쳤다. 참모총장 가믈랭도 "전쟁은 청년을 너무 많이 희생시킨다"고 했다. 마르세유 비행장 주변 프랑스 주민들은 영국군 폭격기가 이탈리아를 폭격하지 못하도록 수레와 운반용 차로 활주로를 막아버렸다. 파리 함락 사흘 전이었다. 1940년 6월 프랑스는 6주 만에 독일에 무릎을 꿇었다.

1959년 북베트남은 통일전쟁을 시작하면서 북위 17도선 장벽을 피해 호찌민 루트를 개척했다. 이곳을 통해 북베트남군 병력과 장비, 물자를 남베트남으로 내려 보냈다.

관문의 장소와 의지가 승패 좌우
루트 차단 실패한 남베트남 패망

■남베트남 관문 차단 실패

미군은 이 루트 차단을 위해 무진 애를 썼다. 1970년 4월 미군 1만5천 명과 남베트남군 5,000명이 캄보디아를 공격했다. 게릴라전을 지휘하는 남베트남중앙본부(COSVN)가 있는 낚싯바늘 지역을 차단하기 위해서였다. 그러나 이들은 미리 공격 첩보를 입수하고 숨어 버려 작전 성과는 저조했다.

1971년 2월 남베트남군 1만 7천 명은 라오스 국경 내 40㎞ 지점에 있는 북베트남군 기지 체폰을 공격했다. 미군 1만 명은 포병과 항공기 지원을 맡았다. 이 공격도 북베트남군의 완강한 저항으로 실패했다. 두 번의 관문착적 시도는 오히려 젊고 유능한 남베트남군 장교들을 제물로 바친 1급 참사로 평가받았다.

1973년 1월 파리평화협정 조인으로 미군마저 철수하고 남베트남 혼란은 계속됐다. 적이 라오스와 캄보디아에서 침투하는 관문을 차단하는 데 실패하면서 남베트남은 지도 위에서 사라졌다. 역사를 잊는 민족에게 생존은 없다. 안보 관문은 피와 땀으로 지켜야 한다.

23. 원교근공과 외교전

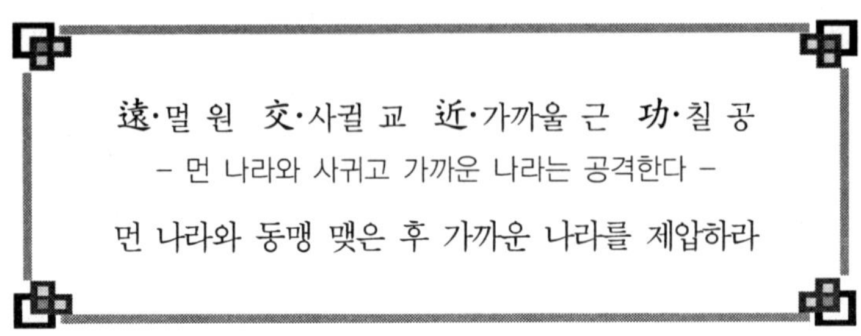

遠·멀 원 交·사귈 교 近·가까울 근 功·칠 공

– 먼 나라와 사귀고 가까운 나라는 공격한다 –

먼 나라와 동맹 맺은 후 가까운 나라를 제압하라

카를 폰 클라우제비츠는 '전쟁은 총으로 하는 외교이며 외교는 말로 하는 전쟁'이라고 했다. 기원전 221년 시황제는 중국 최초의 통일제국 진(秦)을 세웠다. 오래전 장의의 연횡(連橫)과 범저의 원교근공이 뿌린 씨앗이 열매를 맺은 것이다.

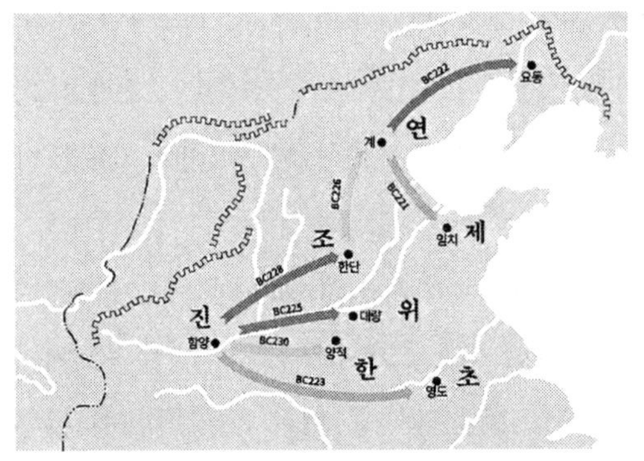

진시황은 가까운 한나라부터 공략하기 시작해 먼 제나라를 마지막으로 점령하며 통일을 달성했다.
〈출처=시안박물관〉

■먼 나라와 사귀고 이웃 나라는 친다

혼전계 23계 원교근공은 '먼 나라와는 사귀고(遠交) 이웃 나라는 친다(近功)'라는 뜻이다. 멀리 있는 나라와 외교적 우호관계를 맺고 직접적 위협이 되는 가까운 나라는 공격하는 전술이다. 원교근공은 『전국책』에서 유래했다. 이 책은 한나라 성제(成帝) 때 유향이 전국시대(기원전 475~221) 말까지 12개국의 홍망사와 일화를 33

권으로 정리한 역사서다. 여기에는 부국강병과 약육강식의 처절한 현실이 그대로 서술됐다.

원교근공은 진(秦)나라 소양왕(기원전 306~251) 때 범저가 건의한 동진정책에 나온다. 이보다 전에는 오늘날에도 외교전략으로 널리 사용되는 합종연횡(合從連橫)이 있다. 기원전 3세기 초 위나라의 소진은 조·한·제 등 6국이 연합해(合從) 진나라에 대항할 것을 도모했다. 약자가 힘을 합해 강자에게 대드는 모양새다. 이에 맞서 진나라의 장의는 제·연과 연합해(連橫) 조·한·위 등을 치는 꾀를 냈다. 6국의 동맹을 깨고 진나라를 섬기도록 하는 복안이었다. 이 전략은 원교근공과도 서로 통한다. 기원전 318년 조·한·제 등 6국 합종 연합군이 진을 공격했으나 분열돼 함곡관에서 패하고 말았다. 연횡은 진나라의 통일정책인 범저의 원교근공으로 이어졌다.

진, 제·연과 연합 후 조·한·위 공격
진시황, 원교근공으로 첫 통일 제국

■ 원교근공으로 통일제국을 세우다

범저는 원래 위나라 사람이었다. 양왕에게 연제항진(聯齊抗秦·위와 제나라가 연합해 진에 대항)을 건의했으나 무시당했다. 기원전 271년 그는 진나라로 망명했다. 당시 진 소양왕은 인접한 위나라와 연합해 멀리 떨어진 제나라를 정벌하려 했다. 그러나 범저는 먼저 제나라와 연합해 인접국 위·한나라를 점령한 후 제나라를 정벌해야 한다는 건의를 했다.

"왕께서는 원교근공책을 쓰느니만 못합니다. 한 치를 얻으면 왕의 땅이 한 치 늘어날 것이요, 한 자를 얻으면 한 자만큼 왕의 땅이 늘어날 것이기 때문입니다. 그런데 지금 이를 버리고 자꾸 먼 곳을 공격하기를 고집하시니 큰 오류가 아닙니까(王不如遠交而近功, 得寸則王之寸 得尺亦王之尺也 今舍此而遠攻 不亦繆乎)?"[48]

48) 유향 글, 임동석 옮김, 『전국책』 권3 (서울: 동서문화사, 2009), pp.10-13.

이로부터 40년 후인 기원전 230년 진시황은 통일전쟁을 시작했다. 가장 가깝고 약소한 한나라를 시작으로 위·초나라 등을 순차적으로 정복했다. 기원전 221년 마지막으로 가장 멀고 강대했던 제나라를 무너뜨리고 중국 최초의 통일제국을 세웠다. 원교근공이었다. 베트남도 멀리 있는 소련과는 외교적 우호관계를 유지하면서 많은 원조를 받았다. 반면 가까이 있는 중국·캄보디아와는 전쟁을 했다.

베트남, 소련과 우호 유지 원조 받아
중국과 캄보디아와의 전쟁서 승리해

■ 북베트남 총과 말로 통일을 이루다

북베트남은 1969년 9월 호찌민이 남긴 "단결하라"라는 유훈을 바탕으로 군사적으로는 통일을 위해 일관된 전략을 펼쳤다. 중국은 북베트남에 대규모 병력의 직접적 군사적 지원과 물적 원조를 병행했다. 소련은 대공 미사일 요원의 훈련과 함께 최신예 미그기와 탱크 등 무기와 장비를 지원했다. 북베트남은 중국과 소련의 국경 분쟁 등으로 야기된 상호 갈등 관계를 이용해 등거리 외교를 하면서 양국으로부터 군사원조를 최대한 받아냈다.

그런데 외교적으로는 친중·친소파로 나누어졌다. 친중파는 보 응우옌 잡과 레 둑 토 등이었고, 친소파는 레 주 언과 팜 반 동 등이었다. 이들은 서로 의견이 달랐으나 베트남 통일 의지는 같았고 끝내 그 목표를 이뤘다. 1975년 베트남 통일 후 중국은 베트남의 영향력 확대를 우려해 캄보디아에 대한 군사적 원조를 증가했다. 그러자 베트남은 친소정책으로 기울었다. 양국의 갈등은 1978년 12월 베트남의 캄보디아 침공으로 비화됐다.

마침내 1979년 2월 중국군 30여 만 명은 베트남 북부 국경지대를 침공했다. 중국군은 랑선까지 진출했으나 베트남군의 게릴라전에 많은 사상자를 냈고 전쟁은 3월 6일 종전됐다. 베트남은 열세한 군사력으로 강한 중국과 맞붙어 승리했다. 강대국에 무릎 꿇지 않는 베트남의 원교근공 지혜를 들춰보자.

24. 가도벌괵과 흑심

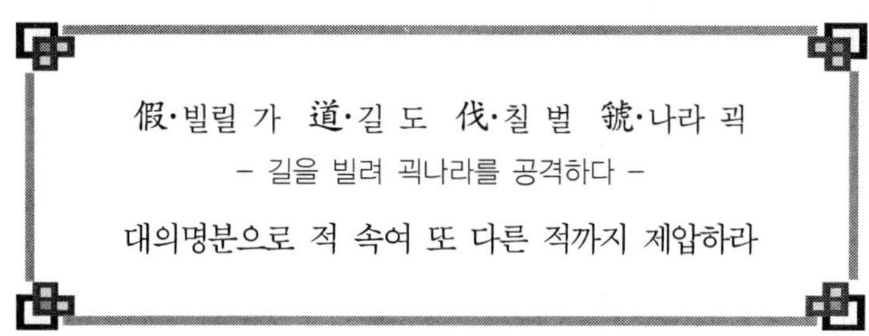

假·빌릴 가 道·길 도 伐·칠 벌 虢·나라 괵

– 길을 빌려 괵나라를 공격하다 –

대의명분으로 적 속여 또 다른 적까지 제압하라

1592년(선조 25) 3월 대마도주 소 요시토시가 부산포에 일본 사신으로 왔다. 명나라에 조공을 바칠 길을 열어주지 않으면 변란이 일어날 것이라고 협박했다. '정명가도(征明假道)'에 이은 가도벌괵 속셈이었다.

■ 우나라 길을 빌려 괵나라를 치다

혼전계 24계 가도벌괵은 길을 빌려(假道) 괵나라를 친다(伐虢)는 전술이다. 假는 빌린다는 뜻이다. 출처는 『춘추좌전』 희공 2년이다. 춘추는 공자가 제자들에게 노나라 역사를 가르치기 위해 만든 교과서이며, 춘추좌전은 좌구명이 춘추의 해석을 돕기 위해 주석을 단 역사서다. 춘추좌전에는 '晉荀息 請以 屈山之乘 與垂棘之璧 假道於虞以 伐虢(진순식 청이 굴산지승 여수극지벽 가도어우이 벌괵)'이라는 구절이 나온다. 진나라 순식이 굴산에서 나는 말과 수극의 벽옥으로 우나라에서 길을 빌려 괵나라를 쳤다는 뜻이다. 굴산은 지금의 산서성 석루현이며 수극은 노성현 북쪽에 있었다. 진나라 남쪽의 우나라와 괵나라는 서로 형제의 나라였다.

기원전 653년 진나라는 황하 유역 산서성 일대의 괵나라 정벌에 나섰다. 진나라에서 괵나라로 가려면 반드시 중간에 있는 우나라의 평륙현 동북쪽 우판을 지나야 했다. 당시 우나라의 궁지기와 백리해는 우와 괵은 순망치한(脣亡齒寒: 입술이 없으면 이가 시림)의 관계라며 길을 내주는 것을 극구 반대했다. 그럼에도 우공은 뇌물에 넘어가 진나라에 길을 빌려줬다. 진나라 헌공은 우공에게 함께 사냥을 하자고 꾀어 우나라군 주력을 유인, 빈틈을 만들었다. 진나라의 이극은 괵을 정벌하고 돌아오는 길에 우나라마저 삼켰다. 북베트남도 라오스와 캄보디아로부터 길을 빌려 남베트남을 정복했다.

진나라, 우나라 길 빌려 괵 정벌
돌아오는 길에 우나라마저 정복

■ 길을 빌려준 대가는 피로 물든 메콩강

1975년 4월 30일 남베트남 수도 사이공을 에워싼 북베트남군 30만 명은 도대체 어디서 온 것일까? 미군 상황판에 도식된 호찌민 루트는 5,645㎞였으나 실제 길이는 1만 3천㎞ 이상이었다. 1934년 마오쩌둥 홍군이 1년 동안 걸었던 대장정 길이와 유사했다. 이 루트를 차단하기 위해 쏟아 부었던 폭탄은 2차 대전 시의 공중폭격 폭탄 200만 톤보다 많은 220만 톤이었다.

루트 보수 전담은 5만 명으로 5㎞ 간격으로 거점 캠프가 마련됐다. 이곳에는 식량과 탄약·유류 등이 저장됐고 캠프 사이를 릴레이 방식으로 운용했다. 북베트남은 육지 길은 라오스와 캄보디아로부터 빌렸고 바닷길은 남중국해와 캄보디아 시아누크 빌 항구를 빌렸다. 가도벌괵이었다. 남베트남군은 병력 66만과 2년 이상 버틸 수 있는 군수품이 있었으나 허무하게 무너졌다.

길을 빌려준 두 나라도 무사하지 않았다. 라오스는 1975년 공산화됐다. 캄보디아도 1978년 베트남의 침공을 받아 수도 프놈펜이 점령당했고 1989년까지 베트남의 지배를 받았다. 두 나라를 흘러가는 메콩강은 붉은 피로 물들었다.

북베트남, 라오스·캄보디아 이용
남베트남 통일 후 두 나라도 공산화

베트남 전쟁 후반부는 북베트남이 36계 혼전계 전술로 주도권을 잡았다

■ 혼전계와 베트남전쟁

혼전계 전술의 종합 훈련장은 베트남전쟁이다. 북베트남은 1968년 1월 케산전투부터 1975년 4월 통일까지 혼전계 전술을 활용했다. 19계 부저추신(끓는 솥 밑에서 장작을 꺼냄)은 케산전투다. 북베트남군은 미군 철수를 노린 심리전을 병행해 전투는 케산에서 치러졌으나 전장은 미국 안방이었다. 20계 혼수모어(물을 흐려 놓고 고기를 잡음)는 1968년 1월 말 뗏(구정) 공세다. 남베트남민족해방전선에 의해 남베트남 전역에서 동시다발로 일어났다.

21계 금선탈각(매미가 허물만 남기고 감)은 1972년 3월 말 춘계 대공세다. 북베트남군 정규 13개 사단이 남베트남의 주요 전략적 요충지를 공격했다. 파리평화협정 체결을 노린 승부수였고 전투가 끝난 후 쯔엉선산맥으로 사라졌다. 라오스와 캄보디아를 통해 북베트남군이 침투하는 것을 저지하기 위한 미군과 남베트남군의 공세작전은 22계 관문착적(문에 빗장을 치고 도둑을 잡음)이었다.

23계 원교근공(먼 나라는 사귀고 이웃 나라를 침)으로 북베트남은 친소반중 외교 정책을 펼쳤다. 그 결과 1979년 중국의 베트남 침공을 부르기도 했다. 24계 가도벌괵(길을 빌려 괵나라를 공격)은 베트남 통일까지 계속 활용된 호찌민 루트다. 다윗이 혼전계로 골리앗을 이긴 사례다.

Chapter 5

적과 비슷해 변화를 줄 때: 병전계

25. 투량환주와 주도권 쟁취

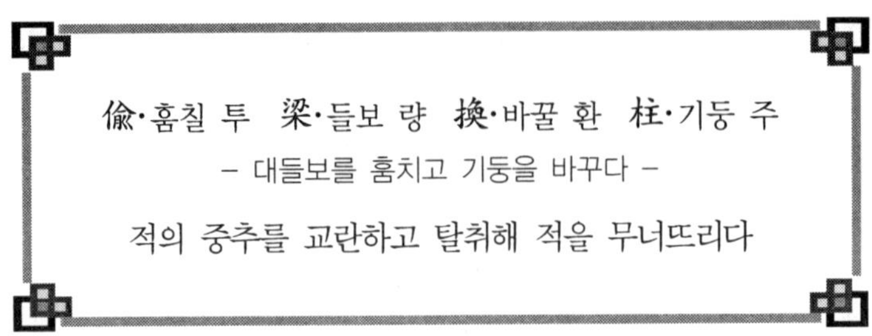

偸·훔칠 투 梁·들보 량 換·바꿀 환 柱·기둥 주

– 대들보를 훔치고 기둥을 바꾸다 –

적의 중추를 교란하고 탈취해 적을 무너뜨리다

2017년은 대한제국 수립 120주년으로 다채로운 행사들이 이어지고 있다. 조선 말 일어났던 역사적 사건들을 36계 병전계의 각 전술과 연계해 되돌아보자. 19세기 말 일제는 제국들의 영토쟁탈전에 뛰어들어 한반도를 삼키려는 야욕을 불태웠다.

일본은 투량환주로 조선의 대들보와 기둥을 무너뜨렸다

■ 대들보와 기둥을 허물다

36계 5부 병전계(幷戰計)는 피아의 전력에 따라 적의 세력을 약화시키거나 아군의 약점을 감출 때 사용하는 전술이다. 25계 투량환주(偸梁換柱)로부터 시작해 30계 반객위주(反客爲主)까지 이어진다. 핵심은 허장성세(虛張聲勢)·은폐(隱蔽)·주도권 장악 등이다.

25계 투량환주는 대들보를 훔치고(偸梁) 기둥을 바꾼다(換柱)는 뜻이다. 대들보(梁)와 기둥(柱)은 집을 받쳐주는 뼈대다. 대들보를 빼고 기둥을 바꾼 후 스스로 무너지게 하는 전술이다. 이 표현은 원래 기원전 16세기 중국 하나라 걸(桀)왕과 기원전 10세기 상나라 주(紂)왕의 고사에서 유래했다. 두 폭군은 힘이 대단해 아홉 마리 소를 거꾸로 들고 대들보와 기둥을 번쩍 들어 바꿀 수 있었다고 한다. 주왕이 어느 날 정원을 거닐다가 비운각이라는 정자가 무너지려 하는 것을 보고 자신이 몸으로 대들보를 지탱할 때 기둥을 바꾸도록 했다는 '탁량환주(托梁換柱)'가 투량환주로 바뀌었다.

투량환주는 사물의 성질이나 내용을 바꿔 이익을 도모한다는 뜻으로도 쓰인다. 조고는 진시황이 죽으면서 남긴 유언을 바꾸는 투량환주로 권력을 쥐었으나 진나라의 대들보를 썩히고 기둥을 무너지게 했다.

제왕학 강의로 진시황 신임 쌓은 조고
부소 대신 호해 황제 앉히고 국정 농단

■ 조고, 진 제국을 무너뜨리다

조고는 원래 조나라 사람이었다. 그는 기원전 260년 진나라 장수 백기가 장평에서 조나라 포로 40만 명을 학살한 원수를 갚고자 했다. 그는 진시황의 최측근 환관에 올라 기회를 노렸다. 그는 진시황이 한비자(韓非子)를 흠모하는 것을 알고 제왕학을 강의하면서 신임을 쌓았다. 드디어 국새를 관리하는 권력 핵심에 올랐다. 조고는 승상 이사와 함께 권력을 장악할 기회를 노렸다.

기원전 210년 진시황은 사구(沙丘: 오늘날 한단 서북쪽 싱타이시 근처)에서 병사했다. 조고는 이사와 함께 18번째 아들 호해를 태자로 삼는 사구정변을 일으켰다. 태자였던 부소와 몽염 장군에게 죽음을 내렸다. 그는 진시황의 죽음을 알리지 않고 시신이 부패하는 냄새를 없애기 위해 썩은 생선으로 그 주변을 감쌌다. 호해는 이세황제에 올랐으나 권력은 조고 손아귀에 있었다. 조고는 호해로 하여금 진시황의 신하들과 자녀 모두를 죽이게 했다. 또한, 아방궁과 진시황릉을 축조해 국력을 쇠진시켰다.

결국, 민심이 등을 돌렸고 진승과 항우·유방 등이 곳곳에서 봉기했다. 기원전 207년 3대 황제 자영이 유방에게 투항하자 진시황이 세운 진 제국은 15년 만에 사라져 버렸다.

日, 조선 혼란 이용해 淸과 톈진조약
淸 종주권 유명무실화시키고 주도권

■ 일본, 조선의 기둥을 바꾸다

일제는 한반도의 주도권을 쥐기 위해 청나라를 밀어내는 투량환주를 시도했다. 1882년 7월, 신식 군대 별기군에 비해 차별 대우를 받아온 무위영 소속 구훈련도감 군병들이 군제개혁에 불만을 품고 일본 공사관과 창덕궁을 습격했다. 일본 정부는 조선 정부의 승인도 받지 않고 육·해군 혼성부대 1,500여 명을 파병했다. 청나라군 4,000명도 고종 승인도 받기 전에 한양에 입성했다. 개화와 수구 세력 간 싸움으로 인한 내우(內憂)가 빚은 외세 간섭의 시작이었다. 조선왕조 500년을 지탱하던 정치적 대들보는 갈라지고 군사력 기둥은 하나둘 허물어지기 시작했다.

조선 정부는 일본과 제물포조약을 체결해 일본 공사관을 호위하는 1개 중대 주둔을 허용했다. 1884년 12월 개화파에 의한 갑신정변은 삼일천하로 끝나고 말았다. 일본은 정변 처리를 구실로 한성조약을 체결하고 1개 대대 병력을 용산에 주둔시켰다. 그리고 일본과 청은 조선 정부도 모르게 톈진조약을 체결했다. 조선에 청·일 양국 또는 일국이 파병을 필요로 할 때 반드시 문서로 사전 통지하고 사태가 평정되면 즉시 철병한다는 내용이었다. 조선의 운명이 다른 나라에 맡겨졌다.

조선에 대한 청나라의 종주권이 유명무실해졌고 일본은 조선에 대한 출병권을 청나라와 동등하게 가질 수 있었다. 일본이 조선의 대들보를 훔치고 기둥을 바꾼 투량환주였다.

26. 지상매괴와 간접경고

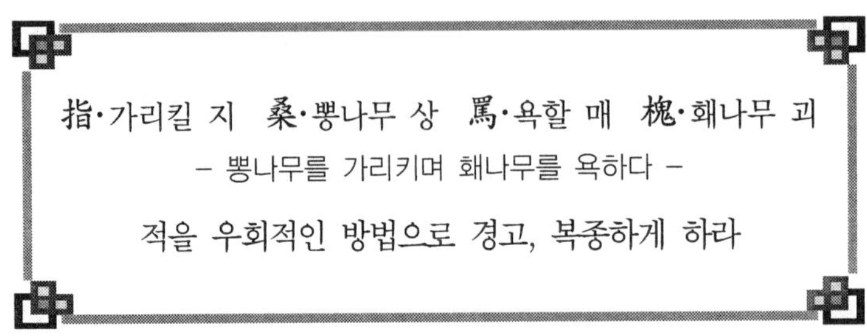

指·가리킬 지 **桑**·뽕나무 상 **罵**·욕할 매 **槐**·홰나무 괴

– 뽕나무를 가리키며 홰나무를 욕하다 –

적을 우회적인 방법으로 경고, 복종하게 하라

사드 배치에 따른 중국의 보복이 계속되고 있다. 한국 상품 불매와 문화교류 및 관광 제한 등 압박을 가하고 있다. 13계 타초경사처럼 목적을 달성하기 위해 직접적 위협보다 에둘러 압박하는 간접접근 전술이 지상매괴다.

일본이 청나라를 향해 휘두르는 칼끝은 사실상 조선을 향했다.

■ 주의를 전환한 후 상대를 무력화시키다

병전계 26계 지상매괴는 뽕나무를 가리키며(指桑) 홰나무를 욕한다(罵槐)는 뜻이다. 손가락으로 가리키는 것은 주의를 전환하기 위한 수단이며, 욕하는 것은 상대를 무력화하는 수단이다. 지상매괴의 출처는 18세기 중엽, 청나라 시대 조설근이 쓴 장편소설 『홍루몽』이다.

이 소설은 가(賈)씨와 왕(王)씨 두 가문의 흥망성쇠를 다루면서 삶의 진정한 의미에 대한 고뇌와 성찰을 제시한다. 중국 고전소설 가운데 가장 널리 읽히는 작품이며, 마오쩌둥은 '홍루몽은 적어도 다섯 번은 읽어야 한다'고 했다.

지상매괴는 16회에 아내 왕희봉이 남편 가련에게 하는 말 가운데 등장한다. "집안 사람들이 조금만 잘못해도 빈정댄다. 산마루에 앉아 호랑이 싸움 구경하기(坐山觀虎鬪), 남의 칼 빌려 살인하기(借劍殺人), 불난 집에 부채질하기(引風吹火), 남들 어려운 것 모른 척하기(站乾岸兒), 기름병 넘어뜨려 놓고도 일으켜 세우지 않기, 뽕나무를 가리키며 홰나무 욕하기(指桑罵槐) 등 …." 내용 일부는 36계와도 서로 통한다. 지상매괴의 다른 의도는 상대방을 공포에 떨게 만들어 자신의 의도를 따르게 하는 데 있다.

명나라 세운 주원장 넷째 아들 주체
황제 위한다는 명목 조카 측근 제거
2대 황제 주윤문 쫓아내고 황제 즉위

■ 주체, 지상매괴로 황제에 오르다

명나라 성조는 지상매괴 전술로 3대 황제에 올랐다. 1368년 주원장은 대명(大明)을 세웠다. 햇빛이 모든 천하를 비추어 밝힌다는 뜻이다. 그는 태자 주표가 요절하자 손자인 주윤문을 후계자로 택했다. 그리고 북쪽 몽골의 침입에 대비해 왕족들로 하여금 지방을 분할해 책임지게 했다. 안으로는 조정 권신들을 견제해 중앙 집권을 꾀했다. 그런데 주윤문은 즉위하자마자 제태와 황자징의 건의를 받아 왕족을 제거하기 시작했다.

그러자 베이징을 방어하던 주원장의 넷째 아들 주체는 지상매괴 전술을 구사하기 시작했다. 황제가 되기 위한 정난지변(靖難之變, 1399~1402)의 시작이었다. 정난은 위태로운 나라를 평정함을 말한다. 그는 도연의 도움을 받아 겉으로는 황제를 위한다는 명목으로 측근 간신들을 제거하면서 측면 공격에 나섰다. 주윤문의 측근인 제태와 황자징 제거는 '지상(指桑)'에 불과했다. 매괴(罵槐) 즉, 사실상 공격의 핵심 목표는 2대 황제 주윤문이었다.

주체는 3년에 걸쳐 베이징에서 남경까지 공격해 내려왔다. 그는 북평에서 주윤문이 보낸 이경융군을 격파하고 조카의 황위를 빼앗아 3대 황제가 됐다. 한쪽은 위협하고 한쪽은 이간질한 결과였다.

日, 자국민 보호 구실 출동 淸 제압
조선 조정 친일정권화해 병합 야욕

■ 일본, 청나라를 가리키며 조선을 욕하다

19세기 말 일본은 조선을 삼키기 위해 이 전술을 활용했다. 뽕나무 청나라를 위협하면서 홰나무 조선 조정을 이간질했다. 1894년 2월 농민항쟁으로 야기된 동학란은 척족들의 횡포와 관리들의 부정부패가 원인이었다. 동학군이 전라·경상·충청 3도를 장악하자 조선조정은 이를 진압할 관군이 부족해 청나라에 원병을 요청했다. 6월 중순 조선 조정과 동학군이 전주화약(和約)을 맺고 실마리를 찾아갔다.

그러나 7월 청나라군 3,000여 명이 아산만을 통해 들어오고 일본군 7,000여 명이 인천을 통해 들어와 경복궁을 점령했다. 고종과 명성황후가 대원군 견제를 위해 청나라에 도움을 요청했고, 이에 일본군은 텐진조약에 따라 거류민 보호를 구실 삼아 출동했던 것이다. 7월 25일 한반도 주도권 장악을 위해 기회를 노리던 일본군은 아산만 앞바다에서 청나라 군함을 격침했다. 이어서 평양과 다롄을 점령했다.

일본은 조선 조정을 친일정권으로 만들고 대원군을 불러들여 섭정을 다시 맡게 했다. 갑오개혁은 왕권을 약화시키고 일본의 경제적 침투를 유리하게 만들었다. 1895년 4월 청나라는 일본의 시모노세키에서 조약을 맺고 일본군이 점령한

랴오둥반도와 타이완을 일본에 넘겨주었다. 일본은 청나라를 제압하고 아시아 정복의 발판을 만들었다. 일본의 야욕은 25계 투량환주(일본이 조선의 주도권 장악)에 이어서 청나라를 가리키면서 조선을 삼키려는 지상매괴였다.

27. 가치부전과 눈속임

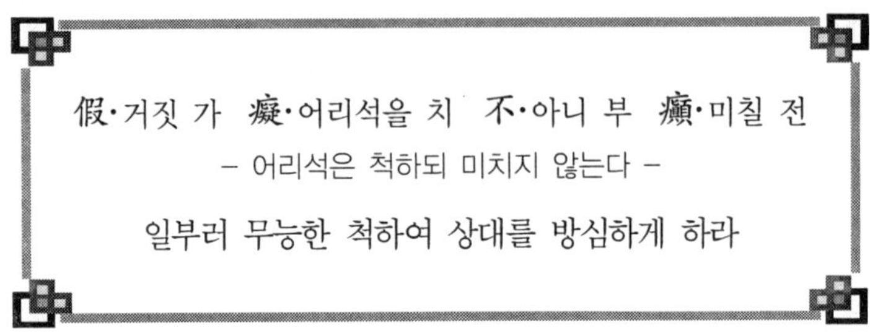

假·거짓 가 癡·어리석을 치 不·아니 부 癲·미칠 전

– 어리석은 척하되 미치지 않는다 –

일부러 무능한 척하여 상대를 방심하게 하라

사람들은 여름철 더위를 식히러 계곡과 바다로 간다. 인왕산 뒷자락 능선, 부암동 산책길에 석파랑이 있다. 한때 조선을 흔들었던 대원군이 별장으로 썼던 건물이다. 그가 막강한 안동 김씨 세도정치 아래서 희생당하지 않고 권력을 잡을 수 있었던 전술이 가치부전이었다.

대원군은 '투전'(남자들이 종이쪽으로 만든 도구로 방 안에서 즐겨 하던 노름)으로 세도가들의 눈을 피했다

■ 본심을 감추고 바보처럼 행동하다

병전계 27계 가치부전은 어리석은 척하되(假癡) 미치지는 않는다(不癲)는 뜻이다. 어려운 상황을 극복하기 위해 본심을 감추고 일부러 바보처럼 행동하는 것을 비유한다. 癡는 의심(疑)이 병들어 누워 어리석은 모습이며, 癲은 머리가 거꾸로 뒤집어져(顚) 병들어 누워 미친 모습을 말한다.

원문 출처는 당 태종이 황제가 되기까지 이야기를 담은 『설당연의전전(說唐演義全傳)』의 62회다. 태종을 도운 24명 장수 중 용맹스러웠던 울지경덕이 살인죄 누명을 쓰고 살아남을 때의 일화에 나온다.

가치부전과 유사한 대지약우(大智若愚)는 큰 지혜는 어리석은 것처럼 보인다는 뜻이다. 현자는 재능을 뽐내지 않아 어리석어 보일 뿐이라는 것이다. 노자는 "대단히 곧은 사람은 도리어 비굴해 보이고, 대단히 교묘한 사람은 도리어 졸렬해 보이며, 대단히 말을 잘하는 사람은 도리어 말을 더듬는 것 같다"고 했다. 원래 지모가 뛰어난 사람은 오히려 어리석은 척한다. 이것은 안으로 큰 포부를 감추거나 어떠한 목적 실현을 위해 평소에 고독함을 즐기고 일부러 무능한 척하며 상대로 하여금 방심하게 하기 위한 것이다.

위나라 사마의, 조상이 의심하자
병든 것처럼 위장해 위기 넘겨

■ 사마의의 가치부전

『칼을 품은 미소』는 이 전술을 가장 마지막에 위나라 사마의의 사례를 들어 소개했다. 사마의는 중국 삼국시대 위(魏)나라의 정치·군사전략가다. 그는 조조부터 조방까지 4대를 보필하며 서진 건국의 기초를 세웠다. 239년 2대 왕 조예가 임종할 때 조상(曺爽)과 사마의에게 8세였던 조진의 아들 조방(曺芳)을 보좌하도록 부탁했다. 그런데 조상은 사마의로부터 군사 통제권을 빼앗았다. 사마의는 조상으로부터 위협을 받고 생존을 위해 가치부전을 사용했다.

조상의 심복인 이승이 사마의의 동태를 파악하자 일부러 병들고 정신이 혼미한 것처럼 행동했다. 그는 국물을 일부러 옷깃에 쏟거나 말을 잘 알아듣지 못하는 척했다. 조상은 이러한 사마의가 자신에게 더 이상 위협이 되지 않는다고 판단했다. 그래서 사마의의 목숨을 살려주고 경계심을 갖지 않았다.

사마의는 기회를 노렸다. 249년 그는 조상이 어린 황제 조방과 함께 조예의 종묘에 제사 지내러 간 틈을 타 재빨리 군사를 일으켰다. 사마의는 위나라의 권력을 장악하고 조상을 처형했다. 이처럼 상대방이 강하거나 자신이 약할 때는 무능한 것처럼 꾸며 기회를 노려야 한다.

흥선대원군, 파락호처럼 행동
안동 김씨 경계 피해 정권 장악

■ 대원군의 가치부전

조선 말 대원군은 세도를 부리던 안동 김씨 가문의 잔칫집을 찾아다니며 걸식도 서슴지 않으면서 기회를 노렸다. 1800년 정조가 갑작스럽게 죽고 11세 어린 나이의 순조가 보위에 오른 것은 조선 몰락의 신호탄이었다. 뒤를 이은 헌종과 철종의 왕권은 약화되고 친인척의 세도정치 폐단은 극심했다. 1863년 철종은 후사 없이 승하했고 고종이 12세에 즉위했다. 안동 김씨와 풍양 조씨 세력이 서로 공존할 수 있는 정치적 타협으로 대원군 이하응을 택한 것이다.

대원군 혈통은 200년 전 인조대까지 거슬러 올라가므로 이름뿐인 왕족이었다. 그러나 대원군은 오래전부터 가치부전 전술을 실행해왔다. 그는 살아남기 위해 궁도령(세상 어려움을 모르는 사람)이나 파락호(破落戶·재산과 세력 있는 집안 자손으로서 재산을 몽땅 털어먹는 난봉꾼을 일컬음) 행세를 하며 놀림과 멸시를 받았다. 그러나 뒤로는 헌종의 어머니 조대비와 몰래 약속해 순종 뒤를 이어 자신의 둘째 아들 고종을 후계로 정해놓았다. 44세 대원군은 어린 고종을 대신해 섭정(攝政)을 시작했다. 왕권 강화를 빌미로 비변사를 폐지하고 삼군부(현 서울 정부종합청사 별관 자리)를 복설했다. 1873년 섭정이 끝났지만, 임오군란 후(1882.7~8월)와 청일전쟁 직전(1894.7~10월)에도 다시 정권을 장악했다.

비록 조선이 멸망하면서 후세 사람들에게 '쇄국정책'이라는 오명(汚名)으로 각인됐으나 풍운아 대원군이 정권을 잡은 것은 가치부전으로 버티면서 기회를 노린 결과였다.

28. 상옥추제와 배수진

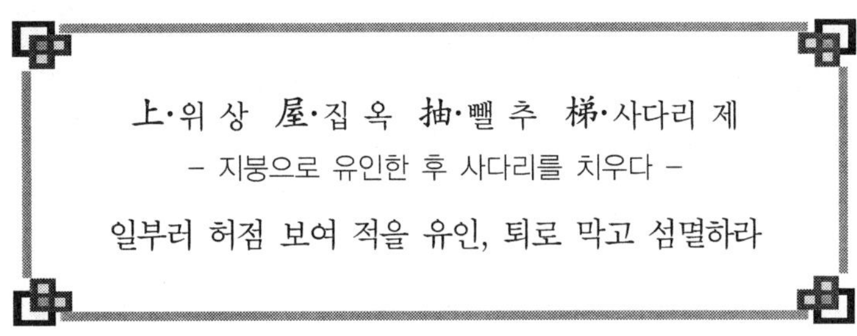

上·위 상 屋·집 옥 抽·뺄 추 梯·사다리 제

– 지붕으로 유인한 후 사다리를 치우다 –

일부러 허점 보여 적을 유인, 퇴로 막고 섬멸하라

19세기 말 제국주의 열강들은 자원 확보를 위해 식민지 쟁탈에 혈안이 됐다. 좁은 한양에 일본과 러시아·청나라 군사들이 비집고 들어왔다. 고종은 열강의 침입에 스스로 사다리를 치우는 상옥추제 전술인 아관파천으로 맞섰다.

고종은 러시아 공사관으로 거처를 옮겨 대한제국을 구상했다.

■ 상대를 압박해 원하는 것을 얻다

병전계 28계 상옥추제는 지붕으로 유인한 뒤(上屋) 사다리를 치운다(抽梯)는 뜻이다. 지붕(屋)은 허점이나 함정이며 사다리(梯)는 유혹하는 수단을 말한다. 유래는 동한 말엽 207년 『삼국지』 제갈량전 '공명은 공자 유기에게 계교를 주고' 편에 나온다.

"형주를 다스리던 유표의 계모 채 부인은 아들 유종을 얻었다. 장자였던 유기는 위협을 느끼고 제갈량에게 자신을 보호할 가르침을 청했으나 번번이 거절당했다. 제갈량이 유기를 방문했을 때 차 한 잔만 마시고 돌아가려 하자 유기는 다락방에 고서 한 권이 있다고 했다. 제갈량이 다락에 올랐으나 책은 없고 내려갈 사다리는 치워져 있었다. 유기는 간곡하게 제갈량의 조언을 구했다. 제갈량은 유기가 채 부인으로부터 멀리 떨어져 오나라와 촉나라 접경 지역인 강하를 지키도록 권했다. 다음 날 유비는 유표를 설득, 유기에게 군사 3,000을 주어 강하로 보내게 했다."[49]

유기, 계책 거절 제갈량 다락으로 유인
사다리 치우며 조언 구해 위기 탈출
한신, 불리한 배수진 이용 조군 격퇴

■ 한신, 배수지진(背水之陣)으로 조나라 정벌

상옥추제는 유리한 상황에서는 의도적으로 약점을 드러내 적을 방어선 안으로 유인한 다음 퇴로를 막고 완전히 섬멸하는 것을 의미할 수 있고, 불리할 때는 스스로 퇴로를 닫고 '배수(背水)의 진'을 치는 것을 뜻할 수도 있다.

『칼을 품은 미소』는 기원전 204년 한나라 한신이 웨이허(渭河)에서 배수진으로 조나라군을 유인 격멸한 사례를 든다. 한신은 장이와 함께 수만 명을 이끌고 동쪽으로 진격해 조나라를 치려고 했다. 조나라 진여는 정형 입구에 20만 병력을 집결시켰다. 이좌거는 진여에게 한신군이 장거리 행군으로 지쳐 있으므로 선제공격할 것을 건의했다. 진여는 듣지 않았다.

한신은 정형 입구에서 120㎞ 떨어진 곳에 야영을 하면서 기병 2,000명에게 붉은 깃발 1개씩을 들고 조나라군 진영 가까이 매복하도록 했다. 한신은 기만 공격으로 조나라군을 성 바깥으로 유인했다. 한신과 장이가 거짓으로 북과 깃발을 버리고 강가로 달아나자 조나라군은 성을 비워 놓고 뒤쫓았다. 매복 중이던 한신군

49) 박종화 옮김, 『삼국지』4권 (서울: 전통문화연구회, 2014), pp.180-184.

기병대는 이 틈을 노려 조나라 성 안으로 달려 들어가 조나라 깃발을 뽑아내고 한나라의 붉은 깃발 2,000개를 세웠다.[50)]

고종, 아관파천으로 열강 침입에 맞서

■ 아관파천으로 대한제국 밑그림을 그리다

19세기 말 열강들은 조선을 먹잇감 삼아 물어뜯었다. 고종은 1873년(고종 10년) 22세가 됐다. 국왕 스스로 자신이 성인이 됐으니 대원군은 정사에 관여하지 말라는 단호한 의지를 밝혔다. 고종은 근대 국가에 걸맞은 군사력 증강을 모색했다. 청나라에 영선사를 파견해 군사기술을 습득하고 일본군 장교를 통해 신식 군사기술을 익히는 노력을 했다.

이러한 노력들은 조정 내부의 분열과 주변 열강의 한반도 주도권 다툼으로 어려움에 직면했다. 고종은 1896년 2월 11일 새벽 러시아 공사관(俄館)으로 거처를 옮겼다(播遷). 러시아 공사관을 지키는 러시아군 144명이 조선 정부를 보호하는 모양새였다. 러시아는 군사교관단을 파견해 시위대를 양성하고 조선 중앙군과 지방군을 러시아식 군제로 개편해 6천 명 규모의 친러부대를 양성했다. 조선군을 자국 영향력 범위에 둬 유사시 연합군으로 활용하려는 숨은 의도가 있었다. 이후 조선군은 2만 5천 명까지 증강됐다.

고종은 1897년 2월 20일 경운궁(지금의 덕수궁)으로 환궁할 때까지 러시아 공사관에서 대한제국의 밑그림을 그렸다. 지붕 위에 올라가서 사다리를 치우듯 배수의 진을 쳐서 위기를 이겨내려 했지만 실패했던 아픈 역사적 교훈이다.

---

50) 홍운숙·박은교 평역, 『사기열전』2 (서울: 청아출판사, 2016), pp.387-390.

29. 수상개화와 과장

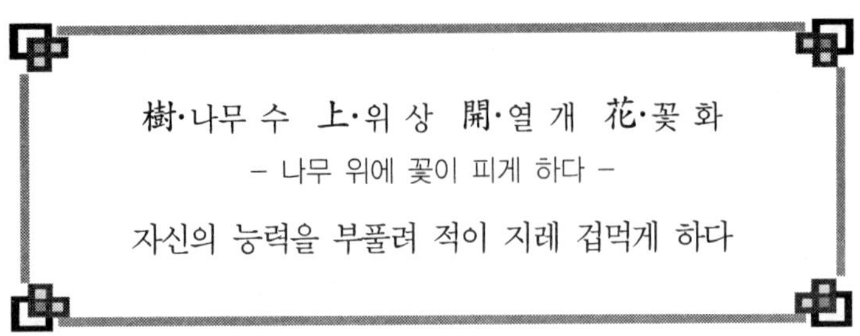

樹·나무 수 上·위 상 開·열 개 花·꽃 화

– 나무 위에 꽃이 피게 하다 –

자신의 능력을 부풀려 적이 지레 겁먹게 하다

2017년 여름, 트럼프 대통령의 "화염과 분노", 김정은의 "괌에 대한 포위 사격", 말 폭탄이 거침없었다. 이렇게 흔들리는 동북아 안보 지형의 버팀목으로 을지연습이 한창이었다. 자신의 능력을 최대한 크게 보이도록 해 상대를 위협하고 겁주는 속임수가 수상개화 전술이다.

현 덕수궁 석조전과 오얏꽃은 대한제국의 근대화를 상징했다.

■상대 눈을 현혹해 승리를 추구하다

병전계 29계 수상개화는 나무 위(樹上)에 꽃이 피게(開花) 한다는 뜻이다. 나무에 꽃이 피면 눈길을 끌듯 상대의 눈을 현혹해 승리를 추구하는 데 목적이 있다. 원문 출처는 『벽암록』 제40칙 남천여몽상사(南泉如夢相似: 당나라 승려 남전과 육긍대부의 대화)다. 벽암록은 당나라 이후 불교 선승들의 대표적 선문답을 가려 뽑아 설명한 책인데, 여기에 '휴거헐거(休去歇去)하면 철수개화(鐵樹開花)'라는 구절이 나온다. 깨달음의 경지에 이르면 무쇠 나무에 꽃이 핀다는 말이다.

철수는 소철(蘇鐵)을 말하는데 소철 꽃은 100년에 한 번 꽃을 피우지만 이를 육안으로 보기 힘들다. 따라서 예로부터 아주 드문 일이나 실현 가능성이 적은 일이라는 뜻으로 사용됐다. 철수개화는 병서에 응용되면서 수상개화로 변했다. 갈등(葛藤)은 칡나무를 등나무 줄기가 감고 있는 모습으로 복잡하고 까다로운 상황을 말할 때 사용된다. 그런데 등나무 꽃이 칡나무 꽃으로 보여 이를 두고 수상개화라 했다. 이것은 군사적으로 상대의 이목을 혼란스럽게 해서 시비를 분간할 수 없게 만든 뒤 목적을 달성하는 전술로 응용됐다. 허장성세(虛張聲勢)와 비슷한 의미를 갖고 있다.

춘추시대 진나라 장수 선진이 첫 사용
위나라 성 외곽에 수많은 깃발 꽂아
두려움 느낀 적들 도주 … 쉽게 성 함락

■ 깃발로 오록성을 점령하다

이 전술은 춘추시대 진(晉) 문공의 장수 선진이 처음 사용했다. 기원전 632년 그는 위주와 함께 위(魏)나라 오록성(五鹿城)으로 쳐들어갔다. 이때 선진은 군사들에게 산이나 언덕을 지나갈 때마다 군기를 꽂도록 해 수없이 많은 깃발이 나부꼈다. 위주는 "적진을 향해 소리 없이 공격해야 하는데 이렇게 많은 깃발을 꽂아 적이 미리 방어하게 하는 이유를 모르겠다"고 했다. 그러자 선진은 "많은 군기를 꽂는 것은 약소국인 위나라 백성들이 강대국의 공격에 공포심을 갖도록 하기 위함"이라고 했다.

오록성의 백성들이 진나라 군사가 쳐들어온다는 소식을 듣고 성 위에 올라가 보니 진나라 군기가 온 산과 언덕을 덮고 펄럭이고 있었다. 위나라 백성들은 두려움에 떨면서 달아났고 오록성을 지키던 군대도 진나라군 공격을 막을 수 없었다. 선진은 아무도 지키지 않는 오록성을 함락하고 조(曺)나라 도성을 무너뜨렸다. 이어서 성복에서 초나라 연합군을 물리치고 춘추시대 강대국으로 발돋움했다. 깃발로 승리한 셈이다.

대한제국 광무개혁도 수상개화 의도
열강들 틈 속 강국 면모 보이려 애써

■ 대한제국의 국화 오얏꽃을 피우다

19세기 말 조선은 무섭게 몰아치는 제국주의의 파도 앞에서 그야말로 풍전등화 신세였다. 고종은 조선의 허약한 나뭇가지에 오얏(자두나무)꽃을 피우려고 무진 애를 썼다. 국제정세 변화에 적극적으로 대응하기 위해 국호를 대한제국으로 변경하며 광무개혁을 시도한 것은 수상개화의 몸부림이었다. 고종은 열강들이 한반도 이권을 차지하기 위해 호시탐탐 노리는 가운데 스스로 일어나기 위한 방안을 찾았다. 을미사변 이후 러시아공관에 피신해 있던 고종은 1897년 2월 경운궁으로 환궁했다. 8월에는 연호를 광무(光武)라 고쳐 부국강병의 기치를 내세웠다.

10월 12일 고종은 경운궁(현 덕수궁) 정문을 나와 서울광장과 소공로를 거쳐 환구단(지금의 조선호텔 위치)으로 향했다. 천제를 올리고 국호를 삼국의 옛 영토를 모두 아우르는 대국을 건설한다는 뜻으로 '대한'으로 바꾸었다. 고종은 조선을 황제국으로 격상시키고 중국·일본과 대등한 위상을 가진 자주독립국임을 분명히 했다. 과거 청과의 사대관계를 상징하던 영은문을 허물고 독립문을 세웠다. 그러나 일본은 1902년 영일동맹을 체결하고 1904년 러일전쟁에서 이겨 러시아 세력을 한반도에서 쫓아냈다. 그러자 오얏꽃은 급격히 시들기 시작했고 합일병합으로 대한의 꿈은 좌절됐다.

120년 지난 오늘 대한제국은 부활을 다시 준비하고 있다. 덕수궁과 정동길을 중심으로 '대한제국 길' 역사탐방로가 조성됐다. 그 길에 어제의 오얏꽃과 오늘의 무궁화가 함께 어울려 활짝 필 것이다.

30. 반객위주와 주도권 장악

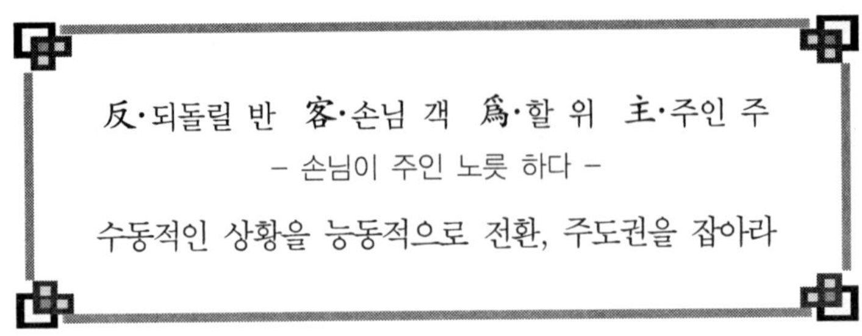

1910년 8월 29일, 일본은 대한제국을 병합했다. 1875년 일본 군함 운요호가 강화도 초지진을 포격한 지 35년 만이었다. 고종은 주인 자리를 빼기지 않으려 안간힘을 다했으나 역부족이었다. 일본이 주인인 대한제국을 밀어내고 한반도를 차지한 반객위주였다.

■ 주도권을 장악하다

30계 반객위주는 '손님이 되레(反客) 주인 노릇(爲主) 한다'는 뜻이다. 객은 손님이며 주는 주인을 말한다. 상대방의 주권이나 주도권을 빼앗아 자신이 주도권을 쥔다는 의미다. 유래는 7세기 중엽 당 태종과 명장 이정의 전술 문답을 정리한 『이위공문대(李衛公問對)』 등에 나온다.

이 병서는 무경칠서에 포함된다. 손자병법과 사마법 등 전쟁 이론을 사례를 들어 1만여 자로 서술했다. 상권 19개 장은 고대 진법과 병서에 대한 토론이고 중권 17개 장은 허실의 형세와 주객전도 전술이다. 하권 13개 장은 지형 활용과 장수의 활용 등을 논하고 있다. 당 태종은 고구려 정벌로 잘 알려져 있고 이정은 수많은 전투를 승리로 이끈 이론과 실전을 겸비한 무장이었다.

반객위주는 중권의 군량미 조달을 논하는 부분에 나온다. 태종이 "군대는 주인이 되는 것을 귀하게 여기고 객이 되는 것을 귀하게 여기지 않는가?"라고 묻는다. 이정은 "신이 주인과 객의 형세를 비교해 헤아려보면 객을 바꿔 주인으로 만들고 주인을 바꿔 객을 만드는 방법이 있습니다(臣較量主客之勢 則有變客爲主 變主爲客之術)"이라고 답한다.[51)]

이것은 원정 작전 때 식량의 현지 조달을 말한다. 이 책에는 고구려 정벌 전략이 등장하며 "오랑캐로서 오랑캐를 공격함은 중국의 형세다"라는 태종의 말이 나온다. 나당연합작전에 임하는 당의 전략을 나타내는 것으로 당시 동아시아 국제정세를 엿볼 수 있다. 한반도의 주인이 되려 한 당나라 이후 오랜 세월이 지나 일본이 반객위주 전술을 펼쳤다.

日, 淸·러 누르고 한반도 영향력 확대
대한제국 외교권 강탈 을사늑약 체결
주인 행세하며 35년간 강점 치욕 안겨

■ 을사늑약과 외교권 강탈

일본은 청나라와 러시아를 힘으로 누르고 발톱을 드러냈다. 1905년 7월 미국과 가쓰라·태프트 밀약을 맺고, 8월에는 영국과 제2차 영일동맹을 체결했다. 9월 초에는 러시아와 포츠머스 조약을 맺었다. 한반도 주변 열강이 모두 돌아서고 대한제국은 외톨이가 됐다.

1905년 11월 17일 일제는 대한제국의 외교권을 강탈하는 을사늑약을 체결했다. 국제법상 조약 체결 절차를 거치지 않고 군대를 동원, 위협 속에 이뤄진 일방적 늑약(勒約)이었다. 일본이 밖으로 주인 행세하는 반객위주였다.

고종은 국새를 찍지 않았고 참정대신 한규설은 덕수궁 중명전에서 체결을 끝끝내 거부하다 중명전 마루방에 감금됐다. 늑약의 명칭도 없이 이완용과 박제순 등 을사오적의 서명만 남았다.

51) 백성효·이난주 옮김, 『위료자직해·이위공문대직해』(서울: 전통문화연구회, 2014), pp.390-391. 이정은 2편 논 허실에서 반객위주를 변객위주로 표현했다.

나라를 잃은 대가는 참혹했다. 일제가 한반도 주인 행세를 한 강점 세월 동안 이 땅은 태평양 전쟁의 병참기지가 됐다. 젊은이 7만여 명이 혹한의 땅 사할린으로, 아리따운 소녀들은 전장으로 끌려갔다. 러시아 연해주에 거주하던 '고려인' 17만여 명은 중앙아시아 일대로 강제 이주를 당했다.

■ 병전계와 조선·대한제국의 몸부림

병전계 전술종합훈련장은 조선말과 대한제국 역사다. 25계 투량환주(대들보를 훔치고 기둥을 바꿈)는 1882년 임오군란과 1884년 갑신정변으로 청·일군을 불러들인 것이다. 26계 지상매괴(뽕나무를 가리키며 홰나무를 욕함)는 1894년 동학혁명을 누르고 청일전쟁에서 이긴 일본의 모습이었다. 27계 가치부전(어리석은 척하되 미치지는 않음)은 고종이 1895년 을미사변으로 명성황후를 잃는 참담함을 견뎌낸 것을 들 수 있다.

병전계는 조선·대한제국·일제 강점기로 이어지는 역사를 통해 이해할 수 있다.

28계 상옥추제(지붕으로 유인한 뒤 사다리를 치움)는 1896년 아관파천으로 일본의 지배 야욕을 뿌리치려 배수진을 친 일, 29계 수상개화(나무 위에 꽃이 피게 함)는 1897년 대한제국 선포와 오얏(자두)꽃을 나라꽃으로 삼은 것이다. 나의 힘이 부족했으나 겉으로 강하게 보이려는 몸부림은 계속됐다.

30계 반객위주(손님이 오히려 주인 노릇 함)는 일본이 무력으로 한반도의 주인이 된 것이다. 1904년 일본은 러일전쟁에서 승리하고 한일의정서와 제1차 한일협정을 맺어 고문정치를 시작했다. 1905년 을사늑약으로 대한제국 외교권을 빼앗았다. 1907년 정미7조약으로 자치권마저 가져갔다. 결국, 1910년 한일병합으로 일제는 조선을 완전히 삼켰고 치욕의 일제 강점 35년이 이어졌다. 대한제국 120주년을 맞아 살펴본 병전계였다.

Chapter 6

패배 직전에 유리한 조건을 만들 때 : 패전계

31. 미인계와 유혹

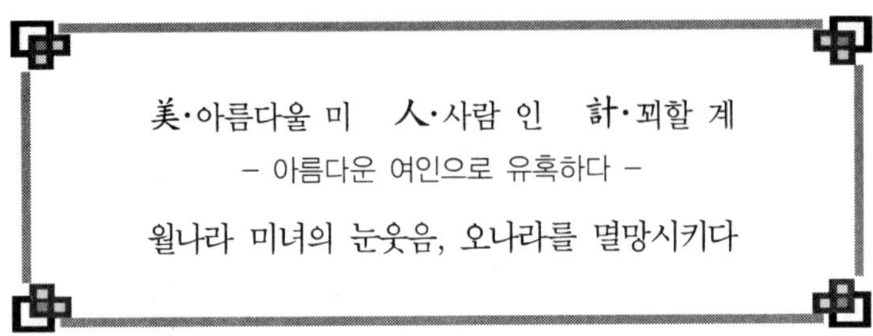

美·아름다울 미 人·사람 인 計·꾀할 계

– 아름다운 여인으로 유혹하다 –

월나라 미녀의 눈웃음, 오나라를 멸망시키다

2017년 봄 한국에서 방송인으로 인기를 모았던 탈북 여성이 다시 입북했다. 북한은 이들로부터 새터민 신상 정보와 국정원의 합동신문 내용, 하나원의 정착 교육 등 정보를 수집하고 있다. 아름다움을 이용한 미인계다.

한반도기와 모란꽃 뒤에 숨겨진 미소는 핵과 미사일로 돌아왔다.

■ '육도'에 등장한 12개 계책 중 '오이미인'

36계 6부 패전계(敗戰計)는 패배 직전까지 몰린 전투에서 기사회생해 승리를 이끌어 내는 전술이다. 31계 미인계(美人計)부터 반간계(反間計) 등을 거쳐 36계 주위상계(走爲上計)로 이어진다. 핵심은 유혹(誘惑)·기만(欺瞞)·이간(離間)이다.

31계 미인계는 아름다운 여인을 계책으로 쓴다는 뜻으로 가장 먼저 등장하는 곳은 『육도』 2편 무도의 문벌(文伐)이다. 적을 무너뜨리는 12개 계책 중 오이미인(娛以美人·미인으로 하여금 즐겁게 함)이다. 『한비자』 내저설하(內儲說下) 육미(六微)편에도 나온다. 저설은 군주에게 진언할 설명 사례들을 마련해둔다는 의미다. 육미는 군주가 잘 살펴보아야 할 신하의 여섯 가지 조짐을 말한다. 주 내용은 권력이 신하의 손안에 있는 것(權借), 서로 권력을 다투는 것(參疑) 등이며 미인계는 여섯 번째, 적국이 끼어들어 신하를 내치거나 임용하는 폐치(廢置)에 등장한다.

여기에 '納美人而虞虢亡(납미인이우괵망)'이 있다. 진나라 헌공이 우와 괵 땅을 치기 위해 두 나라 왕에게 미인을 보내 마음을 현혹시킴으로써 정치를 어지럽힌 일이다. "진 헌공은 우나라와 괵나라를 치려고 굴(屈) 땅에서 나는 명마와 수극에서 나는 옥, 미인 16명을 보내 그 마음을 현혹시켜 정사를 어지럽게 만들었다(晉獻公伐虞虢乃遺之屈產之乘 垂棘之璧 女樂二人 以榮其意而亂其政·진헌공벌우괵 내유지굴산지승 수극지벽 여락이팔 이영기의이난기정)"라고 돼 있다.[52]

춘추시대 말, 오-월의 24년 전쟁…
월왕은 서시 등 미인 11명 뽑아 특수훈련
오나라 부차를 현혹하고 정세 어지럽게 해 기원전 473년 멸망

■ 오나라, 서시 치마폭에 무너지다

춘추시대 말 월나라 미녀특공대 11명은 원수의 나라 오나라를 멸망시켰다. 기원전 5세기 말 양쯔강 하류의 오나라와 월나라는 24년 동안 극한 전쟁을 벌였다. 기원전 496년 오왕 합려와 월왕 구천은 접경 지역 취리(오늘날 嘉興·가흥)에서 맞붙었다. 합려는 상처를 입어 죽었고 아들 부차는 절치부심(切齒腐心: 이를 갈고 마음

52) 한비·정천구 옮김, 『내서설』 하, (서울: 산지니, 2016), pp.273-291. 저설은 군주에게 진언하기 위해 설명의 사례를 마련해둔다는 의미이며 육미는 군주가 잘 살펴보아야 할 신하의 6가지 조짐을 말한다. 주된 내용은 권력이 신하의 손안에 있는(權借)·시로 권력을 다투는(參疑) 등이며 미인계는 6번째 적국이 끼어들어 신하를 내치거나 임용하는 폐치(廢置)에 있다.

을 씻임) 복수를 준비했다. 2년 후 부차는 구천의 공격을 부초에서 막아내고 구천을 포로로 잡았다. 구천은 범려의 조언대로 모진 굴욕을 참았다. 그는 오나라왕 부차의 마부로 풀을 베어 말을 먹였고, 왕후는 매일 물을 길어다 마구간 청소를 했다.

구천은 부차의 신임을 얻은 후 풀려나자마자 와신상담(臥薪嘗膽: 장작을 베개 삼고 쓸개 맛을 봄)하며 오나라를 멸망시킬 준비를 했다. 월나라 최고 미인 서시 등 11명을 뽑아 특수훈련을 시켜 부차를 현혹하고 정세를 어지럽게 만들도록 했다. 오나라 재상 오자서는 서시가 부차의 눈을 가리므로 미인계를 조심하라고 충고했으나 차도살인으로 제거당하고 말았다. 마지막으로 제나라와 진나라 북벌을 유도해 수도 고소성(오늘날 蘇州·소주)을 비우게 했다. 기원전 473년 오나라는 부차의 약화된 체력과 쇠약한 국력 탓으로 멸망했다.

북한도 훈련받은 '모란꽃 소대' 운영…
응원단으로 둔갑해 해외 파견

■ 모란꽃 미소에 숨은 칼

우리도 월나라 미녀특공대를 본뜬 북한 모란꽃 소대의 미소에 현혹됐던 때가 있었다. 북한은 핵 개발 시간을 벌기 위해 올림픽과 아시안게임 등에 남북 단일팀을 구성했다. 이때 미인들로 구성된 응원단을 전위대로 내세웠다. 북한 정찰총국 산하에 20대 초·중반 여성들로 조직된 '모란꽃 소대'다. 이들 270명은 만경봉호를 타고 부산아시아경기대회(2002)에 첫 모습을 드러냈다. 이어서 대구유니버시아드(2003)와 인천 아시아육상선수권대회(2005) 등에도 나타났다. 응원단은 출신 성분과 노동당에 대한 충성심이 검증된 준수한 외모의 여성들이었다. 대학생이나 선전대 및 음악대학 학생들로 구성됐다.

모란꽃 소대원들은 체육 행사 때는 응원단이지만 간첩 양성소인 김정일 군사정치대학에서 4년 동안 외국어·혁명사상·타격훈련 등을 배우고 정찰총국에서 현지화 교육을 받은 뒤 해외 공작에 파견되고 있다. 대회 기간 중 이들이 흘린 미소는 가는 곳마다 인기와 화제를 불러일으켰다. 그러나 그들의 뱃속에 숨겨진 핵 개발 야욕은 찾아내지 못했다.

미인계는 다양한 형태로 전 세계 곳곳에서 통용돼 왔다. '천하 영웅도 미인관(美人關)은 넘기 힘들다'라는 말이 있다.

32. 공성계와 심리전

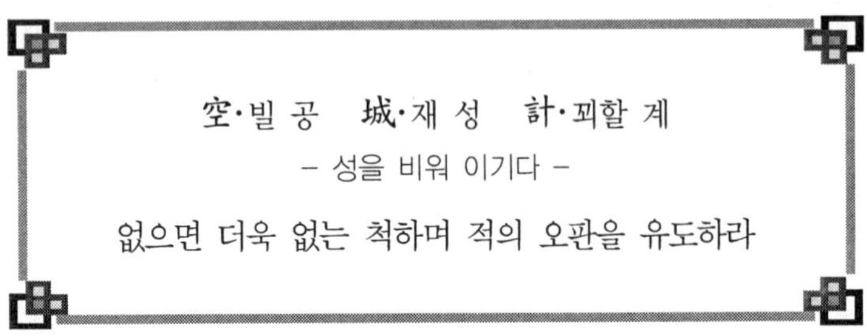

空·빌 공　城·재 성　計·꾀할 계

– 성을 비워 이기다 –

없으면 더욱 없는 척하며 적의 오판을 유도하라

북한의 핵과 탄도미사일 불꽃이 심상치 않다. '더 많은 선물'과 '테이블 위에 있는 모든 옵션' 불씨는 한반도를 잿더미로 만들 수 있다. 가까운 곳은 비워두고 먼 곳을 위협하는(近空遠威) 고도의 심리전 공성계다. 가까운 곳, 실제 목표는 우리다.

을지문덕 장군은 강물을 비우는 공수계로 수나라 군을 격퇴했다.

■ 空에 空 더하고 虛에 虛 더해

패전계 32계 공성계는 성을 비워(空城) 궁지에 빠뜨린다는 뜻이다. 일종의 심리전이다. 空은 구멍(穴·혈)에 도구(工)가 더해진 글자로 땅을 파서 구멍을 만든 것이니 '비어 있다'를 나타낸다. 城은 흙을 높이 쌓아(土) 방벽을 지어 백성을 지키는 것(成)이다. 그런데 공성은 空에 空을 더하고 虛에 虛를 더한다. 그럼으로써 상대방이 虛를 實로 보는 어리석음을 범하는 것을 노릴 수 있다.

공성계는 『손자병법』 '허실(虛實)'에서 유래했다. '能使敵人不得至者 害之也(능사적인부득지자 해지야) 吾所與戰之地 不可知(오소여전지지 불가지)'라고 했다. '적으로 하여금 오지 못하게 하려면 해롭다는 생각이 들게 해야 한다. 내가 싸우려 하는 곳을 적이 알지 못하게 해야 한다'라는 뜻으로 허전(虛戰)을 말한다. 공성계 원전에 나오는 '虛者虛之 疑中生疑(허자허지 의중생의)'는 빈 것을 더 비워 의심 속에 더욱 의심을 낳게 한다는 뜻이다. 이것은 적으로 하여금 나의 허실을 눈치채지 못하도록 해 오판하도록 유도하는 虛張聲勢(허장성세)이기도 하다.

제갈량 고립되자 성문 활짝 열고 태연
매복 염려한 사마의 퇴각 틈타 철수

■ 거문고 1대로 15만 군사 격퇴

공성계 사례는 『삼국지』 제갈량전 서성 방어전이 잘 알려져 있다. 228년 제갈량은 8만 대군으로 4차 북벌에 나섰다. 제갈량은 원정군의 보급에 필수적 요충지인 가정을 주목했다. 그는 마속과 왕평에게 여러 갈래 골짜기가 만나는 곳에 병력을 배치하라고 명령했다. 그런데 마속은 반대로 병력을 8부 능선 위로 배치해 위나라군의 공격을 막으려 했다. 위나라 사마의는 가정 후방을 차단한 후 마속군의 식수원을 끊고 화공을 전개해 제갈량이 이끄는 본대의 후방 보급을 차단했다. 마속은 전략적 요충지 가정 땅을 잃고 말았다.

사마의가 15만 대군을 이끌고 제갈량이 지키는 서성으로 쳐들어왔다. 고립된 제갈량은 비장의 카드를 던졌다. 그는 성문을 활짝 열고 노약자들이 아무 일 없는 듯 태연하게 거닐도록 했다. 성곽 위에서 깃털로 만든 부채를 들고 거문고를 뜯었다. 이를 본 사마의는 성 안쪽에 촉나라군이 매복 중인 것으로 판단하고 멈칫했다. 성문이 열려 있고 병졸도 없으니 자신 있으면 잡아가라는 제갈량의 속임수로 여겼다. 결국, 사마의는 퇴각했고 제갈량은 무사히 한중으로 철수할 수 있었다. 석 자 거문고로 15만 대군을 물리쳤다. 전투가 끝나고 마속의 죄를 물은 것이 읍참마속(泣斬馬謖)이다.

사마의는 제갈량이 자신의 목적 달성을 위해 상대방 심리를 이용한 전술을 격장법(激將法: 상대방을 자극해 화나게 하는 전술)이라 했다.

수나라 양제 대군 이끌고 고구려 침략
을지문덕 강 비우는 공수계로 수 격퇴

■ 수나라군, 비어 있는 강물에 빠지다

제갈량은 성을 비워 이겼고 을지문덕은 들판을 비우고 강물을 막아 이겼다. 중국을 통일한 수 문제는 598년 30만 명으로 고구려 국경 지역 요하를 침공했다. 그러나 홍수와 전염병으로 대다수 병력을 잃고 물러섰다. 뒤를 이은 양제는 612년 2월 113만 명 대군을 이끌고 요동반도와 서해를 건너와 평양성을 공격하려 했다. 고구려는 들판을 깨끗이 비우고 성에 들어가 싸우는 청야입보(淸野入保)로 맞섰다. 평시에는 농사를 짓다가 전시에는 모든 식량을 성 안으로 옮겨 장기전을 펼쳤다. 적은 황량한 들판에서 한 톨의 쌀도 구할 수 없었다.

수 양제는 요동성에서 주력이 돈좌되자 30만 명의 별동대를 투입했다. 을지문덕은 수나라군과 적극적 교전을 회피하면서 청천강(薩水·살수) 이남으로 깊숙이 유인했다. 5계 이일대로(以逸待勞·적군이 지칠 때를 기다려서 공격함) 전술로 기회를 노렸다. 을지문덕은 "철수하면 영양왕을 모시고 문제를 알현하겠다"는 거짓 항복 의사로 수나라군의 철수를 제안했다. 7월 하순 우문술 별동대가 철수를 개시해 청천강을 건너기 시작했다. 고구려군은 청천강 상류에 미리 막아 놓았던 강둑을 무너뜨려 수나라군을 수장시켰다. 30만 명 가운데 돌아간 병력은 3천 여 명에 불과했다. 지금은 대동강 물을 막아 북한의 헛된 망상을 수장시킬 을지문덕의 지혜가 필요하다.

33. 반간계와 이간질

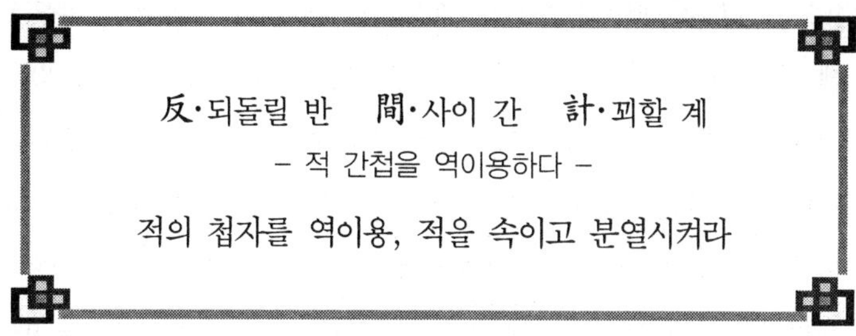

영화 '스파이 게임'에서 CIA 요원 앨리스 라신은 내부 적을 찾고 테러 조직의 바이러스 공격도 막아야 한다. 적 스파이에게 거짓 정보를 줘서 적을 이간시키고 속게 만들며 거꾸로 이용하는 반간계가 눈길을 끈다.

오늘날 가짜뉴스는 전 세계에 동시에 전파되는
디지털 핵폭탄의 위력을 지녔다

■ 다양한 유형의 간첩 활용

패전계 33계 반간계는 적 첩자를 역이용(反間)한다는 뜻이다. 이 전술은 손자병법 13편 용간(用間)의 이간계(離間計)에서 유래했다. 손자는 간첩을 운용하는 5개 유형을 말했다. 그는 향간(鄕間)은 적 고향 출신이나 포로를 간첩으로 이용하며 내간(內間)은 적을 매수해 간첩으로 이용하는 것이다. 사간(死間)은 아군 간첩을 희생하면서 적진에 거짓 정보를 흘리는 것이고, 생간(生間)은 적 진영에 간첩을 보내 첩보를 획득한다. 반간(反間)은 적 첩자를 이용하거나 거짓 정보를 흘리는 권모술수의 절정이다'라고 했다.

구체적으로 '反間者, 因其敵間而用之(반간자 인기적간이용지)'에서 반간은 적 간첩을 포섭해 아군 첩자로 활용하는 이중간첩을 말한다. 여기에서 間(이간질)은 적을 서로 의심하게 하며, 反間(반이간질)은 적 의심에 부응해 그 의심이 사실인 것처럼 만들어준다. 간과 반간의 목적은 서로 다르다. 間(이간질)은 적 내부를 서로 의심하도록 만들며, 반간은 적 간첩을 역이용해 그들 자신을 이간시키는 것이다.

손자는 반간을 통해 적 내부 사정을 알 수 있으므로 향간이나 내간을 이용하거나 사간과 생간을 잘 활용하도록 했다. 아울러 전쟁 승패는 정보전에 달려 있다(此兵之要·군사활동 핵심)고 했다.

마타 하리, 이중 스파이 활동
佛 신식 탱크 설계도 獨에 넘겨

■ 마타 하리, 213515

말레이어로 '여명의 눈동자'라는 뜻인 마타 하리는 프랑스와 독일을 오간 이중 스파이였다. 1915년 3월 제1차 세계대전이 한창일 때 독일은 프랑스 장군의 비밀금고에 신식 탱크 설계도가 있다는 정보를 입수했다. 그녀는 이것을 훔쳐오라는 지령을 받고 장군을 유혹하기 위해 꾀를 냈다. 프랑스 해군장교 생일 축하 무도회에 그를 초대해 춤을 함께 추며 품에 안았다.

프랑스군 탱크 설계도는 장군의 서재에 걸린 오래된 그림 뒤의 밀실에 감춰져 있었다. 그런데 밀실 문 열쇠는 0에서 9까지 숫자판이었다. 독일군은 밀실의 비밀번호가 6자리라고 알려 주었으나 6자리 숫자가 만들 수 있는 경우의 수는 15만 1,200개였다. 일일이 눌러보려면 한 달 이상 시간이 필요했다. 그녀는 장군이 평소 기억력이 좋지 않다는 말을 떠올렸다. 밀실 주변에 단서가 될 만한 것을 찾아

보았다. 낡고 오래된 괘종시계가 9시 35분 15초에 멈춰 있는 것을 보고 비밀번호의 단서를 찾았다. 9시는 21을 의미했고 번호 213515를 누르는 순간 밀실 문은 열렸다. 1917년 프랑스는 그녀를 '연합군 5만 명의 목숨과 바꿀 수 있는 정보를 넘겼다'는 혐의로 처형했다. 그녀의 이야기는 뮤지컬 마타하리로 다시 태어났다.

허위·과장·왜곡된 가짜뉴스
안보 불신 야기 민심 혼란 노려

■ 가짜뉴스는 안보 불신 이간질

오늘날 반간계는 다양한 형태로 진화했다. 사람보다 온라인의 '가짜뉴스'가 파괴력을 지닌다. 냄새 고약한 바퀴벌레가 내뱉는 비어(蜚語)들이 세상을 어지럽힌다. 조선 시대에는 민심을 혼란시키는 요사스러운 요언(妖言)을 퍼뜨리는 자는 극형에 처했다.

반전평화를 추구한다는 단체들은 국가안보를 위한 군사기지 건설을 막기 위해 툭하면 인간 띠를 잇거나 드러누웠다. 2001년부터 시작된 미군기지 평택 이전 사업 반대 집회에서는 죽창과 쇠파이프가 등장했다. 7년 전 천안함 폭침도 우리 기뢰(機雷)에 부딪혀 침몰한 것이라고 주장했다. 북한 어뢰 공격이라는 명백한 증거가 발견됐음에도 그들은 아직도 북한 소행임을 부정하고 있다. 1989년부터 구상했던 제주 강정 해군기지는 2010년 공사를 시작해 지난해 준공식을 했다. 기지 건설을 반대하는 사람들은 바다로 흐른 용암과 해안에서 솟은 바위가 합쳐져 만들어진 구럼비 바위를 제거하는 것을 환경파괴로 몰아 공사를 방해했다.

최근에는 사드 전자파가 성주 주민들의 건강을 해치고 꿀벌들을 사라지게 해 참외 농사에 해가 된다는 괴담이 난무하기도 했다. 모두가 군과 국민을 이간질시키는 반간계다. 북한 핵 앞에서 평화협정 체결과 미군 철수를 주장하는 그들이 반간계의 핵심이다. 휴대용 전화기를 통해 퍼트리는 허위·과장·왜곡의 가짜뉴스들이 심각한 분열과 교란의 수단이다.

34. 고육계와 눈가림

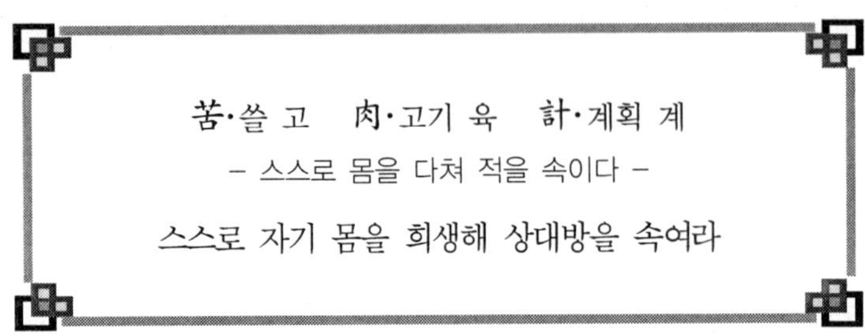

가을 산행을 하면서 계곡을 건널 때 가끔 도마뱀의 모습에 놀란다. 도마뱀은 위험에 처하면 꼬리를 잘라 내버리고 도망친다. 인간은 적을 속이기 위해 스스로 몸을 해치고 적진 속으로 뛰어드는 가장 잔인한 고육계를 사용했다.

디에프 상륙작전은 노르망디 상륙작전의 미끼로 사용된 고육계였다

■ 몸을 다쳐 적을 속임

패전계 34계 고육계는 자기 몸을 희생(苦肉)해서 적을 속인다는 뜻이다. 苦는 '해친다'라는 뜻이며, 肉은 고깃덩어리의 단면 힘살 모양을 형상화한 글자로 육체를 말한다.[53] 이 전술은 약한 모습을 보여 동정을 얻으면서 의도를 숨긴 채

53) 신문으로 배우는 실용한자, 『조선일보』(2017.10.10). 상대방을 속이거나 함정에 빠뜨리기 위해 자기편을 고의로 해

기회를 기다려 목적을 이루는 것이다.

고육계는 『오월춘추』에 나오는 '要離斷臂刺慶忌(요리단비자경기)'에서 유래했다. 기원전 5세기 초 오나라 합려는 사촌동생 오왕 요(僚)를 제거하고 왕이 됐다. 요의 아들 경기는 위나라로 망명했다. 합려는 요리(要離)를 시켜 경기를 없애도록 했다. 요리는 위나라의 신임을 얻기 위해 처자식을 모두 죽이고 위나라로 가서 경기를 제거했다.

사람은 스스로를 해치지 않으므로 해를 입으면 적은 의심하지 않는다. 고육계는 강적을 만나면 약함을 드러내 적을 속이고 때를 기다려 반전을 노린다. 겉으로는 적에게 첩보를 제공하고 실제로는 적 내부에 들어가 임무를 수행한다. 이로써 적 내부에 갈등과 반목을 야기시키고 아군이 필요할 때 동조를 유도한다.

가장 유명한 고육계 사례는 기원전 208년 적벽대전이다. 조조군에서 주유군으로 채중과 채화가 거짓 투항했다. 주유는 이들을 속이려고 가장 신임하는 장수였던 황개를 곤장형에 처했다. 황개가 조조에게 보낸 항복 문서에 속은 조조군은 대패했다.

경기 없애라는 합려 명령 받은 요리
가족 죽이고 위 신임 얻어 목적 달성

■ 소진, 제나라 국력 약화

이보다 앞선 전국시대 말에 연나라 소진은 고육계로 산동반도의 강대국 제나라의 국력을 약화시켰다. 연나라 소왕(기원전 312~279)은 제나라에 패해 수모를 당했던 선왕의 복수를 위해 28년 동안 절치부심했다. 안으로는 악의(樂毅) 장군을 시켜 군사력을 건설하고, 밖으로는 소진으로 하여금 고육계로 제나라 재상이 되게 했다. 소진은 연나라에서 거짓으로 반란을 일으키고 제나라로 피신했다. 그런 다음 제나

치는 전술을 말한다. 고는 풀의 뜻인 艹(초)와 古(옛 고)가 더해진 글자로 본래 씀바귀 뜻을 나타내며 쓰다와 괴롭다 뜻은 파생됐다. 策은 대나무 뜻인 竹과 朿(가시 자)가 더해진 글자로 본래 채찍의 뜻이며 대쪽과 꾀는 파생됐다.

라 민왕(기원전 301~283)에게 위·초나라를 공격하도록 유도해 국력을 소진시켰다.

소진은 위나라로 망명했던 맹상군이 보낸 자객에게 치명상을 입어 죽음을 앞두고 다시 고육계를 썼다. 민왕에게 자신을 연나라 간첩으로 만들어 거열형(車裂刑: 죄인 몸을 다섯 필 말에 묶어 사지를 찢어 죽임)을 내리도록 했다. 자객에게는 소진을 죽인 공적으로 상을 받도록 유혹해 배후를 일망타진하게 했다.

이후 연나라는 주변의 조·위나라 등 5개국 연합군 30만 명과 함께 제나라를 공격해 수도 임치를 정복했다. 4세기 중반 손빈과 전기가 계릉과 마릉에서 위나라를 물리쳤던 강대국 제나라는 소진의 고육계에 국력이 급속히 약해졌다. 결국, 기원전 221년 진나라에 정복당했다.

주유, 신임하던 장수 황개에 곤장형
조조 속이고 적벽대전에서 승리해

■ 노르망디 미끼, 디에프 기습작전

1944년 6월 미·영 연합군은 노르망디에서 덩케르크의 치욕을 갚았다. 기적의 승리는 어디에서 왔을까? 2년 전 노르망디와 칼레의 중간에 있는 해안 도시 디에프 기습 작전이었다. 영국군은 1915년 4월 말 갈리폴리 전투에서 사상자 13만여 명을 낸 이후 상륙작전에 흥미를 잃었다.

1942년 5월 영국군은 일본군의 인도양 진출을 저지해야 했다. 프랑스 비시 정부 소유의 마다가스카르섬 상륙작전을 감행했다. 영국군은 대서양 1만4,500㎞를 돌아 상륙하는 철갑작전에 성공해 자신감을 회복했다. 처칠은 독일군 격퇴를 위한 미끼가 필요했다. 독일군이 점령한 프랑스 해안을 따라 기습작전을 지시했다. 연합군 작전은 독일군이 점령한 주요 항구를 일시적으로 점령해 정보를 모으고 독일군 반응을 살피는 데 목적이 있었다.

8월 19일 캐나다군 2개 보병여단 6,100명이 디에프 항구를 기습하는 주빌리 작전에 투입됐다. 독일군의 방어 상태나 상륙지점 지형 분석이 결여된 무모한 작전은 끔찍한 고통을 낳았다. 캐나다군 1,000명 이상이 전사하고 2,300명이 포로가 됐다.[54] 캐나다 사람들은 유럽 전장에 처음 파병된 캐나다군이 처칠이 계획한 고육계의 희생물이 됐다고 했고, 많은 역사가들은 '디에프의 교훈'이라 불렀다. 작은 미끼는 훗날 노르망디 승리라는 월척(越尺)을 낚았다.

54) 폴 케네디 글, 김규태·박리라 옮김, 『제국을 설계한 사람들』(서울: 21세기 북스, 2015), pp.312-315.

35. 연환계와 요란

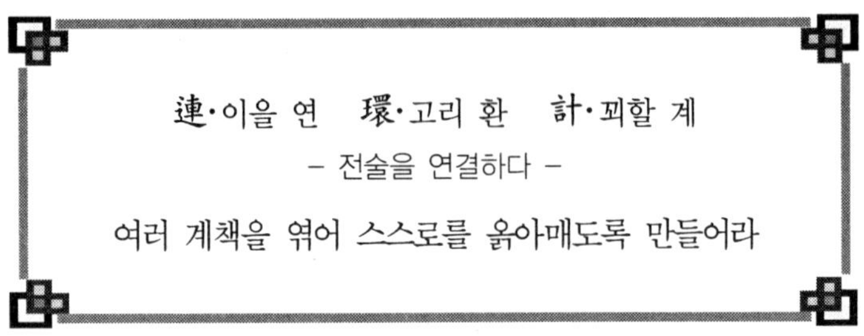

連·이을 연 環·고리 환 計·꾀할 계

– 전술을 연결하다 –

여러 계책을 엮어 스스로를 옭아매도록 만들어라

2017년 가을은 한가위와 한글날로 이어져 황금연휴가 10일간 이어졌다. 연환은 쇠로 된 고리를 잇달아 꿰어 만든 사슬을 말한다. 북한의 핵실험 대응책으로 중국 금융기관과 기업 제재·전략자산의 북방한계선 이북 무력시위 등 다양한 전술이 연환계다.

소련군은 시베리아 횡단철도로 극동군을 신속히 이동시켜 모스크바를 구했다

■상황에 따라 여러 전술을 활용

패전계 35계 연환계는 피아 상황에 따라 여러 전술을 연계한다는 뜻이다. 이 전술은 3계 차도살인(借刀殺人)에 나왔던 『병경백자』 지부(知部) 질(迭·번갈아 하기)에서 유래했다. 여기에 '大凡用計者 非一計之可孤行 必有數計以攘之也(대범용계자 비일계지가고행 필유수계이양지야)'라고 했다. 대개 계획을 쓰는 사람은 하나의 계획을

단독으로 실행하지 않고 반드시 여러 계획을 섞어 보조한다는 말이다.

연환계의 전술적 활용은 손자병법 시계(始計) 편 '궤도(詭道·적을 속임)'에 구체적으로 나온다. '能用近遠而示之不能用遠近(능용근원이시지불능용원근)'은 싸울 능력이 있으면서 없는 것처럼·공격하려 하면서 하지 않는 것처럼·가까운 곳을 노리면서 먼 곳을 노리는 것처럼·먼 곳을 노리면서 가까운 곳을 노리는 것처럼 보여야 한다는 뜻이다.

그리고 '利亂實强而誘取備避之(이난실강이유취비피지)'는 적이 이익을 노리면 이익을 줘 유인하고·적이 혼란스러우면 기회를 틈타 공격하고·적이 튼튼하면 대비하고·적이 강하면 빈틈을 노려야 한다는 것이다.

또한, '怒卑佚親而撓驕勞離之(노비일친이요교노이지)'는 적 기세가 등등하고 낮추거나 편안하고 서로 친하면, 흔들고 교만하거나 힘들게 하거나 이간시킨다는 뜻이다. 이렇게 여러 전술을 요란(擾亂)하게 엮는 것이 연환계다.

청나라 황태극, 허위사실 유포로
명나라 멸망·원숭환 사형시켜

■ 청나라, 연환계로 명나라를 멸망

17세기 초 명나라 후반 숭정제에 이르러서 조정은 빼앗는 것만 있고 주는 것이 없었다. 나라 곳간이 비어가자 환관 무리들은 금광 개발로 자신들 배를 채웠다. 세금을 가혹하게 거두고 백성의 재물을 빼앗는 가렴주구(苛斂誅求)였다. 1618년 만주에서 세력을 키운 후금 누르하치는 이 틈을 놓치지 않고 명나라를 침공했다. 1626년 명나라 명장 원숭환은 후금과의 영원대첩에서 큰 승리를 거뒀다. 누르하치 뒤를 이은 황태극은 원숭환을 제거하고 명나라를 멸망시키는 연환계를 모색했다.

가장 먼저 반간계(反間計)로 명나라 환관들로 하여금 거짓 소문을 내게 했다. 원숭환이 후금과 내통하던 모문룡을 제거한 것을 오히려 원숭환이 내응(內應)했다고 꾸몄다. 후금의 포로가 됐던 양통과 유달을 시켜 원숭환이 후금과 접촉했다는 허위 사실도 유포했다.

명나라 조정 대신들을 분열시키고 강 건너 불구경을 하는 격안관화(隔岸觀火)였다. 숭정제의 원숭환에 대한 신임은 흔들렸고 결국 사형시켰다. 황태극이 손에 피 한 방울 묻히지 않고 원숭환을 제거한 차도살인(借刀殺人)이었다. 이렇게 청나라는 중국 대륙을 연환계로 삼켰다.

전쟁 시 병력·장비·물자 신속 운반
객차 연결고리 '연환' 덕분

■ 객차를 연결해 대병력 수송

19세기 초 발명된 증기기관차는 대량 수송 수단으로 산업 혁명에 기여했다. 전쟁에서도 병력·장비·물자의 신속한 운반으로 전략적 기동이 가능했다. 많은 객차를 서로 이어주는 연결 고리 덕분이었다. 1937년 일본군은 중·일전쟁 승리 뒤 1939년 5월 몽골 초원 할힌골강에서 소련군과 국경선 문제로 일전을 벌였다. 소련군 게오르기 주코프는 전차와 항공기의 우세한 기동력과 화력을 앞세워 승리했다. 그 후 만주는 소강상태를 유지했다.

그런데 1941년 6월 독일군의 기습 공격으로 모스크바가 함락 위기에 놓였다. 이때까지 소련 극동군 40만 명은 일본군 북진을 저지하려고 만주에 발이 묶여 있었다. 이때 일본에서 활동하던 소련 스파이 리하르트 조르게의 첩보가 날아왔다. 일본군이 북진을 멈추고 석유와 천연고무 확보를 위해 인도네시아와 말레이시아로 공격 방향을 돌리기로 했다는 내용이었다.

스탈린은 극동군 18개 사단과 전차 1,700대를 시베리아군에 합류시켜 우랄산맥 서쪽으로 신속히 옮겼다. 1916년 완공된 9,288㎞ 시베리아 철도가 큰 공로자였다. 흰색 설상복의 붉은 유령 소련군은 독일군을 공포에 빠뜨렸다. 주코프는 모스크바를 구해 내고 스탈린그라드를 포위하고 있던 독일군 제6군마저 궤멸시켰다. 주코프 승리는 신속한 이동이 가능하게 한 객차 연결 고리 연환 덕분이었다.

36. 주위상과 반전

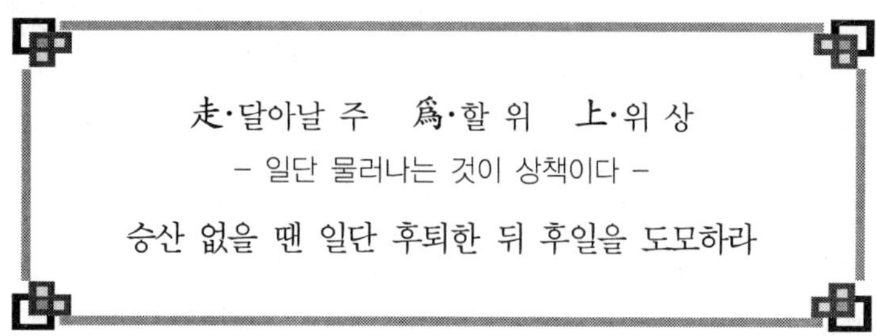

1계 만천과해 기만부터 35계 연환계 요란까지 치열한 공방을 펼쳤다. 그럼에도 상황이 불리하면 잠시 물러나 전투력을 복원한 후 기회를 노리는 전술이 주위상이다. 2보 전진을 위해 1보 후퇴하면서 반전(反轉)을 꾀한다.

■ 불리하면 물러나 기회를 엿본다

36계 병법 가운데 마지막 36계는 주위상(走爲上)이다. '달아나는 것이(走) 최상의 전술(爲上)'이라는 뜻이다. 힘이 약할 때 일단 피했다가 힘을 기른 다음에 다시 싸우는 작전상 후퇴다. 이 전술은 『회남자』 15편 병략훈(兵略訓·전쟁 가르침)에서 유래했다. '夫實則鬪 虛則走 盛則强 衰則敗(부실즉투 허즉주 성즉강 쇠즉패)'는 전투력이 실하면 싸우고 허하면 달아나며, 왕성하면 강해지고 쇠약하면 패배하게 된다는 뜻이다.

이 전술은 『병경백자』 利·委·延에 구체적으로 나온다. 먼저 이(利·이롭게 하기)에서 '退而不失地 則退也 避而有所全 則避也 北有所誘 降有所謨 委有所取 棄有所收 則北也 降也 棄也(퇴이부실지 즉퇴야 피이유소전 즉피야 배유소유 항유소모 위유소취 기유소수 즉배야 항야 기야)'라고 했다. 물러서도 땅을 잃지 않으면 물러서고, 피해서 보전할 것이 있으면 피해야 한다. 패배해도 유인할 곳이 있거나, 항복해도 꾀할 것이 있거나, 넘겨줘도 취할 것이 있거나, 버려도 거둘 것이 있으면 패배하고 항복하고 버려야 한다고 했다. 패배는 거짓으로 패배한 것처럼 보이면서 군사력 운용을 이롭게 하는 데 사용해야 한다는 말이다.

다음으로 위(委·일부러 내어 주기)는 적에게 보루와 토지를 내줘 교만하게 만드는 것이다(委壘塞土地以驕之·위루새토지이교지). 그리고 연(延·지연하기)에서 '敵鋒甚銳 少俟其怠, 姑勿與戰 亦善計也(적봉심예 소사기태 고물여전 역선계야)'라고 했다. '적 기세가 매우 날카로우면 잠시 적군이 무뎌지기를 기다려야 한다. 시기가 싸울 만하지 않으면 잠시 싸우지 않는 것도 좋은 방법이다'라는 뜻이다. 삼십육계 줄행랑에서 줄행랑은 주행(走行)이 변한 말이다.

금나라군과 대치한 남송 필재우 장군
금군 병력 증강 계속하자 후퇴 결심
羊으로 북 울리는 척 적 속이고 철수

■ 기만하여 은밀히 철수

주위상 전술은 남송(1127~1279)의 장수 필재우가 잘 활용했다고 전해진다. 후주 절도사 조광윤이 세운 송나라는 요나라와 금나라의 침공을 받고 허물어져 갔다. 12세기 초 금나라군이 송나라 수도 개봉을 함락했다. 이때 강남으로 탈출한 휘종의 아홉 번째 아들 조구가 임안(지금의 항주)에서 남송을 세웠다. 처음에는 악비가 금군의 공격을 잘 막아냈으나 진회의 모함으로 처형되고 말았다. 뒤를 이은 필재우는 약해진 군사력으로 금군과 지연전을 펼쳤다.

그는 금나라 군사와 대치 중일 때 금군이 계속 증강되자 철수를 결심했다. 남송의 군대는 야음을 틈타 깃발은 그대로 두고 은밀히 진영을 옮겼다. 동시에 많은 양들의 뒷다리를 묶어 거꾸로 매달고 그 밑에 북을 두었다. 양들은 있는 힘을 다해 앞발을 버둥거리며 북을 두들겼다. 마치 병사들이 북을 치는 것 같은 효과를 냈다. 금군은 이 소리 때문에 송나라 병력의 철수 낌새를 알지 못했다. 며칠이 지난 후 북소리가 멈추자 금군은 속았음을 알았으나 이미 추격하기에는 늦었다.

■ 패전계와 북한도발

지금까지 36계 머나먼 여정에서 6부 패전계를 알아보았다. 패전계 종합전술훈련장은 북한의 대남 도발이 지속적으로 집중됐던 서부전선이다. 31계 미인계(미인으로 현혹)는 남한 내에서 사이버전으로 내부분열을 획책했다. 32계 공성계(성을 비워 궁지에 빠뜨림)는 강력한 대북 심리전 수단이었던 김포반도 애기봉 자유의 불꽃을 잠시 수그러들게 했다.

북한은 서부전선에서 미인계부터 주위상까지 패전계로 대남 도발을 반복해 왔다

33계 반간계(적 첩자를 역이용하거나 교란시킴)는 임진강 자유의 다리를 통해 국군포로와 장기 미전향 간첩 상호교환으로 위장 평화 공세를 펼쳤다. 34계 고육계(자기 몸을 희생해서 적을 속임)는 휴전선을 연하여 지상 침투가 제한되자 땅굴을 파서 침투를 노렸다.

35계 연환계(여러 전술을 서로 이음)는 미인계부터 반간계까지 여러 전술을 엮어 다양한 도발을 자행했다. 36계 주위상계(불리한 상황을 일시적으로 모면)는 군사도발 후 판문점에서 대화와 협상을 병행했다. 2017년 노동당 창건 72주년을 조용히 넘긴 북한이 '폭풍 전 고요' 앞에서 어떤 패전계로 반전을 노릴지 대비해야 한다.

【부 록】

1. 16자·25자 병법과 이일대로

중국 통일 지략 36계, 시공 넘어 현대 경영전략으로 진화

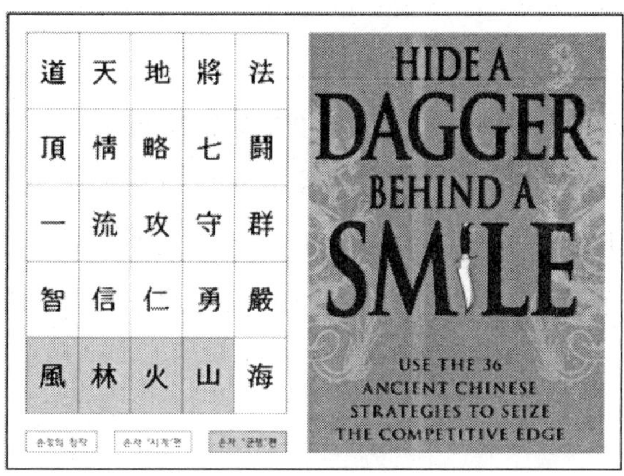

손정의는 25자 경영전략 병법으로(그림 왼쪽)
크리펜도프는 성공한 기업에서 36계 병법을 접목시켰다.(그림 오른쪽)

36계는 중국에만 머물지 않고 동해와 태평양을 건넜다. 군사·경제 전략으로 진화하면서 전쟁승리와 기업성공을 가져왔다. 마오쩌둥은 36계 핵심어 16자로 중국을 통일했다. 손정의는 '손의 제곱 병법' 25문자로 소프트 뱅크를 세계적 기업으로 일궜다.

■ 16자 전법과 이일대로

지난 10월 시진핑은 분발유위(奮發有爲: 적극적으로 영향력을 행사)를 천명했다. 덩샤오핑 유훈인 도광양회(韜光養晦: 조용히 힘을 키움)에서 중국몽(中國夢: 중화민족 부흥) 알림이었다. 그 시작은 1934년 10월 장정(長征)이었다. 홍군 8만 6천 명은 장제스군 70만 병력과 200대 항공기 공격을 피해 4개 봉쇄선을 뚫고 서쪽으로 달아났다. 그들은 연이은 패배로 지리멸렬했다. 1935년 1월 15일 마오쩌둥은 구이저우 쭌이에서 맹목적 도주가 아닌 전략적 후퇴인 '16자 전법'을 선택했다. "적진아퇴(敵進我退)·적주아교(敵駐我攪)·적피아타(敵避我打)·적퇴아추(敵退我追)였다. 적이 다가오면 물러나고 멈추면 교란하고 피하면 공격하고 물러나면 추격한다."는 뜻이다. 36계 이일대로가 핵심이다.

그들은 이 전술로 11개 성을 가로질러 9,700㎞를 행군했다. 만년설로 뒤덮인 5개 설산과 수많은 산을 넘었다. 24개 큰 강과 위험하기 이를 데 없는 습지대를 통과했다. 1935년 10월 22일 북쪽 바오안의 좁다란 산골짜기 우치 진(吳起鎭)에 도착한 홍군은 5천 명 남짓했다. 그들은 16자로 중국 대륙을 통일했고 6·25전쟁에서는 북진하는 국군과 유엔군을 궁지로 몰았다.

마오쩌둥 '16자 전법'으로 대장정 성공
손정의 '손의 제곱병렬'으로 대기업 일궈
크리펜도프, 성공 기업 분석 36계 접목

■ 25자 제곱병법과 무중생유

36계는 동해를 건너 일본에서 25자로 진화했다. 소프트뱅크 창업자 손정의는 20대 중반 병상에서 '손의 제곱병법'을 구상했다. 손자의 孫과 손정의의 孫을 곱했다는 의미다. 19살 때 세운 인생 50년 계획의 실천 지침이었다. 그는 『손자병법』 14문자와 오다 노부나가·사카모토 료마 등 일본 영웅들 삶에서 얻은 지혜 11문자를 합해 25문자로 압축했다.

25문자 배열 순서는 뜻·비전·전략이다. 시작은 손자병법 시계(始計)편 도천지장법(道天地將法)이다. 뜻을 세워 천시와 지리를 얻은 뒤 우수한 부하를 모으고 지속적 승리 시스템 구축을 뜻한다. 다음은 그가 만든 10문자다. 정정략칠투(頂情略七鬪)는 비전을 갖고 정보를 최대한 모으면서 전략을 궁리한 다음 70% 승산이 보이면 과감하게 싸움을 말한다. 일류공수군(一流攻守群)은 1등에 집중하고 시대 흐름을 빠르게 읽고 행동한다. 그리고 단단한 공격력과 많은 리스크에 대비하는 수비력을 갖춘 뒤 단독보다 집단으로 싸운다는 의미다. 36계 원교근공·공성계 등이 스며들었다.

지신인용엄(智信仁勇嚴)은 개인이 갖춰야 할 덕목이다. 마지막 풍림화산해(風林火山海)는 손자병법 군쟁 4문자와 그가 창작한 해(海)로 마무리된다. 풍림화산은 16세기 일본 전국시대 무장 다케다 신겐 깃발에 적힌 문구로 변화무쌍하게 싸워 이기는 전술이다. 海는 패한 상대를 포용하며 보다 넓은 세계로 나가간다는 의미다. 무에서 유를 창조한 무중생유였다.

■ Behind Smile과 소리장도

36계는 1995년 태평양을 건넜다. 경영전략가 카이한 크리펜도프는 『hide a Dagger behind a Smile(미소 뒤 단검·칼을 품은 미소)』에 전술 성격에 따라 9개씩 짝을 지어 4부로 헤쳐 모았다. 그는 10년 동안 상위 100개 기업을 면밀히 분석해 근본적 경쟁 패턴을 찾아냈다. 이 기본 패턴들이 36계와 일치한다는 사실을 찾아냈다. 1부는 욕금고종부터 혼수모어로 세상을 양극성으로 보았다. 서양인은 선을 추구하고 악을 배척할 수 있다고 믿는다. 반면 동양인은 선과 악은 없으며 동전 양면이 함께 있다고 생각한다. 2부는 부저추신부터 가치부전까지 지치지 않고 이기는 방법을 말한다. 서양인은 물러섬을 약함·어려움 극복을 강하게 보는 반면 동양인은 순리에 따르고 최소 노력으로 이길 수 있다고 믿는다.

3부는 차시환혼부터 고육계로 서양인은 과거가 현재를 결정하며 동양인은 영원한 패배나 승리는 없으므로 더 멀리 내다볼 것을 말한다. 4부는 지상매괴부터 연환계까지 간접접근 전술이다. 서양인은 간접 행동은 약함을 드러내므로 직접공격을 최선으로 생각한다. 반면 동양인은 직접 충돌은 최대한 피하면서 간접 수단을 활용한다고 했다.

승리와 성공은 거저 주어지지 않는다. 전술과 전략 지혜를 발전시키고 실행에 옮기는 의지와 실천력에서 나온다.

2. 백자 전술과 36계 전술 레고

■ '필승 병법' 36계, 늘 곁에 두고 삶의 지혜로 활용을

중국인들은 지형과 기상·특성에 따른 다양한 전투 양상에 적합한 전술을 고민했다. 『백전기략』과 『병경백자』는 변화무쌍하고 예측불허인 전장 상황에서 적시적절한 병서로 탄생했다. 36계 레고도 현대 전술연구 보조교재로 활용이 가능하다.

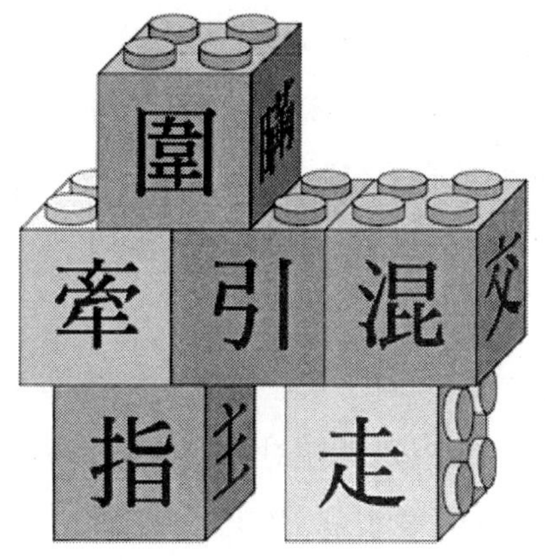

레고는 단순한 장난감에서 벗어나 36계 전술을 변화무쌍하게 학습하는 도구로 활용 가능하다.

'백전기략' 명나라 책사 유기가 저술
'병경백자' 명말청초 게훤의 병법서

■ 백전기략과 병경백자

명나라 주원장의 책사 유기(1311~1375)는 『백전기략(百戰奇略)』을 펴냈다. 계모(計謀)전·기정(奇正)전·허실(虛實)전 등 양과 음 2개씩 짝을 지어 100개의 전투 유형을 제시했다. 손자병법에서 절반 이상, 나머지는 무경칠서인 사마법과 이위공문대 등 각종 병서의 명언을 인용했다. 그래서 제갈량의 『장원』, 하수법이 쓴 『투필부담(投筆膚談)』과 함께 무경십서로 꼽기도 한다.

『병경백자(兵經百字)』는 명말청초에 게훤(1613~1695)이 지은 병법서로 6계 성동격서에서 소개됐다. 그는 전쟁과 관련된 한자 100자를 상·중·하 3권으로 나눠 설명했다. 상권 지부(智部)에서 "전쟁하기에 앞서 미리(先) 해야 할 일은, 오직 적절한 정황(機)과 형세(勢)를 파악하는 것이다. …정보(知)를 운용하고 이간의 방법(間)을 행하며 기밀을 유지하는 것(秘)을 아우르며 사용할 수 있어야 한다"고 했다. 하권 연부(衍部)에는 36계 중 6개 전술이 연계됐다. "적을 상대하는 방법(對)에는 움츠리기(蹙)·소리 이용하기(聲)·기다리기·위장하기(混)·되돌리기(回) 등의 방법이 있다."

여기에서 축(蹙)은 '찌푸리다'라는 뜻인데 형세가 불리할 때 물러나서 피하는 주위상계 전술을 말한다. 천자문을 통해 한자를 익히듯 병경백자를 물 흐르듯 암송하다 보면 전술 연구의 깨달음이 다가온다.

레고 통해 36계 다양하게 응용 가능

■ 주사위 블록 레고로 36계 학습

레고는 1934년 덴마크 목수 크리스티안센이 세운 장난감 회사 이름이다. '잘 논다(leg godt)'란 뜻의 덴마크어를 줄여 레고(Lego)라고 이름 지었다. 레고는 어린이와 청소년 지능 발달에 도움을 주는 놀이 도구다. 이제 36계를 레고를 통해 학습해보자. 36계 각 전술에서 핵심어 36자를 뽑아 표처럼 만들 수 있다. 여기에서 가로·세로와 대각선 등으로 각 단어를 연결하면 6자로 된 26개 전술이 만들어진다.

1계 만천과해에서 만(瞞)은 기만을 뜻하며 가로로는 瞞圍借勞火聲(만위차로화성)으로 연결할 수 있다. 적을 기만하여 포위하고·조공 공격으로 방어부대를 피로하게 만들며·전투력 약화 시 잠시 관망하다가·주의를 전환시킨 후 목표를 달성한다.

다음은 만(瞞)을 기준으로 세로나 대각선 방향으로 6개 전술을 조합하거나 그림처럼 레고를 활용하는 방법도 있겠다.

瞞 기만	圍 포위	借 이용	勞 지연	火 관망	聲 기습
無 창조	暗 우회	觀 기다림	笑 감춤	僵 희생	牽 견제
警 징후	還 복원	離 유인	縱 현혹	引 미끼	王 중심
抽 약화	混 혼란	脫 이탈	關 차단	交 외교전	假 활용
煥 교체	指 유도	癡 차단	梯 배수진	花 과장	主 주도권
美 꾐	空 공성	間 간첩	苦 희생	連 요란	走 회피

■ 36계와 무경십서 마무리

36계 전술 탐구 여정은 길고 험난했다. 각 전술의 유래와 출처를 정확하게 찾고 적용 사례들을 연결하는 어려운 과정이었다. 덤으로 무경십서 핵심 내용도 살펴봤다. 36계가 적용된 72개 전투 사례 외에도 무궁무진하다.

36계는 기업경영전략과 인생 지혜로도 얼마든지 활용 가능하다. 필자는 각 전술의 이해를 도우려고 산과 역사 현장을 찾아다녔다. 그 결과 6계씩을 모아 전술

종합훈련장으로 활용했다. 잘 떠오르지 않을 때 남산과 지리산·서부전선 등이 기억을 되살리는 도우미가 될 것이다. 키워드만 알아본 무경십서도 독자들의 전술 연구에 모티브를 제공한다.

전략전술은 머릿속에 머물지 않고 행동으로 활용할 수 있어야 한다. 직면한 상황에서 어떤 전술이 유용하겠는가를 오래 고민하지 않고 바로 적용 가능해야 한다. 막히면 돌아가고 힘이 부족하면 36계 지혜를 빌리는 융통성이 필요하다. 병서는 한 번 본 것으로 끝내지 말고 머리맡에 놓아두자. 손안의 스마트폰은 좋은 정보를 빠르게 알려주지만, 지혜를 깨닫기에는 부족하다. 36계는 다양한 전술을 가능한 한 쉽게 알려준다. 전략의 보고이자 지략이 샘솟는 원천이다.

성공한 사람의 7가지 습관 중에서 하루 30분 이상 책을 읽고 자신과 끊임없이 대화하기가 으뜸이다.

김경준, 『내 나이 마흔, 오륜서에서 길을 찾다』 (서울: 원앤원북스, 2012)
김종환, 『책략』 (서울: 신서원, 2000)
게훤·김명환 옮김, 『병경백자』 (서울: 글항아리, 2014)
마이클 매클리어 글, 유경찬 옮김, 『베트남 10000일의 전쟁』 (서울: 을유문화사, 2002)
바실 헨리 리델하트, 주은식 옮김, 『전략론』, 책세상, 2004
박종화 옮김, 『삼국지』 4권 (서울: 전통문화연구회, 2014)
백성효, 이난주 옮김, 『위료자직해·이위공문대직해』 (서울: 전통문화연구회, 2014)
신동준 역주, 『무경십서』 1권~4권 (서울: 역사의 아침, 2012)
쌍진롱 글, 박주은 옮김, 『마흔 제갈량 지혜』 (서울: 다연, 2011)
온창일 등, 『세계전쟁사』 (서울: 황금알, 2004)
위빙정 글, 정주은 옮김, 『전쟁이야기 속에 숨은 과학을 찾아라』 (서울: 21세기 북스, 2014)
이인식, 『융합하면 미래가 보인다』 (서울: 21세기북스, 2014)
지미 카터, 중앙일보 논설위원실 역, 『카터 회고록』하, (서울: 중앙일보사, 1983)
지미 카터, 박정화 편집, 『마더 릴리언의 위대한 선물』 (서울: 에버리치홀딩스, 2011)
카이한 크리펜도프, 김태훈 옮김, 『36계학』 (서울: 생각정원, 2013)
폴 케네디, 김규태·박리라 옮김, 『제국을 설계한 사람들』 (서울: 21세기 북스, 2015)
한비, 정천구 옮김, 『내서설』 하, (서울: 산지니, 2016)
홍운숙·박은교 평역, 『사기열전』 2 (서울: 청아출판사, 2016)
유향, 임동석 옮김, 『전국책』 권 3 (서울: 동서문화사, 2009)
신문으로 배우는 실용한자, 『조선일보』 (2017.10.10)
Basil Liddell Hart, *Strategy*, (London: 2004)
John Prados, *The Blood Road* (New York: The John Wiley & Sons, Inc., 1998)
Kaihan Krippendorff, *Hide A Dagger behind a Smile* (New York: Adams Media, 2008)
Lewis Sorley, *A Better War* (Florida: A Harvest Book, 1999)

■ 저자 오홍국吳洪國

비상대비 연구자, 국제군사사학회 회원, 국제정치학 박사로 작가이며, 국방부 군사편찬연구소에서 해외파병과 베트남전쟁을 연구했다.
駐인도·파키스탄 정전감시단(UNMOGIP PKO), 駐이라크 자이툰사단, 駐레바논 동명부대에서 임무를 수행하였으며, 경기대·홍익대, Mkiss(국방부 장병자기계발 콘텐츠) 등에서 전쟁과 전략 등에 관한 강의를 담당했다. 주요 논문 및 저서는 「레바논 동명부대 민사작전 분석」(2009), 「한국군의 베트남전쟁시 연합 및 합동작전」(2013), 『카슈미르와 아르빌의 겨울은 따뜻했다』(2008), 『지구촌에 남긴 평화의 발자국』(2012), 『베트남전쟁과 한국군』(2014), 『손자와 클라우제비츠에게 길을 묻다』(2015) 등이 있다. 현재는 (사)통일안보전략연구소 연구위원과 한국광물자원공사 비상안전보안실장으로 재직하고 있으면서, 위기·재난안전·안보 관련 저술과 강의 등 활발한 활동을 하고 있다.

간접접근 코드

리델하트와 36계에게 승리의 길을 묻다

초판 인쇄 2018년 12월 10일
초판발행 2018년 12월 17일
저 자 오 홍 국
발 행 인 권 호 순
발 행 처 시간의물레
등 록 2004년 6월 5일
등록번호 제1-3148호
주 소 서울시 마포구 마포대로 4다길 3(1층)
전 화 02-3273-3867
팩 스 02-3273-3868
전자우편 timeofr@naver.com
블 로 그 http://blog.naver.com/mulretime
홈페이지 http://www.mulretime.com
I S B N 978-89-6511-259-4 (03390)
정 가 20,000원

이 도서의 국립중앙도서관 출판예정도서목록(CIP)은 서지정보유통지원시스템 홈페이지(http://seoji.nl.go.kr)와 국가자료공동목록시스템(http://www.nl.go.kr/kolisnet)에서 이용하실 수 있습니다.
(CIP제어번호: CIP2018038765)